高 等 学 校 教 材

火灾安全工程学

Fire Safety Engineering

毕明树 任婧杰 高 伟 编

化学工业出版社
·北京·

本书是以火灾过程为研究对象，阐述火灾过程的机理和规律，为科学地发展火灾防治技术提供基础。本书主要介绍燃烧的基本概念、火灾爆炸危险物质、燃烧反应机理、火灾烟气、火灾防控原理与技术、火灾预防设计基础、典型火灾、泄漏扩散火灾后果预测。每章开头有内容提要和学习要求，结尾有小结，还配备了思考题和习题。

本书可作为安全工程本科专业教材，也可供从事化工、冶金、制药、生物、过程机械方面工作的学者、研究人员、工程技术人员、管理人员参考。

图书在版编目（CIP）数据

火灾安全工程学/毕明树，任婧杰，高伟编.—北京：化学工业出版社，2015.2(2022.8重印)

高等学校教材

ISBN 978-7-122-22443-9

Ⅰ.①火… Ⅱ.①毕…②任…③高… Ⅲ.①消防-安全工程-高等学校-教材 Ⅳ.①TU998.1

中国版本图书馆CIP数据核字（2014）第280752号

责任编辑：程树珍

责任校对：宋 玮　　　　装帧设计：韩 飞

出版发行：化学工业出版社（北京市东城区青年湖南街13号 邮政编码100011）

印 装：涿州市般润文化传播有限公司

787mm×1092mm 1/16 印张14¼ 字数359千字 2022年8月北京第1版第2次印刷

购书咨询：010-64518888　　　　售后服务：010-64518899

网 址：http://www.cip.com.cn

凡购买本书，如有缺损质量问题，本社销售中心负责调换。

定 价：45.00元

前言

人类能够对火进行利用和控制，是文明进步的一个重要标志。火的利用为人类社会的发展与进步做出了重要贡献。没有火就没有人类社会的进步，就没有今天高度发展的物质文明。然而，自从用火以来，火灾也一直没有停止过对人类社会发展的危害。其主要原因，一是受目前安全科技水平所限，缺乏可靠的应对技术和装备；二是人们缺乏安全知识，对重大火灾隐患重视不够；三是人们的安全观念和意识不强，安全投入不足，安全设施不健全，安全措施不得力；四是管理水平较低。有效防止事故发生，把事故发生的频率及损失控制在最低限度，是当前各类企事业单位一项十分迫切的任务。为此，首先必须强化人才培养，加强安全技术的课程与教材建设，大力推进教学内容和方法改革。本书就是在此背景下为此课程组织编写的教材，并得到了大连理工大学教改立项的大力支持。

火灾是指在时间和空间上失去控制的燃烧所造成的灾害。人类使用火的历史与同火灾作斗争的历史是相伴相生的。火灾安全工程学研究火灾过程的机理和规律，把燃烧基本理论、物质性质、安全技术和安全工程有机结合，形成了完整的教学体系。全书共有9章，“绪论”主要讲述火与社会发展、生产与生活中的火灾事故、火灾防治的基本形势、火灾安全工程学的发展、本课程的主要内容和学习方法；第1章“基本概念”主要讲述燃烧的本质与特征、燃烧要素与条件、闪点和初馏点、自燃点、最大试验安全间隙、燃烧火焰、燃烧的分类、燃烧速率、常用术语；第2章“火灾爆炸危险物质”主要讲述涉及火灾爆炸危险物质安全的相关法规和标准、危险化学品分类、自燃性物质、火灾爆炸危险性分类分级；第3章“燃烧反应机理”主要讲述化学反应速率的概念、质量作用定律、化学反应分类、活化能理论、链反应理论、着火理论；第4章“火灾烟气”主要介绍燃烧所需空气量的计算、燃烧产物量的计算、燃烧烟气组成和密度的计算、燃烧火焰温度、烟气的构成、烟气的特性、烟气危害、室内可燃物的燃烧过程、烟气水平扩散、烟气垂直扩散、外墙窗口火焰蔓延；第5章“火灾防控原理与技术”主要介绍火灾预防原理、火灾分类、防火灭火原理、灭火剂选用、火灾逃生；第6章“火灾预防设计基础”主要介绍建筑物的耐火等级、防火分区、防烟分区、安全疏散；第7章“典型火灾”主要介绍建筑火灾、石化火灾、森林火灾；第8章“泄漏扩散火灾后果预测”主要介绍泄漏扩散火灾事故的基本形式、液池火灾事故、喷射火灾事故、云团扩散火灾事故、火球事故。通过这门课程的学习，学生可以系统地掌握火灾和爆炸灾害预防和控制方面的基础知识、基本理论和基本技能，具备从事火灾和爆炸方面研究工作的能力、安全技术及装置研发工作的能力、安全工程设计工作的基本能力。

本书以最新研究进展为基础，充分反映新标准、新规范、新法规的要求，做到深入浅出、理论联系实际,具有知识新、实用性强等特色。本书特别注重理论联系实际，引用了大量科学技术研究的最新成果，包括新理论、新知识、新技术、新方法、新材料、新装备，把当前研究的前沿问题融于相关章节之中，介绍了目前先进的研究方法和手段。本书内容既有笔者的最新研究成果，也有近几年重要期刊上发表的新成果。

本书强化总结。每章开头有内容提要与学习要求，结尾有小结。每章均配有思考题和习题，既有填空题，也有多选题和计算题，引导学生进行讨论，加深对知识的理解，提高运用所学知识分析解决实际问题的能力。

本书由大连理工大学毕明树、任婧杰、高伟编写。绪论、第3~第5章由毕明树执笔编写，第1、第2、第8章由任婧杰执笔编写，第6、第7章由高伟执笔编写。

本书参考了很多文献资料中介绍的研究成果，已尽力在参考文献中列出，在此对各位作者表示诚挚的谢意。在编写过程中，研究生李雪、赵聪、田静芳、王秋菊、蔡振、樊艳娜、沙嵬、赵晓敏、张康、王炎庆、田国胜等在材料整理、文字打印、图表处理等方面给予了大力帮助，在此对他们表示衷心的感谢！

鉴于编者水平有限，必然存在不当之处，恳请读者批评指正。

本书的编写得到了大连理工大学教务部门的支持和教学改革基金的资助。

编者

2014年11月

目录

3 燃烧反应机理 58

4 火灾烟气 86

5 火灾防控原理与技术 117

6 火灾预防设计基础 140

绪 论

0.1 火与社会发展

生产活动是人类最基本的实践活动，也是人类赖以生存和发展的必要条件。人类通过生产活动和科学实验，不断认识自然、改造自然，并使自然为人类服务。自从人类学会了“钻木取火”，火就一直为人类社会所用，并为人类社会的发展与进步做出了重要贡献。

早在一百多万年以前，人类已经利用火取暖御寒、熏烤食物；到陶器时代，人类开始用火烧制各种陶器、制作器皿；到瓷器时代，人类可以通过燃烧获得1200℃以上高温，烧制出各种瓷器；到青铜器时代，人类用火经验逐渐丰富，冶炼技术得以发展，制作出各种形状的青铜器；到了铁器时代，人类用火技术已经相当成熟，可以制作各类铁器以满足生产生活需要，尤其是军事需要。到了18世纪，人类在燃料燃烧方面已积累了大量经验、理论和技术，火的使用范围越来越广泛，技术水平和工程设计与制造能力都实现了跨越式进步，蒸汽机的产生就是这种进步的具体体现，由此推动了产业革命，冶金、机械制造、交通运输、化工、纺织、造纸、食品、国防等方面都得到了突飞猛进的发展。20世纪，燃料利用更是超出了人们的想象，宇宙飞船、卫星发射都是火的利用技术达到新的水平的重要标志。可以说，没有火就没有人类社会的进步，就没有今天高度发展的物质文明。

0.2 火灾及其危害

火“善用之则为福，不善用之则为祸”。自从用火以来，火灾也一直没有停止过对人类社会的危害。古代的火灾自不必提，就是在科学技术高度发展的今天，火灾仍是发生最频繁、破坏性最大的灾害之一。新中国成立以来的最大火灾发生在1994年12月8日，新疆克拉玛依市友谊馆发生火灾，死亡323人，烧伤130人，直接经济损失210.9万元。第二大火灾事故发生在2000年12月25日，河南洛阳东都商厦发生特大火灾，死亡309人。2000～2008年全国共发生特别重大火灾12起，造成人员死亡703人，重伤292人，直接财产损失50550.91万元；重大火灾39起，造成人员死亡542人，重伤278人，直接财产损失17526万元。这些火灾由9种火灾直接原因引起，发生在14类场所，共涉及18个省、自治区和直辖市；死亡人数最多的场所是公共娱乐场所（548人）和厂房（152人），分别占总数的44.02%和12.21%。受伤人数最多的是公共娱乐场所（162人）、商业场所（116人）和厂房（107人），分别占重伤总数的28.42%、20.35%和18.77%。公共娱乐场所和商业场所属于人员聚集场所，人口密度大，若消防责任不落实，安全疏散通道不畅，员工消防素质不高，顾客环境不熟悉，缺乏逃生自救知识，火灾发生后，易造成群死群伤。厂房各种易燃易爆有毒物质多，火灾蔓延迅速，火灾中释放的有害物质多，人员易受伤害，故死伤也较多。2010年前8个月，一次死亡3人以上的火灾45起，比2009年上升25%。从火灾直接原因看，电气火灾排在首位；其次是用火不慎；三是儿童玩火。值得注意的是，2010年的亡人火灾绝大部分发生在城乡居民住宅。发生火灾的居民住宅不同程度存在出口数量不够、疏散通道不畅、可燃材料装修、可燃物堆积等突出问题。2014年1月14日14时40分左右，位于台州温岭市城北街道杨家渭村的台州大东鞋业有限公司发生火灾，火灾过火面积约1080平方米，事故共造成16人死亡，5人受伤。2013年11～12月国内发生的各种生产安全事故173起，其中火灾和爆炸事故30起，占17.3%；事故共死亡768人，其中火灾爆炸事故死亡202人，占26.3%；电气、生产作业、放火和用火不慎火灾起数最多，占总起数的88.24%。生产作业用火和电气火灾伤亡人数最多，分别占总数的55.26%和65.22%。电气、外来火源和生产作业火灾直接财产损失最严重，占总数的97.68%。石油化工生产是目前规模最大的生产活动之一，由于化工生产具有易燃、易爆等特点，因而，石油化工企业较其他工业部门有更大的危险性。据国家安全生产监督管理局网报道，我国2001～2006年化工生产、经营企业发生的火灾爆炸事故约109起，死亡440人。化工生产事故都伴有环境污染，甚至经过辐射、扩散后，最终转变成了严重的生态问题和重大公共安全事件，影响可能波及整个区域、流域，且短期内难以消除。由于常规处理方法难以奏效，涉及危险化学品的安全事故一旦发生，就像打开了潘多拉盒子，其危害性往往难以预料。2010年7月16日，大连新港附近中石油一条输油管道起火爆炸，事故造成附近海域至少50平方公里的海面被原油污染。2005年吉林石化公司双苯厂发生爆炸事故。为扑灭爆炸引起的大火，消防部门调集大批消防车，对爆炸点进行喷水灭火冷却，大量的消防用水在未采取任何收集措施的情况下进入了该厂的雨水管道，最终流入了松花江，致使整个松花江流域面临生态污染。同时由于污染水体中含有致癌物质，也引发了哈尔滨等沿江城市的饮水安全问题。更为严重的是，污染带顺流而下，进入俄罗斯，成为一起严重的跨国污染事故。

2001～2008年统计的典型隧道火灾事故见表0-1。

表0-1 典型隧道火灾事故

时间	隧道名称	事故原因	损　失
2001.11	306国道马道岭隧道	发动机起火	12人死亡，6人烧伤，1辆大客车烧毁
2002.01	甬台温高速猫狸岭隧道	发动机自燃	隧道设施严重毁损，损失上百万元，约200米隧道受损，关闭18天，1辆大货车烧毁
2003.07	甬台温高速燕居岭隧道	发动机起火	隧道设施受损，1辆大客车烧毁
2003.09	合芜高速试刀山隧道	货物自燃	隧道电缆、照明设施受损，1辆大货车烧毁
2004.01	甬台温高速猫狸岭隧道	追尾碰撞起火	隧道照明设施受损，3辆轿车烧毁
2005.01	同三闽高速飞鸾岭隧道	刹车失灵，车轮着火	8人重伤，1辆大客车烧毁
2006.03	京珠高速温泉隧道	轮胎爆裂起火	隧道照明设备和防火层严重损毁，隧道关闭10天
2006.05	西湟高速响河隧道	追尾碰撞起火	1人死亡4人受伤，隧道设施严重损坏，直接经济损失近百万元
2006.07	罗长高速洋门岭隧道	发动机自燃	隧道电缆被烧，1辆大货车被烧毁
2007.05	重庆大学城隧道	自燃	6人受伤，隧道照明排风电线烧毁，1辆中巴车烧毁

续表

时间	隧道名称	事故原因	损　失
2007.05	合巢芜高速试刀山隧道	发动机突然起火	1辆中巴车烧毁
2007.08	杭新景高速东坞隧道	发动机突然起火	1人受伤,1辆轿车烧毁
2007.11	延塞高速三狼贫隧道	追尾碰撞起火	3人受伤,1辆轿车烧毁
2008.04	沪蓉西高速女娘山隧道	碰撞起火	隧道通讯光缆被烧,2辆车烧毁
2008.05	京珠高速大宝山隧道	追尾碰撞起火	2人死亡,5人受伤,2辆货车烧毁,隧道严重损坏,封闭维修1个月

总之，火灾事故都是能量迅速释放的过程，造成的人员伤亡和财产损失严重。与其他事故相比，具有致灾状况复杂、人为因素多、突发性强、致灾率高、损失严重、易形成连锁灾害等特点，必须提高认识，高度重视，强化研究，提高防灾减灾水平。

0.3 火灾控制与安全策略

我国是发展中国家，目前经济正处在快速发展时期，由于生产力水平较低，安全生产投入严重不足，安全生产监督管理体制不能适应经济发展的需要，安全生产形势依然相当严峻。其根本原因主要有以下几方面：一是受目前安全科技水平所限，一些潜在的危险尚无法认识或不能彻底认识清楚，缺乏可靠的应对技术和装备；我国的高端装备制造水平较低，也缺乏动作准确可靠的安全技术与装置；二是人们缺乏安全知识，对重大爆炸安全隐患熟视无睹，而一旦发生事故又缺乏救灾减灾和逃生技能，从而使小事故发展为大事故；三是人们的安全观念和意识不强，某些企业领导人片面追求经济效益，对安全隐患抱有侥幸心理，安全生产投入不足、安全设施不健全、安全措施不得力；四是管理水平较低，操作不规范，为了要指标、赶进度、追求经济效益，领导乱指挥，工作人员违规操作。

人类文明和社会进步要求生产过程、科学研究有更高的安全性、可靠性、稳定性，安全已成为人类文明、安居乐业的一种象征。为了适应以经济发展为中心的这一要求，应从以下几方面做好安全生产工作。

(1) 加强企业规划与布局研究

不合理的工业规划与布局加剧了事故的危害性，不合理的布局常常会使企业的一般事故威胁到一个城市与一条河流的安全。企业布局既要考虑经济效益，更要考虑社会效益和生态效益。这三者之间是相互影响、相互制约的。生态效益是形成经济效益的客观自然基础，而经济效益则是生态效益得以改善的社会环境和外部条件。生态效益要求在进行生产力布局时遵循可持续发展的基本要求，考虑资源约束和自然的承载力。党的十八大报告明确提出了建设生态文明，这就要求在经济建设过程中要以科学发展观为指导，加快转变经济增长方式，保护生态环境，加快建设环境友好型社会，促进经济发展与人口、资源、环境相协调。

(2) 加强火灾危险物质的基础数据研究

各种火灾事故基本上与物质性质密切相关。不同的物质具有不同的性质，扩散范围、着火理论、燃烧爆炸性质、反应机理等都不尽相同，因此必须对物料的物理性质、化学性质以

及各种危险特性进行研究，为火灾控制研究提供基础依据。这些性质包括：物料的闪点、燃烧极限、熔点或凝固点、沸点及其在不同温度下的蒸气压；化学稳定性、热稳定性、光稳定性等。

（3）加强生产过程成灾模式研究

要防治灾害，首先要弄清灾害发生发展的规律、特点和成灾机理。对某些情况，虽然也采取了一些防治措施，但灾害事故却未能得到有效防控，其根本原因之一就是缺乏对基本规律和成灾模式的正确认识。虽然近些年来这方面的研究取得了很大进展，提出了不少理论模型、分析方法和有效措施，但由于灾害发生的随机性和复杂性，目前尚未获得准确而通用的规律。因此必须继续加强对成灾机理的基础研究，例如，易燃物的扩散理论、火灾发生发展规律、消防机理、紧急救援理论、灾害预警理论、重大产品和重大设施寿命预测理论等，为提出有效的防治措施提供理论依据。

（4）加强生产装备技术研发，提升安全运行水平

生产系统的可靠性主要取决于装备的可靠性。为了使装置安全、稳定、长周期、满负荷、可靠地运行，首先要提升化工装备的设计、制造、检验、安装、调试、维修水平，其次要研发适应新工艺要求的新型材料或复合材料，再次要提高所用材料的力学性能、化学性能、制造工艺性能。德国石化装置的运行周期已达到5年，而我国大多数装置的运行周期还是2～3年。

（5）加强安全技术和装备的研究与开发

强化装置和控制技术与装备、设备故障诊断技术与装备、安全评价技术与装备、防火防爆技术与装备、抑爆技术与装备、泄爆技术与装备、防毒技术与装备等对防止企业发生灾难性事故具有极其重要的作用。近年来这些工作取得了长足进步，但先进性、可靠性、经济性、灵敏性等都有很大的提升空间。

（6）加强安全法规建设

安全法规是提高人们安全意识的有力工具，也是企业领导人和技术负责人加大安全技术投入的保障。通过建立完善的操作规程和规章制度，消除物的不安全状态，防止人的不安全行为。近年来，我国在安全法规建设方面取得了重大进展，出台了一系列相关法律，使得设计者有法可依。但这些法规的覆盖面还不够宽，还有些相互衔接不顺畅。因此必须在安全理论与技术研究不断进步的基础上，不断完善相关法规。

（7）加强安全知识普及教育

当前由于相当一部分企业负担过重，个别企业领导只顾抓市场、抓效益，根本不顾及安全管理，当生产与安全发生矛盾时，置安全生产于不顾。本应停车进行设备检修，但为了眼前短期经济利益，设备带病作业，最终导致重大伤亡事故的例子并不少见。其实企业经济效益不好，事故频发也是重要原因之一。此外，大多数石化企业工艺复杂，操作要求极其严格，操作员稍有不慎就会发生误操作，导致安全隐患或生产事故。这就要求任何人不得擅自改动操作规程，要严格遵守操作规程要求，操作时要注意巡回检查、认真记录、纠正偏差、严格交接班、注意上下工序的联系、及时消除隐患，才能预防各类事故的发生。因此，对广大从业人员，尤其是从事处理易燃易爆介质的人员，必须加强安全教育，提高他们的安全意识，增强他们的责任心，提升他们使用防爆抑爆装置的技能和救灾水平。只有掌握了各项安全知识才能更有效地预防各类事故的发生，才能更好地做好个人防护及预防措施，才能纠正自身在操作中习惯性的违章行为，从而提高执行安全生产的自觉性，更好地履行员工安全本职职责，达到安全生产的目的。近年来，我国已有100余所高校设立了安全工程本科专业或

研究生专业，国务院学位办拟设立安全科学与工程一级学科，这都对我国安全技术及工程人才的培养起到举足轻重的作用。

(8) 加强安全管理

ⅰ. 政府部门应加大辖区范围内的安全监管和指导力度，发现隐患立即责令改正，逾期不改的，坚决依法进行处理。

ⅱ. 企业的管理者要以人为本，把劳动者的安全放在第一位。在生产过程中，如果危及人身安全的状况发生时，无论生产的任务有多重，都应把保证劳动者安全放在首位，查找并消除隐患，在能够保证劳动者安全的前提下，追求生产效率。特别是当生产与安全发生矛盾时，绝不能存在侥幸心理，宁可停产也不能冒险作业。

ⅲ. 建立合理的安全管理体系。只有建立健全合理的安全管理责任制，才能杜绝因人为的疏忽所造成的各种事故的发生。

(9) 加大安全生产投入力度

安全生产投入是保障生产经营单位具备安全生产条件的必要物质基础，是企业管理的重要组成部分。安全生产投入包括以下几点。

ⅰ. 安全工程项目资金投入，即为了保障生产安全和职工健康，针对特定危险以及职业危害而投入的工程项目费用，如危险源整改资金，职业卫生工程资金，具有潜在危险的工艺、设施的改造资金。建设项目范围主要有以防止火灾、爆炸、工伤等为目的的安全技术，如防护装置、保险及信号装置、回收处理、通风降温等；有关保证安全生产必须的辅助房屋及措施，如淋浴室、更衣室、消毒间等；隐患整改项目；安全工程项目维护保养资金；安全工程项目建设和安全工程项目维护保养的人员、时间投入。

ⅱ. 劳动防护与保健投入，即为了保障生产过程中职工的安全与健康而投入的防护用品以及职工保健的费用。主要包括劳动防护用品（如劳动服装、安全帽、安全手套、防护眼罩、防尘、防毒口罩等）费用、保健费等。

ⅲ. 应急救援投入，即为了有效控制突发事故而预先计划的应急救援系统的费用。主要包括应急救援设施（如防火墙、安全通道、消防用具、抢险救灾的工程设施及器具、警示标志、检测报警仪器、通信联络器材、抢险救灾车辆、围堤、回收装置等）、设备、用具或用品等费用，应急救援组织办公费用，应急救援培训及演练费用，参与应急救援及演练费用。

ⅳ. 安全宣传教育投入，即对职工进行安全培训（包括三级教育、特种作业上岗培训、安全知识讲座等）的费用（教材费、讲课费等）、安全活动费用、安全宣传（板报、报纸、宣传栏、安全宣传稿件、传单等）费用。

ⅴ. 日常安全管理投入，即安全生产管理部门正常开展工作所需的投入，包括办公支出、安全标准化体系建立及运行维护费用。

ⅵ. 保险投入。

ⅶ. 事故投入，即在突发事故发生后，公司为了控制事故扩散、减少损失、处理事故而不得不进行的花费。主要包括事故处理活动费用、对伤亡职工的救治与赔偿费用、事故发生导致企业停产的损失、公司价值损失和时间上的投入、安全奖励基金投入。

(10) 不断完善应急救援体系建设

加快推进应急救援体系建设，强化政府主导职能，明确消防、安全监督、公安、武警、医疗、供水、供电等社会单位的职责，建立专家组指挥决策系统和跨区域增援联动机制，提高应急指挥决策水平。适时组织跨区域多警种、多部门联合作战演练，全力做好石化企业火

灾爆炸事故的扑救准备。加强对化工生产的消防安全监督工作，促进地方经济社会又好又快发展。

总之，我国安全生产事故多发，有其特定的主、客观原因，只有牢固树立“安全生产，人人有责”的安全意识，建立有效管理机制，落实责任，各司其职，才能确保各类企业又好又快地健康发展。安全工作人员和研究人员有责任和义务肩负起这个神圣的使命，对这些危险物质的特性进行深入研究并研制相应切实可行的防范设施，采取行之有效的措施，将事故消灭于无形之中，造福于人类。

0.4 本课程的性质与内容

“生产必须安全、安全为了生产”在中华人民共和国成立后就成为了我国安全生产的方针；1984 年，这个方针演变为“安全第一，预防为主”，并写进了我国第一部《劳动法（草案）》；2005 年，《中共中央关于制定十一五规划的建议》中把安全生产方针修改为“安全第一，预防为主，综合治理”。把“综合治理”充实到安全生产方针之中，反映了近年来我国在进一步改革开放过程中，安全生产工作面临着多种经济所有制并存、法制尚不健全、体制机制尚未理顺、急功近利地只顾快速发展等复杂局面，体现了又好又快的安全、环境、质量等要求的科学发展观。

本课程是安全工程专业课程之一。本课程在教学内容方面着重燃烧与爆炸的基本知识、基本理论和基本设计方法的讲解，为其从事安全生产操作与管理、安全科学与技术研究、安全装置与工程设计提供基础。

通过本课程的学习，使学生了解安全工程的发展现状和趋势，掌握本专业领域最新的理论和先进技术，把握国内外新标准、新规范和技术进步的发展方向；具备从事安全工程技术、安全管理、安全工程设计和对过程装备制造、使用进行安全监察的能力；掌握事故发生的社会科学和自然科学机理和规律，掌握事故的统计规律，掌握事故预防和事故后损失控制的基本工程技术手段和基本管理手段；具备安全工程技术与管理方法的研究、设计、咨询、监察等能力；培养学生树立正确的设计思想，了解国家有关的经济、环境、法律、安全、健康、伦理等政策和制约因素。

本书内容涉及热力学、燃烧学、爆炸物理学、气体动力学、固体力学等多门学科以及化工、石油化工、矿山、电力等多个工程领域，显得多而杂乱，因而在学习过程中要注意以下几个方面。

ⅰ. 本书的主线是研究火灾过程的危险源向事故隐患转化进而向事故转化的规律，从而提出灾害防治方法，提高预防与控制的有效性。各种概念、理论、计算方法都是为这条主线服务的。学习时必须时刻抓住这条主线。

ⅱ. 要注重基本概念和基本理论的理解与应用，死记硬背一些公式是不能解决实际问题的。注意掌握应用基本概念和理论分析处理实际问题的基本方法，学会对实际问题进行“抽象”、“简化”、“建模”、“求解”并提出解决方案的基本方法，从而可以举一反三。

ⅲ. 提高工程意识。处理工程实际问题的方法是多种多样的，各种方案之间也只有更好，没有最佳。在基本概念和所用理论正确的基础上，要敢于从不同的角度思考，提出创新性解决方案。

ⅳ. 考虑到化工安全生产的要素，强化对相关标准的解读，既要知其然也要知其所以然。

思考题

1. 火灾安全工程学的任务和目的。
2. 火灾安全工程学的研究对象是什么？
3. 火与人类社会发展的关系如何？
4. 经济效益、社会效益、安全投入之间的关系。
5. 世界的安全生产形势。
6. 我国的安全生产形势。
7. 做好安全生产工作应采取的对策。

1 基本概念

内容提要：主要介绍燃烧的本质与特征；分析燃烧要素和条件，简述闪点、燃点、自燃点、初馏点、最大试验安全间隙等概念及其应用；介绍燃烧速率的概念及其影响因素；介绍常用术语的含义。

基本要求：(1) 熟悉燃烧的定义和特征；(2) 掌握燃烧要素和条件；(3) 掌握闪点、燃点、自燃点、初馏点、氧指数、最大试验安全间隙的概念和应用要点；(4) 掌握燃料、氧化剂、点火源对燃烧过程的影响；(5) 了解火焰的结构和特点；(6) 了解燃烧速率及其影响因素；(7) 了解燃烧的分类和各自的本质特点。

1.1 燃烧的本质与特征

1.1.1 燃烧的定义

燃烧是同时伴有发光、放热现象的激烈氧化还原反应。例如：

$$2CO+O_2 = 2CO_2+\text{光}+\text{热量}$$

$$C+O_2 = CO_2+\text{光}+\text{热量}$$

在氧化还原反应中，氧化与还原必然以等量同时进行。反应的本质是有电子转移，即电子的得失或偏移。化合价升高，即失去电子的反应是氧化反应；化合价降低，得到电子的反应是还原反应。化合价升高的物质还原对方，自身被氧化，因此叫还原剂；化合价降低的物质氧化对方，自身被还原，因此叫氧化剂。这里的氧化剂多数情况下是氧气，当然也可以是其他物质，例如在氢气与氯气的反应中氢失去一个电子被氧化，而氯得到一个电子被还原，同时伴有发光和放热现象，这也是燃烧反应。

$$H_2+Cl_2 = 2HCl+\text{光}+\text{热量}$$

1.1.2 燃烧的特征

燃烧反应具有三个基本特征，即发光（发烟）、发热和氧化还原反应（生成新物质）。

光在燃烧反应过程中。当原子吸收了足够能量，其核外电子将被激发到能量比较高的轨道，处于激发态的原子是不稳定的，会向能级较低的激发态或基态跃迁，释放能量，发出不同频率的光。燃烧过程发光就是原子跃迁的结果。大部分燃烧过程都伴有光和烟的现象，发烟是由于燃烧不完全等原因使产物中带有微粒的缘故。当然也有少数燃烧只发烟而看不到光，这是因为燃烧发出的光的波长不在可见光（390～760nm）的范围内。

氧化还原反应在进行时总是有旧键的断裂和新键的生成，断键时要吸收能量，成键时又

放出能量。在燃烧反应中，断键时吸收的能量要比成键时放出的能量少，所以燃烧反应都是放热反应，且常常伴有火焰。

燃烧反应都是氧化还原反应，因而必然有新物质（反应产物）生成。燃烧过程中燃料都是还原剂，大多数有机物质、金属单质、磷、硫、碳、氢、一氧化碳等都是强还原剂。燃烧过程中助燃物都是氧化剂，如氧气、卤族物质、金属过氧化物、高锰酸钾、过氧化氢、硝酸盐、硝酸铵等都是强氧化剂。

缺少这三个基本特征中的任何一个都不是燃烧反应，例如，白炽灯照明时发出光和热，但没有产生新的物质，这是一种物理现象，不能称为燃烧。电炉通电后，电热丝会发红、发热，但没有新的物质生成，停电后仍然是电热丝，这还是一种物理现象，不能称为燃烧；反应 $H_2SO_4+Zn = ZnSO_4+H_2$ +热量，虽然放出热量，是氧化还原反应并生成了新的物质硫酸锌，但是没有发光现象，所以也不能称为燃烧；核燃料“燃烧”中轻核的聚变和重核的裂变都是发光、发热的“核反应”，而不是化学反应，不能称为燃烧。

1.2 燃烧的要素和条件

1.2.1 燃烧的要素

发生燃烧必须有三要素，即可燃物（燃料）、助燃物（氧化剂）和点火源。这三个要素俗称火三角。

可燃物是指在标准状态下空气中能够燃烧的物质。如木材、棉花、酒精、汽油、甲烷、氢气等都是可燃物。有些物质在标准状态下的空气中不能燃烧，而只有在特定的条件下才能够燃烧。例如，大家熟知的铜和铁，在通常条件下不能燃烧，但赤热的铜丝和铁丝在纯氯气或纯氧气中都能发生剧烈的燃烧。这种物质不能称之为可燃物。可燃物大部分为有机物，少部分为无机物。有机物大部分都含有 C、H、O 等元素，有的还含有少量的 S、P、N 等。可燃物在燃烧反应中都是还原剂。

可燃物质按其燃烧的难易程度，可分为易燃物、可燃物和难燃物三类。通常用氧指数作为衡量塑料及其他高分子材料燃烧难易程度的指标。氧指数（oxygen index）是在规定条件下，试样在氧、氮混合气流中，维持平稳燃烧所需的最低氧气浓度，以氧所占体积的百分数表示。氧指数高表示材料不易燃烧，氧指数低表示材料容易燃烧，一般认为氧指数＜22 属于易燃材料，氧指数在 22～27 之间属可燃材料，氧指数＞27 属难燃材料。氧指数的测试按国家标准 GB/T 2406（塑料）和 GB/T 5454（纺织物）的规定进行。

助燃物是指处于高氧化态，具有强氧化性，能够与可燃物相结合。导致其燃烧的物质。气体如氧气、氯气等；液体或固体化合物如硝酸钾、硝酸锂等硝酸盐类，高氯酸、氯酸钾等氯的含氧酸及其盐类，高锰酸钾、高锰酸钠等高锰酸盐类，过氧化钠、过氧化钾等过氧化物类等，都是能够与可燃物发生剧烈氧化还原反应的物质。

点火源是指能够引起可燃物燃烧的热能。明火、炽热体、火花、反应热或生物热、光辐射等都可能成为点火源。

1.2.2 燃烧的充分条件

可燃物、助燃物、点火源是发生燃烧爆炸的必要条件，并不是充分条件。在某些特殊情况下，三个条件都具备也不一定就会燃烧，还必须满足其他燃烧条件，如温度、压力、浓度（组分）、表面积大小、点火能量等方面都必须达到一定的极限范围，才能发生着火燃烧反应。每种燃料在氧气或空气中，都有一个可以发生燃烧的浓度范围，对气体来说，这个范围就是燃烧极限，能够发生燃烧的最低浓度称为燃烧下限，能够发生燃烧的最高浓度称为燃烧上限。超出这个范围，即使用很强的点火源也不能引发燃烧。例如，在标准状态下的空气中，当氢气浓度低于4%或高于74%时，燃烧反应就很难继续进行；在室温20℃的同样条件下，用火柴去点汽油和煤油时，汽油立即燃烧起来，而煤油却不燃。这是因为汽油蒸气已有足够的数量，与空气的混合已达到适合燃烧的比例，而煤油蒸气的数量不够，还没有达到燃烧的浓度。

同理助燃气体也有一个可以发生燃烧的浓度范围，过高或过低都不能发生燃烧。一般情况下，当空气中氧含量低于10%时，燃烧反应就难以维持下去；当空气中的氧气含量降低到14%～16%时，多数油品就会停止燃烧。

当某种物质遇着点火源时，若点火源能量不足，燃烧反应便不能发生。可燃物形状不同，其表面积就不同，燃烧所需的能量也不相同，表面积越大燃烧需要的热量越大，如木块燃烧所需热量＞刨花燃烧所需热量＞木粉燃烧所需热量。在通常的温度下，小小的火花（静电火花）可以使乙醚燃烧，但不能使坚实的大木块燃烧；一根火柴能点燃细木条或木刨花，但很难点燃坚实的大木块。

每种燃料都有一个最低点火能量，当点火能量低于这个值时就不会发生着火。明火是最常见而且是比较强的点燃源，它可以点燃任何可燃物质。火焰的温度根据不同物质约在700～2000℃之间。炽热体是指受高温作用，由于蓄热而具有较高温度的物体（如炽热的铁块，烧红了的金属设备等）。炽热体与可燃物接触引起着火有快有慢，这主要取决于炽热体所带的热量和物质的易燃性和状态，其点燃过程是从一点开始扩及全面。火花是在铁与铁、铁与石、石与石的强力摩擦、撞击时产生的，是机械能转化为热能的一种现象。火花的温度根据光测高温计测量为1200℃，可引燃可燃气体或液体蒸气与空气的混合物；也能引燃棉花、布匹、干草、糠、绒毛等固体物质。两电极间放电时产生的火花、两电极间被击穿或者切断高压接点时产生的白炽电弧、以及静电放电火花和雷击、放电的电火花等都能引起可燃性气体、液体蒸气和易燃固体物质着火。由于电气设备的广泛使用，这种火源引起的火灾所占的比例越来越大。化学反应热和生物热是指由于化学变化或生物作用产生的热能。这种热能如不及时散发掉，就能引起着火甚至爆炸。光辐射是指太阳光、凸透镜灯聚光，这种热能只要具有足够的温度，就能点燃可燃物质。

点火源温度越高，越容易引起可燃物燃烧。几种常见的点火源的温度如表1-1所示。不同的可燃物质燃烧时所需的温度和热量是不同的。例如，从烟囱里冒出来的炭火星，温度约为600℃，若这火星落在易燃的柴草和刨花上即能引起燃烧。这说明这种火星所具有的温度和热量能够引燃柴草和刨花这些物质。若这些火星落在了大块的木头上，就会很快地熄灭，不能引起燃烧，这说明这种火星虽有相当高的温度，但缺乏足够的热量，因此不能引燃大块的木头。可燃气体所需要的点火能量较低，常见的碳氢化合物和空气混合气体的最小点火能量一般为0.25mJ量级，氢气的最小点火能量为0.019mJ。人体的电容约为10～10F，穿胶鞋、脱工作服可产生10000V的电压，点火能量达到5mJ，足以点燃常见气体。影响气体最小点火能量的因素主要有气体温度、浓度、压力和惰性气体含量。气体温度越高、压力越大、处于最危险浓度、惰性气体含量越小，点火能量越低。

总之，发生燃烧的充分条件是，可燃物质与氧化剂以合适的比例混合，并遇到具有足够温度和能量的点火源。

表 1-1 几种点火源的温度

点燃源名称	点燃源温度/℃	点燃源名称	点燃源温度/℃
火柴焰	500～650	气体灯焰	1600～2100
烟头中心	700～800	酒精灯焰	1180
烟头表面	250	煤油灯焰	780～1030
机械火星	1200	植物油灯焰	500～700
煤炉火焰	1000	蜡烛焰	640～940
烟囱飞火	600	气割焰	2000～3000
石灰与水反应	600～700	汽车排气管火星	600～800

1.3 闪点与初馏点

1.3.1 闪点与燃点

液体的表面总有一定量的蒸气存在，可燃液体表面的蒸气与空气接触就会形成可燃混合物，遇到火源就会燃烧甚至爆炸。液体表面蒸气的多少与液体温度有关。温度很低时，液体表面蒸气很少，它与空气的混合物不能被明火点燃；随着温度的外高液面上方混合气体中可燃气体组分不断增加。在规定的条件下，加热易燃、可燃液体（包括具有升华性的可燃固体）试样，并不断点火，当试样被加热到某个温度时，就会出现瞬间的火苗，这种现象称为闪燃，此时的温度称为该液体的闪点。常见液体的闪点见表 1-2。随着温度的进一步升高，可燃性液体液面上挥发出的燃气与空气的混合物浓度不断增大，火苗能持续 5 秒时的温度称为燃点。燃点一般要高于闪点 1～5℃。当可燃液体温度高于其闪点时则随时都有被点燃的危险。

表 1-2 常见液体的闪点

易燃液体和可燃液体的闪点					
名称	闪点/℃	名称	闪点/℃	名称	闪点/℃
一硝基二甲苯	35	乙醇	14	二乙烯醚	－30
乙醚	－45	乙苯	15	二乙胺	－26
乙基氯	－43	乙基吗啡林	32	二甲醇缩二甲醛	－18
乙烯醚	－30	乙二胺	33.9	二氯甲烷	－14
乙基溴	－25	乙酰乙酸乙酯	35	二甲二氯硅烷	－9
乙胺	－18	乙酸	38	二异丙胺	－6.6
乙烯基氯	－17.8	乙酰丙酮	40	二甲胺	－6.2
乙醛	－17	3-羟基丙腈	55	二甲基呋喃	7
乙烯正丁醚	－10	乙基丁醇	58	二丙胺	7.2
乙烯异丁醚	－10	乙二醇丁醚	73	丙酸乙酯	12
乙硫醇	＜0	乙醇胺	85	丙醛	15
乙基正丁醚	1.1	乙二醇	100	丙烯酸乙酯	16
乙腈	5.5	二硫化碳	－45	丙胺	＜20

续表

名称	闪点/℃	名称	闪点/℃	名称	闪点/℃
丙烯醇	21	二乙基乙二酸酯	44	间甲酚	36
丙醇	23	二乙基乙烯二胺	46	辛烷	16
甲乙醚	−37	二聚戊烯	46	环氧丙烷	−37
甲酸甲酯	−32	二丙酮	49	环己烷	6.3
甲基戊二烯	−27	二氯乙醚	55	环己胺	32
甲酸乙酯	−20	二甲基苯胺	62.8	环氧氯丙烷	32
甲硫醇	−17.7	二氯异丙醚	85	环丙酮	40
甲基丙烯醛	−15	二乙二醇乙醚	94	邻甲苯胺	85
甲乙酮	−14	二苯醚	115	松节油	32
甲基环己烷	−4	丁烯	−80	松香水	62
甲酸正丙酯	−3	丁酮	−14	苯	−14
甲酸丙酯	−3	丁胺	−12	苯乙烯	38
甲酸异丙酯	−1	丁烷	−10	苯甲醛	62
甲苯	4	丁基氯	−6.6	苯胺	71
甲基乙烯甲酮	6.6	丁醛	−16	苯甲醇	96
甲醇	7	丁烯酸乙酯	2.2	氧化丙烯	−37
甲酸异丁酯	8	丁烯醛	13	异戊醛	39
甲基戊酮醇	8.8	丁酸甲酯	14	乙酸甲酯	−13
甲酸丁酯	17	丁烯酸甲酯	<20	乙酸乙烯	−7
甲基异戊酮	22	丁酸乙酯	25	乙酸乙酯	−4
甲酸	23	丁烯醇	34	乙酸醚	−3
甲基丙烯酸	69	丁醇	35	乙酸丙酯	20
戊烷	76.7	丁醚	38	乙酸丁酯	22.2
戊烯	−42	丁苯	52	乙酸酐	40
戊酮	−17.8	丁酸异戊酯	62	樟脑油	47
戊醇	15.5	丁酸	77	丁醇醛	82.7
对二甲苯	49	丙酸甲酯	−3	丁二酸酐	88
正丁烷	25	丙烯酸甲酯	−2.7	丁二烯	41
正丙醇	−60	丙苯	30	十氢化萘	57
四氢呋喃	22	丙酸丁酯	32	三甲基氯化硅	−18
二氯乙烯	14	丙酸正丙酯	40	三氟甲基苯	−12
二氯丙烯	16	丙酸异戊酯	40.5	三乙胺	4
二氯乙烷	21	丙酸戊酯	41	三聚乙醛	26
二甲苯	25	丙烯酸丁酯	48.5	三甘醇	166
二甲基吡啶	29	冰乙酸	40	三乙醇胺	179.4
二异丁胺	29.4	吡啶	20	飞机汽油	−44
二甲氨基乙醇	31	间二甲苯	25	己烷	−23

续表

名称	闪点/℃	名称	闪点/℃	名称	闪点/℃
己胺	26.3	丙烯醛	−17.8	氯丙烷	−17.7
己醛	32	丙酮	−10	氯丁烷	−9
己酮	35	丙烯醚	−7	氯苯	27
己酸	102	丙烯腈	−5	氯二醇	55
天然汽油	−50	丙烯氯乙醇	52	硫酸二甲酯	83
反二氯乙烯	6	丙酐	73	氢氰酸	−17.5
六氢吡啶	16	丙二醇	98.9	溴乙烷	−25
六氢苯酸	68	石油醚	−50	溴丙烯	−1.5
火棉胶	17.7	原油	−35	溴苯	65
煤油	18	石脑油	25.6	碳酸乙酯	25
水杨醛	90	酚	79	绿油	65
水杨酸甲酯	101	硝酸甲酯	−13	四氢化萘	−15
水杨酸乙酯	107	硝酸乙酯	1	甘油	70
巴豆醛	12.8	硝基丙烷	31	异戊二烯	160
壬烷	31	硝基甲烷	35	异丙苯	−42
壬醇	83.5	硝基乙烷	41	噻吩	−1
双甘醇	124	硝基苯	90	糠醛	66
丙醚	−26	氯乙苯	−43	糠醇	76
丙基氯	−17.8	氯丙烯	−32	缩醛	−2.8

乙醇水溶液的闪点

溶液中乙醇含量/%	闪点/℃	溶液中乙醇含量/%	闪点/℃
100	9.0	20	36.75
80	19.0	10	49.0
60	22.75	5	62.0
40	26.75	3	—

1.3.2 闪点的用途

ⅰ. 闪点经常被用来划分可燃液体的危险等级。石油产品的闪点在45℃以下的为易燃品，如汽油、煤油；闪点在45℃以上的为可燃品，如柴油、润滑油。

ⅱ. 闪点是评定可燃液体火灾爆炸危险性和挥发性的主要指标。闪点低的可燃性液体，挥发性高，容易着火，安全性较差。闪点是可燃液体生产、储存场所火灾危险性分类的重要依据，例如可燃液体生产、储存厂房和库房的耐火等级、层数、占地面积、安全疏散、防火间距、防爆设施，液体储罐、堆场的布置、防火间距，可燃和易燃气体储罐的布置、防火间距，液化石油气储罐的布置、防火间距等的确定和选择要根据闪点来确定。此外闪点还是选择灭火剂和确定灭火强度的依据。就火灾和爆炸来说，物质的闪点越低，危险性越大。

ⅲ. 闪点是控制油品加热的指标。在敞口容器中储存使用中禁止将油品加热到它的闪点，加热的最高温度，一般应低于闪点20～30℃，否则会出现火灾危险。

ⅳ. 闪点是确定防火等级的指标。《建筑设计防火规范》根据闪点的不同将可燃液体分为三大种类，即：

甲类液体——闪点小于28℃的液体，如原油、汽油等；

乙类液体——闪点大于或等于28℃但小于60℃的液体，如喷气燃料、灯用煤油；

丙类液体——闪点大于60℃的液体，如重油、柴油、润滑油等。

ⅴ. 闪点是油品选用的指标。选用润滑油时，应根据使用温度考虑润滑油的闪点高低，一般要求润滑油的闪点比使用温度高20～30℃，以保证使用安全和减少挥发损失。闪点低的润滑油在工作过程中容易挥发损失，影响润滑效果。可燃性液体使用过程中若闪点突然降低，可能发生轻油混油事故或水解（对某些合成油而言），必须引起注意。例如，使用中的发动机油闪点显著降低时，说明发动机油已受到燃料稀释，应对发动机进行检修和换油。

1.3.3 闪点的测定

测定闪点的方法有两种，即开口闪点（GB/T 267—1988）和闭口闪点（GB/T 261—2008）（或者称为开杯闪点和闭杯闪点）。一般闪点在150℃以下的轻质油品用闭杯法测闪点，重质润滑油和深色石油产品用开杯法测闪点。同一个油品，其开口闪点较闭口闪点高20～30℃。

用规定的开口闪点测定器所测得的结果叫做开口闪点。按GB/T 267—1988标准方法测开口闪点时，把试样装入内坩埚到规定的刻度线。首先迅速升高试样温度，然后缓慢升温，当接近闪点时，恒速升温，在规定的温度间隔，用一个小的点火器火焰按规定速度通过试样表面，以点火器的火焰使试样表面上的蒸气发生闪火的最低温度，作为开口闪点。继续进行试验，直到用点火器火焰使试样发生点燃并至少燃烧5s时的最低温度，作为开口燃点。为了测准闪点，必须严格控制操作条件，尤其是升温速度。该方法重复性（同一操作者用同一台仪器重复试验）结果之差不得大于8℃；再现性（两个实验室对同一个样品进行检测）结果之差不得大于16℃。

用规定的闭口闪点测定器所测得的结果叫做闭口闪点。按GB/T 261—2008标准方法测闭口闪点时，将样品倒入试验杯中，在规定的速率下连续搅拌，并以恒定速率加热样品。以规定的温度间隔，在中断搅拌的情况下，将火源引入试验杯开口处，使样品蒸气发生瞬间闪火，且蔓延至液体表面的最低温度为环境大气压下的闪点，再用公式修正到标准大气压下的闪点。该方法重复性结果之差不得大于$0.029X$（X为两次试验平均值）；再现性结果之差不得大于$0.071X$。相比较而言，闭杯法的精密度则高一些，一般情况下，其重复性结果之差不大于2℃/5.5℃（闪点＞104℃）；再现性结果之差不大于3.5℃/8.5℃（闪点＞104℃）。

闪点的高低与油的分子组成及油面上压力有关，压力越高，闪点越高，故开口杯法测定的闪点要比闭口杯法低15～25℃。

混合可燃液体的闪点随其组成的变化而变化。可燃性液体中轻质组分含量越高，闪点越低，例如纯乙醇的闪点为9℃，乙醇含量为80%水溶液的闪点为19℃，乙醇含量为5%水溶液的闪点为62℃，乙醇含量为3%的水溶液不会闪燃。

1.3.4 沸点和初馏点

沸点为单一物质在一定压力下由液态转变为气态的温度值，转换过程中温度不变，如水的沸点在标准大气压下为100℃，沸腾过程中始终为100℃。

闪点和沸点都能表示物质的挥发性。区别是只有易燃液体有闪点。水是没有闪点的，即使把水烧开了在上面也是点不燃水蒸气的。闪点是液体危险性指数，闪点越低越容易引发燃烧或爆炸灾害。

碳氢化合物的闪点与沸点之间存在如下近似关系：

$$t_F = 0.683 t_B - 71.7℃ \quad (1\text{-}1)$$

单一液体常用沸点表示剧烈挥发时的状态。混合液体由于每种液体有一个沸点，所以其沸腾温度是一个区间。初馏点指其刚刚开始沸腾时的温度，由于是混合液体，沸腾后其温度仍然会继续升高至其中沸点最高的一种液体沸腾为止。初馏点越低其挥发性也越强。

1.4 自燃点

自燃是指在无外界明火源的条件下，物质自发着火燃烧的现象。物质自燃可分为受热自燃和自热自燃两种形式。前者是指在外部热源的作用下，物质温度不断升高，当达到自燃点时即发生着火燃烧。物质由于接触高温表面、受到加热、烘烤、摩擦、撞击等作用均可能发生自燃。后者是指在没有外界热源的情况下，由于物质内部发生化学、物理或生化过程而产生热量，使物质温度升高，达到自燃点时发生燃烧。例如处理含硫化氢物料的设备会发生腐蚀生成硫化铁，而硫化铁与氧气发生放热反应，从而可导致设备自燃；油脂类物质若浸渍在棉纱、木屑等物质中，形成很大的氧化表面时也会发生自燃；干草、湿木屑等会因吸收发酵热而自燃；煤粉会在氧化和吸附的作用下发生自燃。发生自燃时的温度称为自燃点（AIT）。常见物质的自燃点见表1-3。可燃气体混合物的自燃点也随可燃物的浓度而变化。通常情况下，化学计量比浓度下自燃点最低。自燃点还随压力增高而降低。例如苯在0.1MPa时，自燃温度为680℃，而在1MPa时为590℃。

表1-3 常见物质的自燃点

某些气体及液体的自燃点

化合物	分子式	自燃点/℃		化合物	分子式	自燃点/℃	
		空气中	氧气中			空气中	氧气中
氢	H_2	572	560	丙烯	C_3H_6	458	—
一氧化碳	CO	609	588	丁烯	C_4H_8	443	—
氨	NH_3	651	—	戊烯	C_5H_{10}	273	—
二硫化碳	CS_2	120	107	乙炔	C_2H_2	305	296
硫化氢	H_2S	292	220	苯	C_6H_6	580	566
氢氰酸	HCN	538	—	环丙烷	C_3H_8	498	454
甲烷	CH_4	632	556	环己烷	C_6H_{12}	—	296
乙烷	C_2H_6	472	—	甲醇	CH_4O	470	461
丙烷	C_3H_8	493	468	乙醇	C_2H_6O	392	—
丁烷	C_4H_{10}	408	283	乙醛	C_2H_4O	275	159
戊烷	C_5H_{12}	290	258	乙醚	$C_4H_{10}O$	193	182
己烷	C_6H_{14}	248	—	丙酮	C_3H_6O	561	485
庚烷	C_7H_{16}	230	214	乙酸	$C_2H_4O_2$	550	490
辛烷	C_8H_{18}	218	208	二甲醚	C_2H_6O	350	352
壬烷	C_9H_{20}	285	—	二乙醇胺	$C_4H_{11}NO_2$	662	—
癸烷(正)	$C_{10}H_{20}$	250	—	甘油	$C_3H_8O_3$	—	320
乙烯	C_2H_4	490	485	石脑油	—	277	—

续表

部分粉尘在空气中的自燃点					
名称	自燃点/℃	名称	自燃点/℃	名称	自燃点/℃
铝	645	有机玻璃	440	合成硬橡胶	320
铁	315	六次甲基四胺	410	棉纤维	530
镁	520	碳酸树脂	460	烟煤	610
锌	680	邻苯二甲酸酐	650	硫	190
乙酸纤维	320	聚苯乙烯	490	木粉	430

部分物品在空气中的自燃点			
名称	自燃点/℃	名称	自燃点/℃
松节油	53	蜡烛	190
樟脑	70	布匹	200
灯油	86	麦草	200
赛璐珞	100	硫黄	207
纸张	130	豆油	220
棉花	150	无烟煤	280～500
漆布	165	涤纶纤维	390
航空汽油	390～685	原油	360～367
重油	336	煤油	250～609
木柴	250～350	烟煤	200～500
无烟煤	600～700	焦炭	700

自燃点也是评定可燃液体火灾爆炸危险性的主要标志，是可燃性液体储存、运输和使用的一个安全指标。自燃点越低，越容易发生燃烧与爆炸灾害。

1.5 最大试验安全间隙

最大试验安全间隙（MESG）是指在规定的标准实验条件下（例如国家标准 GB 3836.11、国际标准 IEC79—1A），壳内任何浓度的被试气体或蒸气与空气的混合物被点燃后，均不能通过 25mm 长的接合面点燃壳外爆炸性气体混合物的外壳空腔两部分之间的最大间隙。

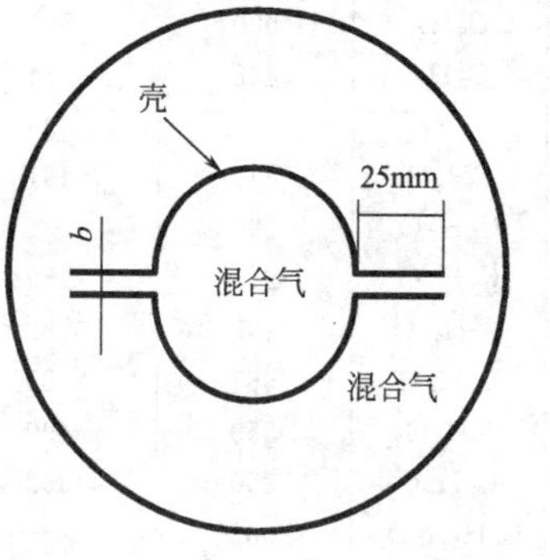

图 1-1 最大试验安全间隙装置示意图

图 1-1 是最大试验安全间隙装置示意图。试验在常温常压（20℃、100kPa）条件下进行。将一个具有规定容积、规定的隔爆接合面长度（25mm）和可调间隙 b 的标准外壳置于试验箱内，并在标准外壳与试验箱内同时充以已知的相同浓度的爆炸性气体混合物（以下简称混合物），然后点燃标准外壳内部的混合物，通过箱体上的观察窗观测标准外壳外部的混合物是否被点燃爆炸。部分可燃性气体或蒸气的最大试验安全间隙（MESG）见表 1-4。

表 1-4　部分可燃性气体或蒸气的最大试验安全间隙值

序号	可燃性气体或蒸气名称	摩尔浓度/%	MESG/mm
1	一氧化碳	40.8	0.94
2	甲烷	8.2	1.14
3	丙烷	4.2	0.92
4	丁烷	3.2	0.98
5	戊烷	2.55	0.93
6	己烷	2.5	0.93
7	庚烷	2.3	0.91
8	异辛烷	2.0	1.04
9	正辛烷	1.94	0.94
10	环己酮	3.0	0.95
11	丙酮	5.9/4.5	1.02
12	丁酮	4.8	0.92
13	氢气	27.0	0.29
14	环氧乙烷	8.0	0.59
15	环氧丙烷	4.55	0.70
16	乙烯	6.5	0.66
17	丙烯	4.8	0.91
18	丁二烯	3.9	0.79
19	二氯乙烯	10.5	3.91
20	二硫化碳	8.2	0.34
21	乙炔	8.5	0.37
22	乙醚	7.0	0.84
23	甲醇	11.0	0.92
24	乙醇	6.5	0.89
25	丙醇	5.1	0.99
26	丙烯腈	7.1	0.87
27	乙酸乙酯	4.7	0.99

1.6　燃烧的分类

按不同的分类方法，燃烧可分为以下几类。

1.6.1　按引燃方式分类

按引燃方式可分为点燃和自燃 2 种。

① 点燃　指在外界明火源的引燃下物质开始燃烧。如人们用火柴点燃蜡烛，用火花点燃炉具燃气等都属于点燃。

② 自燃　指在没有外界明火源的条件下，物质自发着火燃烧的现象。物质靠本身内部的一系列物理、化学变化而发生的自动燃烧现象称为自热自燃。如煤堆、草垛、堆积的油纸油布、黄磷等均可发生自热自燃。物质由于接触高温表面、受到加热、烘烤等作用而发生的自动燃烧现象称为受热自燃，如熬炼沥青、石蜡、松香等易熔固体时温度超过了物质的点燃温度而引的燃烧。

1.6.2　按燃烧时可燃物的状态分类

按燃烧时可燃物的状态可分为气相燃烧和固相燃烧 2 种。

① 气相燃烧　指在进行燃烧反应过程中，可燃物和助燃物均为气体，这种燃烧的特点

是有火焰产生。气相燃烧是一种最基本的燃烧形式，因为绝大多数可燃物（包括气态、液态和固态可燃物）的燃烧都是在气态下进行的。应该指出，可燃物的燃烧状态并不是指可燃物燃烧前的状态，而是指燃烧时的状态。如乙醇在燃烧前为液体状态，在燃烧时乙醇转化为蒸气，其状态为气相，因此称为气相燃烧。可燃液体的燃烧并不是液相与空气直接反应而燃烧，它一般是先蒸发为蒸气，然后再与空气混合而燃烧。某些可燃固体（如硫、磷、石蜡）的燃烧是先受热熔融，再气化为蒸气，而后与空气混合发生燃烧。实质上，凡有火焰的燃烧均为气相燃烧。

② 固相燃烧　指在燃烧反应过程中，可燃物质为固态，这种燃烧亦称表面燃烧。燃烧特征是燃烧时没有火焰产生，只呈现光和热。如可燃固体焦碳不能成为气态的物质，在燃烧时呈炽热状态，而不呈现火焰。金属燃烧亦属于表面燃烧，无气化过程，燃烧温度较高。木炭、镁条、焦炭的燃烧都是固相燃烧。只有固体可燃物才能发生此类燃烧，但并不是所有固体的燃烧都属于固相燃烧，对在燃烧时分解、熔化、蒸发的固体"的燃烧"，都不属于固相燃烧。

有些物质在燃烧过程中，同时存在气相燃烧和固相燃烧。如天然纤维物，这类物质受热时不熔融，而是首先分解出可燃气体进行气相燃烧，最后剩下的碳不能再分解了，则发生固相燃烧。

1.6.3　按燃烧速率及现象分类

按燃烧速率及现象可分为着火、阴燃、闪燃、微燃、轰燃、回燃和爆炸 7 种。

① 着火　指以释放热量并伴有烟或火焰或两者兼有为特征的燃烧现象。着火是经常见到的一种燃烧现象，如木材燃烧、油类燃烧、煤气燃烧等都属于这一类型的燃烧。其特点一是需要点火源引燃；二是在外界因素不影响的情况下，可持续燃烧下去，直至将可燃物烧完为止。

② 阴燃　指物质无可见光的缓慢燃烧。阴燃是可燃固体由于供氧不足而形成的一种缓慢的氧化反应，其特点是有烟而无焰，温度逐渐升高。阴燃是很危险的火灾前兆，由于阴燃过程供氧不足，故为不完全燃烧，随着生成的可燃气体浓度的增大，就有可能达到爆炸浓度而发生爆炸。如果棉花、麻、麦秸、稻草类可燃物的堆垛发生阴燃，就可能引发重大火灾。

③ 闪燃　指在液体表面上产生的足够的可燃蒸气，遇火能产生一闪即灭的燃烧现象。闪燃是液体燃烧特有的一种燃烧现象，少数低熔点可燃固体在燃烧时也有这种现象。闪燃是着火的前兆，当液体达到闪燃温度时，就说明火灾已到了一触即发的状态，必须立即采取降温措施，否则就有着火的危险。

④ 微燃　指燃烧物在空气中受到火焰或高温作用时能够发生燃烧，但将火源移走后燃烧即行停止的燃烧现象。只能发生微燃的物质称为难燃物。

⑤ 轰燃　指燃烧速率急剧增大致使可燃物的表面瞬间全部卷入燃烧的瞬变状态。在房间内发生火灾时，随着燃烧的持续，热烟气层的厚度和温度不断增加。若着火房间对外界的传热速率不大，则室内的温度将会逐渐升高，此时由于火焰、热烟气层和壁面将大量热量反馈给可燃物，加剧可燃物的热分解和燃烧，使火势进一步增强，结果使火灾很快发展到轰燃阶段。

在工程上应用最广的两个轰燃判据为：ⓘ上层热烟气平均温度达到 600℃；ⓘⓘ地面处接受的热流密度达到 $20kW/m^2$。满足这两个条件时，常见可燃物可以发生轰燃。当然，不一定每一个火场都会出现轰燃，如大空间建筑、可燃物较少的建筑、可燃物比较潮湿的场所等就不容易发生轰燃。影响轰燃发生的最重要的两个因素是辐射和对流，也就是上层烟气的热

量得失关系，如果接受的热量大于损失的热量，则轰燃可以发生。轰燃的其他影响因素还有通风条件、房间尺寸和烟气层的化学性质等。

⑥ 回燃　指在通风受限的建筑火灾进入缺氧燃烧甚至闷烧后，由于新鲜空气的突然大量补充引起热烟气急剧燃烧的现象。当通风条件非常差时，在室内发生的火灾燃烧一段时间后可能会因空气不足而熄灭。这时，虽然没有燃烧过程。但是灰烬的温度仍然非常高。室内可燃物仍然进行着热解反应，室内会逐渐积聚大量的可燃气体。此时，如果一旦通风条件改善，空气与室内的可燃气体混合，当混合气被灰烬点燃后，就会形成大强度、快速的火焰传播。在室内燃烧的同时，在通风口外形成巨大的火球，从而同时对室内和室外造成危害。这种“死灰复燃”的现象就称为回燃。回燃具有隐蔽性和突发性。由于回燃火灾的突然性及其强大的破坏性，给消防人员的火灾扑救带来了极大的危险，严重威胁着人们的生命安全。

⑦ 爆炸　指可燃物与氧化剂混合物遇到火源发生的一种非常快速的燃烧，其特点是温度、压力同时增加。按其燃烧速率传播的快慢分为爆燃和爆轰两种。火焰以亚声速传播的爆炸称为爆燃，火焰阵面位于以声速传播的压力波（冲击波）阵面之后，爆炸呈现如图 1-2 所示两波三区结构。

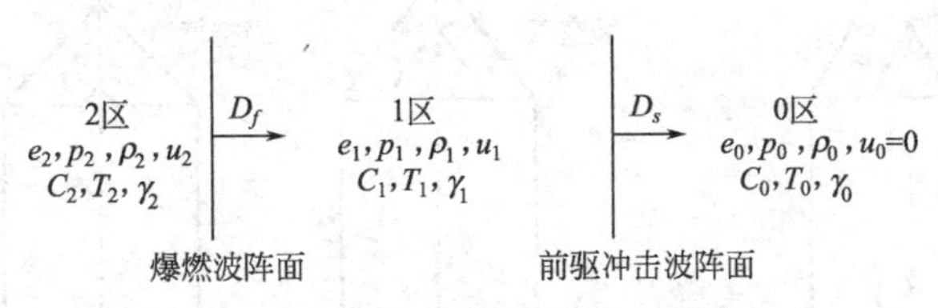

图 1-2　爆燃过程的两波三区结构

火焰以超声速传播的爆炸称为爆轰，爆轰是气体爆炸的最高形式，火焰阵面与压力波阵面重合，跨过波阵面，压力和密度发生突变。爆轰冲击波是造成重大破坏的元凶。

1.6.4　按有无人为控制分类

按有无人为控制可分有控制的燃烧和失去控制的燃烧 2 种。

① 有控制的燃烧　指为了利用燃烧所产生的热能而有控制进行的燃烧。如烧饭、取暖、照明、内燃机的燃烧、火箭的发射等，都属于有控制的燃烧。有控制的燃烧是人类需要的正常燃烧，不属于火灾燃烧的范畴。

② 失去控制的燃烧　指人们不需要的失去控制所形成的燃烧。如各种火灾条件下的燃烧都属于失去控制的燃烧。

1.6.5　按可燃气体与助燃气体混合情况分类

按可燃气体与助燃气体混合情况可分为预混燃烧和扩散燃烧 2 种。

① 预混燃烧　指可燃气体与空气（或氧气）混合后发生的燃烧，也称为动力燃烧或爆炸式燃烧，如发动机汽缸内的燃烧。预混燃烧反应速率快，温度高，控制不好极易发生爆炸。

② 扩散燃烧　指可燃气体从管内流出后与周围空气（氧气）接触，边混合边燃烧。扩散燃烧的特点是燃气与空气在燃烧口混合，燃烧火焰稳定，不易发生事故。人们日常生活中煤油灯的燃烧、关闭风门的煤气灶的燃烧等均属于扩散燃烧。

1.7 扩散火焰和预混火焰

1.7.1 气体火焰

火焰是指发光的气相燃烧区域，是可燃物与助燃物发生氧化还原反应时释放光和热量的现象。火焰的存在是燃烧过程最明显的标志。气体燃烧一定存在火焰；液体燃烧实质是液体蒸发出的蒸气在燃烧，也存在火焰；固体燃烧如果有挥发性的热解产物，这些热解产物燃烧时同样存在火焰。无热解产物的固体燃烧，例如木炭、焦炭等的灼热燃烧，无火焰存在，只有发光现象，也称无焰燃烧。

煤气灶、本生灯、氧乙炔焊枪产生的火焰都是日常生产、生活中典型的常见火焰。本生灯火焰如图 1-3 所示。

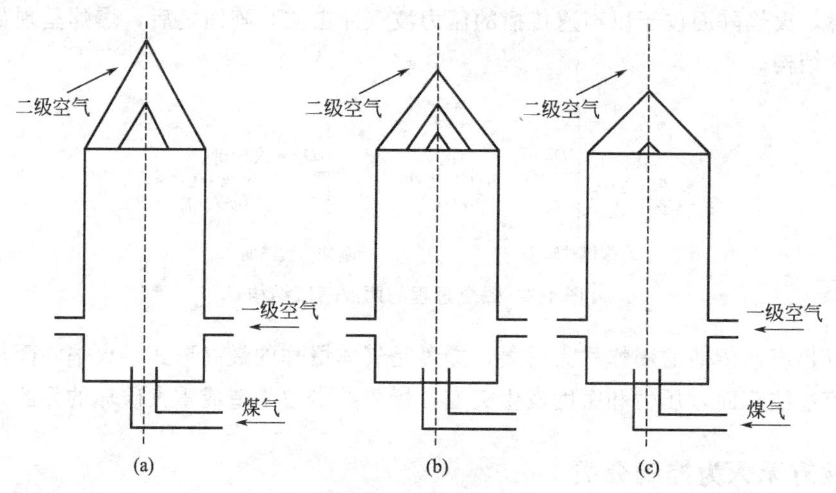

图 1-3 本生灯火焰

本生灯由煤气管和带有空气进气孔（可调）的灯管组成。煤气从灯管底部进入，空气从空气进气孔进入，混合后在灯管顶部点燃。下面分三种情况进行讨论。

① 空气进气孔完全关闭的情况　这种情况下没有一级空气与煤气混合，只是煤气流至灯管出口处后与外部二级空气边混合边燃烧，因而形成扩散火焰，如图 1-3(a) 所示。扩散火焰的结构从里到外可分为焰心和外焰二层。焰心是指火焰的最内层，也就是中心的黑暗部分，由能燃烧而还未燃烧的气体所组成。这是因为在焰心里，空气不足，温度低，不发生燃烧，只为燃烧做准备。外焰依靠扩散进来的空气进行燃烧，也称为焰锋。由于燃烧不完全，会产生碳粒，辐射出黄色光，有时还冒黑烟。扩散火焰长度较长，火焰软弱无力，温度较低。也可以说，扩散火焰只有一个焰锋。

② 空气进气孔部分打开的情况　慢慢打开空气进口，一级空气量逐渐增加，煤气与一级空气的混合物流至灯管出口处时即开始燃烧，形成预混火焰。由于一级空气量不足，氧气消耗完之后，剩余未燃烧的煤气会与外部二级空气边混合边燃烧，形成扩散火焰。这样整个燃烧过程就形成内外 2 个火焰锋，内锋为预混火焰，外锋为扩散火焰。整个火焰分为三层，即焰心、内焰和外焰。这种火焰长度比扩散火焰短，温度高。内焰是指包围焰心的最明亮部分。这是因为在内焰里气体产物进一步分解，产生氢气和许多微小碳粒，而由于氧气供应不

足，大部分碳粒都没有燃烧，只是被烧热发出强光。内焰温度比焰心高。外焰是指包围在内焰外面几乎没有光亮的部分。此部分由于外界氧气供应充足，形成完全燃烧。在外焰里燃烧的往往是一氧化碳和氢气，而这些物质的火焰在白天不易看见，同时在这里灼热的碳粒很少，因此几乎没有光亮，但温度比内焰高。

焰心到外焰边界的范围内是气态可燃物或者是汽化了的可燃物，它们正在和助燃物发生剧烈或比较剧烈的氧化还原反应。在气态分子结合的过程中释放出不同频率的能量波，因而在介质中发出不同颜色的光。火焰的本质是放热反应中反应区周边空气分子受热而高速运动，从而发光的现象。化学反应中当反应物总能量大于生成物总能量时，一部分能量以热能形式向外扩散，称为放热反应。向外释放的热能在反应区周围积聚，加热周边的空气，使周边空气分子做高速运动，运动速度越快，温度越高。火焰焰心，粒子运动速度低，光谱集中在红外区，温度低，亮度低。火焰内焰，粒子运动速度中等，光谱集中在可见光部分，亮度较高，温度较高。火焰外焰，粒子运动速度最快，光谱集中在紫外区，温度最高。反应区向外释放的能量从焰心至外焰逐渐升高，然后急剧下降，使火焰有较清晰的轮廓，火焰与周围空气的边界处即反应能量骤减处。

③ 空气进气孔完全打开的情况　此时空气过量，即煤气燃尽后仍有一级空气剩余，所以不需要二级空气参与，因此这种火焰是完全预混火焰，当然这种情况也只有一个外火焰锋面。整个火焰可分为两层，焰心和外焰。这种火焰长度最短。如果煤气与空气混合比例恰好符合化学计量比，则火焰温度最高。

与本生灯类似，氧乙炔焊枪的工作原理如图 1-4 所示。氧气和乙炔分别经过调节阀门后混合，在枪口处点燃形成火焰。通过调节氧气与乙炔的混合比例，可得到三种火焰，即中性焰、碳化焰和氧化焰，如图 1-4 所示。

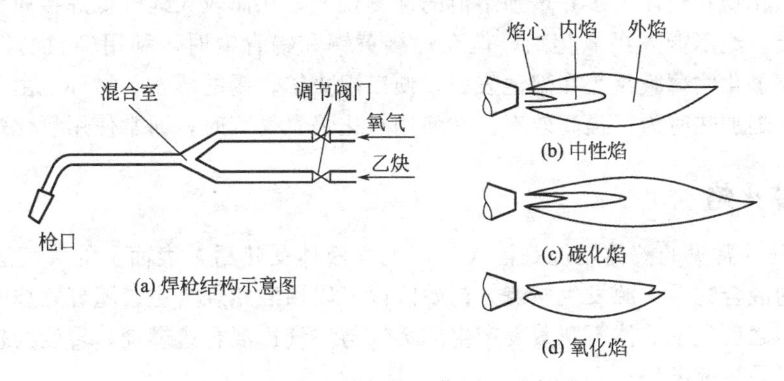

图 1-4　氧乙炔焊枪工作原理示意图

中性焰是指在燃烧过程中，氧量的供给量恰好等于气体完全燃烧的需氧量，燃烧后的产物中既没有多余的氧气也没有因缺氧而生成的一氧化碳等还原性气体。中性焰只存在于理论中，实际上很难获得完全的中性焰。实际中的中性焰是氧与乙炔的体积比为 1.1～1.2 时的火焰。

中性焰有三个区别显著的区域，分别为焰心、内焰和外焰。中性焰的焰心呈尖锥形，色白而明亮，轮廓清楚。焰心由氧气和乙炔组成，焰心外表分布有一层由乙炔分解所生成的碳素微粒，由于炽热的碳粒发出明亮的白光，因而有明亮而清楚的轮廓。在焰心内部进行着第一阶段的燃烧。焰心虽然很亮，但温度较低（800～1200℃），这是由于乙炔分解而吸收了部分热量的缘故。内焰主要由乙炔的不完全燃烧产物，即来自焰心的碳和氢与氧气燃烧的生

成物一氧化碳和氢气所组成。内焰位于碳素微粒层外面，呈蓝白色，有深蓝色线条。内焰处在焰心前2～4mm部位，燃烧是激烈，温度最高，可达3100～3150℃。气焊时，一般就利用这个温度区域进行焊接，因而称为焊接区。由于内焰中的一氧化碳和氢气能起还原作用，所以焊接碳钢时都在内焰进行，将工件的焊接部位放在距焰心尖端2～4mm处。内焰中的气体中一氧化碳的含量占60%左右，氢气的含量占30%～34%，由于对许多金属的氧化物具有还原作用，所以焊接区又称为还原区。外焰中主要是产物二氧化碳和水蒸气。

碳化焰是氧与乙炔的体积比小于1.1时的混合气燃烧形成的气体火焰，因为乙炔有过剩量，所以燃烧不完全。碳化焰中含有游离碳，具有较强的还原作用和一定的渗碳作用。碳化焰可分为焰心、内焰和外焰三部分。碳化焰的整个火焰比中性焰长而柔软，而且随着乙炔的供给量增多，碳化焰也就变得越长、越柔软，其挺直度就越差。当乙炔的过剩量很大时，由于缺乏使乙炔完全燃烧所需要的氧气，火焰开始冒黑烟。碳化焰的焰心较长，呈蓝白色，由一氧化碳、氢气和碳素微粒组成。碳化焰的外焰特别长，呈橘红色，由水蒸气、二氧化碳、氧气、氢气和碳素微粒组成。碳化焰的温度为2700～3000℃。由于在碳化焰中有过剩的乙炔，它可以分解为氢气和碳，在焊接碳钢时，火焰中游离状态的碳会渗到熔池中去，增高焊缝的含碳量，使焊缝金属的强度提高而使其塑性降低。此外，过多的氢会进入熔池，促使焊缝产生气孔和裂纹。因而碳化焰不能用于焊接低碳钢及低合金钢。但轻微的碳化焰应用较广，可用于焊接高碳钢、中合金钢、高合金钢、铸铁、铝和铝合金等材料。

氧化焰是氧与乙炔的体积比大于1.2时的混合气燃烧形成的气体火焰，因为氧气过量，所以燃烧很完全。氧化焰的温度可达3100～3400℃。由于氧气的供应量较多使整个火焰具有氧化性。如果焊接一般碳钢时，采用氧化焰就会造成熔化金属的氧化和合金元素的烧损，使焊缝金属氧化物和气体增多并增强熔池的沸腾现象，从而较大地降低焊接质量。所以，一般材料的焊接，绝不能采用氧化焰。但在焊接黄铜和锡青铜时，利用轻微的氧化焰的氧化性，生成一层氧化物薄膜覆盖在熔池表面，便以阻止锌、锡的蒸发。另外，由于氧化焰的温度很高，在火焰加热时为了提高效率，常使用氧化焰。气割时，通常使用氧化焰。

1.7.2 液体火焰

① 池火焰　常见的液体燃烧是池火，即池中液体受热后，表面上的蒸气达到一定浓度后，与空气的混合物遇火源发生燃烧。初始阶段，以预混燃烧为主。随着燃烧的进行，混合气燃烧完毕，之后就是液体不断蒸发产生的蒸气与空气边混合边燃烧，转变为扩散燃烧。可见，池火主要是扩散燃烧。

② 芯火焰　常见的芯火焰是煤油灯。煤油灯使用棉绳灯芯，棉绳的上端伸至灯头上方，下方伸到灯座内的煤油里，依靠毛细作用，棉绳便把煤油吸到绳头上。只要用火柴点着绳头，就会形成火焰，进行照明。这种芯火焰也分为焰心、内焰和外焰三个部分：焰心主要是煤油蒸气；内焰主要是燃烧不完全的煤油蒸气、燃烧产物和碳粒；外焰是燃烧完全的产物。

1.7.3 固体火焰

固体可燃物根据其受热后的表现可分为三种情况。第一种是受热分解的固体可燃物（如木材等），它们受热后分解产生可燃气体，遇到火源便会与周围空气边混合边燃烧，其火焰是扩散火焰。第二种是受热熔融的固体可燃物（如蜡等），它们受热后熔融为液体，然后蒸

发为气体，其火焰也为扩散火焰。蜡烛的火焰与芯火焰类似，只是蜡受热后首先熔融为液体蜡，然后液体蜡再蒸发分解为气体燃烧，其火焰也包括焰心、内焰和外焰三部分。第三种是既不分解也不熔融的固体（如焦碳、木炭、镁条等），其燃烧才是固体燃烧或表面燃烧，无火焰。

1.8 燃烧速率

1.8.1 燃烧传播

在一端封闭另一端敞口的直管内充满可燃气体混合物，如图 1-5 所示，如果在开口端点燃，可以形成一层厚度为 0.1～2mm 的火焰（反应区），这层薄薄的化学反应发光区就称为火焰前沿。然后一层一层的新鲜混合气就会依次着火，薄薄的化学反应区在已燃区与未燃区之间形成了明显的分界线，并由引燃的地方开始以一定的速度向未燃区移动。这种正常的火焰传播是依靠导热和分子扩散使未燃混合气温度升高并进入反应区参与化学反应而实现的。这种火焰传播有以下 3 个特点：ⅰ燃烧后气体的压力减小或接近不变；ⅱ燃烧后气体的密度减小；ⅲ燃烧波以亚声速传播。

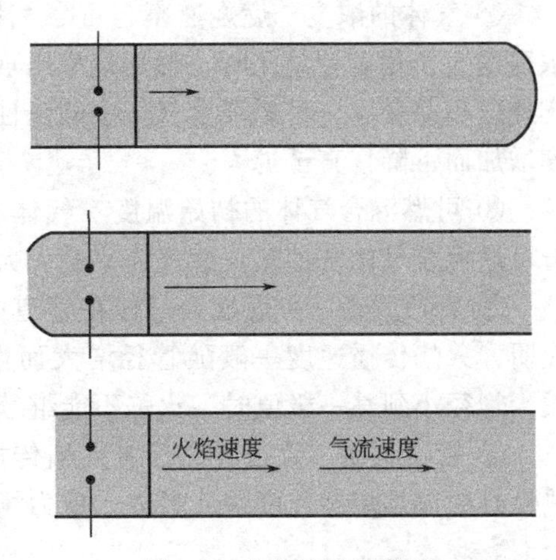

图 1-5 火焰传播示意图

如果在封闭端点燃，也会观察到一层厚度为 0.1～2mm 的火焰，并向未燃区移动，当运动 5～10 倍管径的距离后，会突然加速，直至发生爆轰波。这种爆轰波的传播不是通过传热、传质发生的，它是依靠气体膨胀引起的压力波（冲击波）的高压作用，使未燃气受到近似绝热压缩的作用而升温着火，从而使燃烧波在未燃区中传播。这种火焰传播有以下 3 个特点：ⅰ燃烧后气体的压力增大；ⅱ燃烧后气体的密度增大；ⅲ燃烧波以超声速传播。

1.8.2 气体和蒸气的燃烧速率与火焰速度

火焰相对于静止坐标的运动速度称为火焰速度；火焰前方原本静止的未燃气体在火焰的推动下会产生扰动，其运动速度称为气流速度；火焰相对于前方气体的运动速度称为燃烧速率。显然，火焰速度等于气流速度与燃烧速率之和。燃烧速率与反应物质有关，是反应物质的特征量。常温、常压下的层流燃烧速率称标准层流燃烧速率，或基本燃烧速率。大量实验证明，燃料与纯氧混合物的基本燃烧速率比燃料与空气混合物的基本燃烧速率高一个数量级，如甲烷/氧气混合物的基本燃烧速率为 4.5m/s，而甲烷/空气混合物的基本燃烧速率则只为 0.40m/s。常见碳氢化合物与空气按化学计量比混合时的基本燃烧速率见表 1-5。

影响可燃气体燃烧速率的主要因素如下。

① 气体的组成　气体组成的繁简决定着燃烧过程的长短，而燃烧过程又表现为燃烧的快慢。

表 1-5 常见碳氢化合物与空气按化学计量比混合时的基本燃烧速率

气体	分子式	基本燃烧速率/(m/s)	气体	分子式	基本燃烧速率/(m/s)
甲烷	CH_4	0.40	丙酮	C_3H_6O	0.54
乙烷	C_2H_6	0.47	丁酮	$CH_3COC_2H_5$	0.42
丙烷	C_3H_8	0.46	甲醇	CH_3OH	0.56
正丁烷	C_4H_{10}	0.45	氢	H_2	3.12
正戊烷	C_5H_{12}	0.46	一氧化碳	CO	0.46
正己烷	C_6H_{14}	0.46	二氧化碳	CS_2	0.58
乙烯	C_2H_4	0.80	苯	C_6H_6	0.48
丙烯	C_3H_6	0.52	甲苯	$C_6H_5CH_3$	0.41
1-丁烯	C_4H_8	0.51	汽油	$C_6H_5CH_3$	0.40
乙炔	C_2H_2	1.80	航空燃料	JP-1	0.40
丙炔	C_3H_4	0.82	航空燃料	JP-2	0.41
1-丁炔	C_4H_8	0.68			

② 气体的浓度　燃烧速率与可燃气体、助燃气体的浓度有关。通常情况下，可燃气体浓度稍大于化学计量比时，燃烧速率出现最大值。可燃气体浓度比化学计量比偏低或偏高其燃烧速率都变小。可燃混合气体中的惰性气体对燃烧反应影响很大，燃烧速率随惰性气体浓度增加而下降，直至熄灭。

③ 可燃混合气体的初始温度　气体燃烧速率随初始温度的增大而加快。在火场上，随着可燃混合气体被加热，燃烧速率会大大提高。

④ 管道直径　可燃混合气体在管道内燃烧时，其性能通常以火焰传播速度表示。实验表明，火焰传播速度一般随管径增大而增大，但管径增大到某一极值时，传播速度不再增大。管径小到某一极值时，火焰不能继续传播。

⑤ 管道材质　管道导热性对火焰传播速度也有影响，同样条件下，管道导热性差比导热性好的火焰传播速度快。另外，重力场对管道内火焰传播速度也有一定影响。

1.8.3 液体和固体燃烧速率

液体和固体的燃烧速率主要指单位时间燃烧掉的液体量，可以用质量速度（kg/h）表示，也可以用直线速度（cm/h）表示。

(1) 液体的燃烧速率

影响液体物质燃烧速率的主要因素如下。

① 液体物质组成　不同液体物质的燃烧速率是不同的。易燃液体物质的燃烧速率一般高于可燃液体物质的燃烧速率；结构单一的液体物质燃烧速率基本相等；多种物质的混合液体往往是先快后慢。

② 液体物质的初始温度　初始温度越高，燃烧速率越快；火焰的热辐射能力越强，燃烧速率越快；热容、蒸发相变焓越大，燃烧速率越慢。

③ 储罐内液体物质的液位　储罐内液位高低不同，其燃烧速率也不同。液位高时大于液位低时的燃烧速率。这主要是由于液位高时，火焰根部与液面距离小，液面接收辐射热多，单位面积蒸发量大，空气助燃充分，燃烧速率快。

④ 储罐直径　可燃物和易燃液体储罐直径对液体物质燃烧速率影响很大。一般是随储油罐直径增大，燃烧速率加快。

⑤ 油品含水量　油品含水量对燃烧速率影响较大，特别是对初起火时的影响更大。由于油品中的水分升温气化时要获得热量，因此油品含水量越高，燃烧速率越小。据试验，大港原油含水量小于4%时燃烧比较稳定；含水量大于4%时燃烧不稳定；含水量大于6%时

难于燃烧，即使点燃，燃烧也不稳定。

⑥ 风　风对液体燃烧速率有一定的影响。一般来说，风速越大储油罐内液体的燃烧速率越大，只有风速达到某一临界值时，燃烧速率才会下降，甚至将火焰吹灭。

(2) 固体的燃烧速率

影响固体物质燃烧速率的因素主要有固体物质自身因素和环境因素两类。

① 固体物质自身因素　如固体物质的厚度、密度、热容、导热性，以及几何形状、含水量等都会影响其燃烧速率。一般是厚度大、密度大、热容大、导热差，燃烧速率慢。

② 环境因素　固体物质周围的气体组成，可燃材料的温度，外界辐射热流，周围空气的流动（风）等都会影响其燃烧速率。

火焰速度不是燃料的特征量，除了与反应物质的燃烧速率有关，还与火焰阵面前气流的扰动情况有关。由于火焰传播的不稳定性，故火焰速度的测定易受各种条件的影响。例如，气体流动中的耗散性、界面效应、管壁摩擦、密度差、重力作用、障碍物绕流及射流效应等可能引起湍流和漩涡，使火焰不稳定，其表面变得皱褶不平，从而增大火焰面积、体积和燃烧速率，增强爆炸破坏效应。在某些条件下燃烧可转变为爆轰，达到最大破坏效果。

1.8.4 脱火与回火

对于喷射预混燃烧，当燃料气与空气预混物流量太大、流速过高时，如果气流速度大于燃烧速率，火焰将被吹离，后面随之而来的燃料气与空气混合物根本不能着火，即火焰根部被气流吹走离开了点火圈一段距离燃烧，甚至熄灭，该现象称为脱火（吹熄）。

当燃料气与空气预混物流量很小、流速很低时，如果燃烧速率大于气流速度，火焰很可能逆流而传播进混气管道里面，该现象称为回火，即火焰根部离开了点火圈向来流方向移动，在管道内部燃烧，并发出响声，火焰内外锥不再分明。

小结

(1) 燃烧是同时伴有发光、放热的激烈氧化还原反应，它具有发光、放热、生成新物质三个特征。可燃物在燃烧过程中都是得到电子，因而是还原剂，助燃物在燃烧过程中都是失去电子，因而是氧化剂。大多数有机物质、金属单质、磷、硫、碳、氢、一氧化碳等都是强还原剂。氧气、卤族物质、金属过氧化物、高锰酸钾、过氧化氢、硝酸盐、硝酸铵等都是强氧化剂。缺少这三个基本特征中的任何一个就不是燃烧反应。

(2) 发生燃烧必须有三个要素，即可燃物、助燃物和点火源。发生燃烧的充分条件是，可燃物质与氧化剂以合适的比例混合，并遇到具有足够温度和能量的点火源。

(3) 液体的表面上的蒸气与空气混合物的燃烧只出现瞬间的火苗或闪光时的温度称为液体的闪点，液体开始沸腾时的温度称为沸点，混合液体刚刚开始沸腾时的温度称为初馏点，三者均能表示液体的挥发性，只是只有易燃液体才有闪点，只有混合液体才有初馏点。单一液体常用沸点表示剧烈挥发时的状态，混合液体用初馏点（刚刚开始沸腾时的温度）表示剧烈挥发时的状态。

(4) 测定闪点的方法有开口杯法和闭口杯法两种，闪点的高低与油的分子组成及油面上的压力有关，压力高，闪点高，故开口杯法测定的闪点要比闭口杯法低 15～25℃。闪点经常被用来划分可燃液体的危险等级、评定可燃液体火灾爆炸危险性和挥发性、选择灭火剂、控制油品加热温度等。

(5) 物质自发着火燃烧的温度称为自燃点。物质自燃可分为受热自燃和自热自燃两种形式。前者是指在外部热源的作用下，当温度达到自燃点时即发生着火燃烧。后者是指在没有外界热源的情况下，由于物质内部发生化学、物理或生化过程而产生热量，当温度达到自燃点时发生燃烧。

(6) 最大试验安全间隙（MESG）是在规定的标准实验条件下，壳内所有浓度的被试气体或蒸气与空气的混合物点燃后，通过 25mm 长的接合面均不能点燃壳外爆炸性气体混合物的外壳空腔两部分之间的最大间隙。它是隔爆设计的基础。

(7) 燃烧按引燃方式可分为点燃和自燃 2 种，按燃烧时可燃物的状态可分气相燃烧和固相燃烧 2 种，按燃烧速率及现象可分为着火、阴燃、闪燃、微燃、轰燃、回燃和爆炸 7 种，按有无人为控制可分有控制的燃烧和失去控制的燃烧 2 种，按可燃气体与助燃气体混合情况可分为预混燃烧和扩散燃烧 2 种。

(8) 火焰是指发光的气相燃烧区域，本质是放热反应中反应区周边空气分子受热而高速运动，从而发光的现象。气体燃烧、液体燃烧、有挥发性的热解产物的固体燃烧都有火焰，无挥发性的热解产物的固体燃烧没有火焰。大多数情况下火焰的结构从里到外可分为焰心、内焰和外焰三层，温度依次升高。纯扩散火焰没有内焰，完全预混火焰没有外焰。

(9) 燃烧速率是火焰相对于前方已扰动气体的运动速度，它与反应物质有关，是反应物质的特征量。

1. 什么是燃烧？在工业实际中一般会发生哪几类燃烧？
2. 什么是闪点？什么是燃点？什么是自燃点？什么是沸点和初馏点？各有何用途？
3. 什么是燃烧速率？它与哪些因素有关？
4. 发生燃烧的充分必要条件是什么？
5. 什么是最大试验安全间隙？有何用途？
6. 除空气、氧气外，还有一些物质也具有助燃性质。如何解释？
7. 燃烧有几种分类方法？各分成哪些类别？
8. 预混燃烧与扩散燃烧各有哪些特点？
9. 什么是碳化焰、中性焰和氧化焰？说明氧乙炔焊枪的工作原理。
10. 什么是基本燃烧速率和火焰速度？两者的本质区别是什么？
11. 什么是脱火和回火？如何防止？

一、填空

1. 燃烧是同时伴有________、________的________。

2. 燃烧三要素是指________、________和________。

3. 燃烧过程发光就是________的结果。

4. 燃烧发烟是由于________等原因使产物中带有微粒的缘故。

5. 燃烧过程中氧化剂的化合价________，还原剂的化合价________。

6. 通常用________作为衡量塑料及其他高分子材料燃烧难易程度的指标。

7. 氧指数是在规定条件下，试样在氧、氮混合气流中，维持平稳燃烧所需的________________。

8. 氧指数________属于易燃材料，氧指数在______之间属可燃材料，氧指数______属难燃材料。

9. 燃烧极限是指________________。

10. 闪点是指在规定的条件下，加热可燃液体试样，并不断点火，________________________。

11. 闪点可用来________、________、________、________、________。

12. 石油产品，闪点在______以下的为易燃品，如汽油、煤油；闪点在________以上的为可燃品。

13. 开口杯法测定的闪点要比闭口杯法________℃。

14. 闪点的高低与油的________有关，压力越高，闪点越________。

15. 初馏点指混合液体________时的温度。

16. 自燃点是指________________________。

17. 物质的引燃方式可分为________和________2种。

18. 自燃是指在________的条件下，物质自发着火燃烧的现象。物质自燃可分为____和____两种形式。受热自燃是指在________的作用下，物质温度不断升高，当达到自燃点时即发生着火燃烧。自热自燃是指在________的情况下，由于________________而产生热量，使物质温度升高，达到自燃点时发生燃烧。

19. 从加热角度看，点燃是________加热，受热自燃是________加热。

20. 最大试验安全间隙是在规定的标准实验条件下，火焰不能通过____长的接合面时的最大间隙。

21. 按燃烧时可燃物的状态，燃烧可分为________和________2种。凡________的燃烧均为气相燃烧，凡________的燃烧均为固相燃烧。

22. 按燃烧速率及现象，燃烧可分为______、____、____、____、____、____和______7种。

23. 着火指物质以____________为特征的燃烧现象。阴燃指物质____________燃烧现象。闪燃指____________的燃烧现象。微燃指物质________________________的燃烧现象。轰燃指________________________燃烧的现象。回燃指________________________的燃烧现象。爆炸指________________________。

24. 按燃烧速度传播的快慢，爆炸可分为爆燃和爆轰两种。爆燃是____________的爆炸，是________结构；爆轰是____________的爆炸，是________________________结构。

25. 按可燃气体与助燃气体混合情况，燃烧可分为________和________2种。预混燃烧指________________________；扩散燃烧指________________________。

26. 燃烧速率是指火焰相对于______的运动速度；火焰速度是指火焰相对于____________

的运动速度。燃烧速率是＿＿＿＿＿的特征量；火焰速度是＿＿＿＿＿＿的特征量，除了与反应物质的燃烧速率有关，还与火焰阵面前气流的扰动情况有关。

27. 当混合气流速度大于燃烧速率，火焰将被吹离，甚至熄灭，该现象称为＿＿＿＿＿。当燃烧速率大于混合气流速度，火焰很可能逆流而传播进混气管道里面，该现象称为＿＿＿＿＿＿＿＿＿＿。

二、判断下列过程是否发生了燃烧反应，并作出解释。

1. 白炽灯通电后发光发热。
2. $H_2SO_4+Zn = ZnSO_4+H_2$ 并放出热量。
3. 核电站中轻核的聚变。
4. 核电站中重核的裂变。
5. 用打火机点燃香烟。
6. 炼钢过程中，钢铁加热后成为液体。
7. 太阳照亮宇宙。
8. 两个电极之间通电产生火花。
9. 雨天的电闪雷鸣。
10. 氧-乙炔气割火焰。

三、多项选择题

1. 下列物质不是助燃物质的是（　　）。

A. 氧气　　B. 氯气　　C. 高锰酸钾　　D. 钠

2. 下列物质是还原剂的是（　　）。

A. 易失去电子的物质　　B. 溴水

C. 二氧化锰　　D. 硫酸

3. 物质燃烧时能观察到火焰，物质一定是以（　　）形式燃烧。

A. 气态　　B. 液态　　C. 固态　　D. 都不对

2 火灾爆炸危险物质

内容提要：解释常用术语，介绍火灾爆炸危险物质的分类，分析空气中自燃物质、遇水自燃物质、混合自燃物质的燃烧爆炸的特性，阐述储存物品和生产的火灾危险性及其影响因素。

学习要求：（1）了解化学危险品的相关标准；（2）掌握常用术语；（3）熟悉物质的危险性分类；（4）熟悉自燃性物质的特性；（5）熟悉储存物品的危险性分类及其影响因素；（6）熟悉生产的危险性分类及其影响因素。

燃烧爆炸危险性物质是发生火灾爆炸的前提、不同物质的燃烧性能差别很大，发生事故的方式、途径不同，危害程度也不同。控制与合理使用这些物质是防止发生事故的关键。通常将具有易燃、易爆、毒害、腐蚀、放射性及在生产、储存、运输中容易造成重大事故的物品称为危险品。为了很好地管理危险品，便于在发生重大事故时利于紧急救援，联合国和一些其他国际组织制定了一些危险品生产、使用和管理公约。我国也制定了一系列法规、标准和规范。

2.1 涉及火灾爆炸危险物质安全的相关法规和标准

涉及火灾爆炸危险物质安全的法规主要有：

《中华人民共和国安全生产法》（中华人民共和国主席令 2002 第 70 号）

《中华人民共和国消防法》（中华人民共和国主席令 1998 第 6 号）

《中华人民共和国监控化学品管理条例》（中华人民共和国国务院令 1995 第 190 号）

《危险化学品安全管理条例》（中华人民共和国国务院令 2002 第 591 号）

《安全生产许可证条例》（中华人民共和国国务院令 2004 第 397 号）

《国务院关于进一步加强安全生产工作的决定》（国发［2004］2 号）

《建设工程安全生产管理条例》（中华人民共和国国务院令 2003 第 393 号）

《国务院关于进一步加强企业安全生产工作的通知》（国发［2010］23 号）

《危险化学品生产企业安全生产许可证实施办法》（国家安监总局令 2011 第 41 号）

《危险化学品建设项目安全许可实施办法》（国家安监总局令 2006 第 8 号）

《危险化学品名录》（国家安全生产监督管理局公告 2003 第 1 号令）

《危险化学品生产储存建设项目安全审查办法》（国家安监局令 2004 第 17 号）

《仓库防火安全管理规则》（中华人民共和国公安部令 1990 第 6 号）

《作业场所安全使用化学品公约》（第 170 号国际公约）

《作业场所安全使用化学品建议书》（第 177 号国际公约）

涉及火灾爆炸危险物质安全的标准主要有：

GB 6944—2012《危险货物分类和品名编号》

GB 12268—2012《危险货物品名表》

GB 13690—2009《化学品分类和危险性公示通则》

GB 190—2009《危险货物包装标志》

GB 50160—2008《石油化工企业设计防火规范》

GB 50016—2006《建筑设计防火规范》

GB 50140—2010《建筑灭火器配置设计规范》

GB 4968—2008《火灾分类》

GB 18218—2009《危险化学品重大危险源辩识》

GB 18265—2000《危险化学品经营企业开业条件和技术要求》

GB 50156—2012《汽车加油加气站设计与施工规范》

GB 18070—2000《油漆厂卫生防护距离标准》

GB 12801—2008《生产过程安全卫生要求总则》

GB 5083—1999《生产设备安全卫生设计总则》

GB 50057—2010《建筑物防雷设计规范》

GB 7691—2013《涂装作业安全规程——安全管理通则》

GB 50058—2014《爆炸危险环境电力装置设计规范》

GB 15603—1995《常用化学危险品储存通则》

GB 17914—2013《易燃易爆性商品储存养护技术条件》

GB 4962—2008《氢气使用安全技术规程》

GB 12942—2006《涂装作业安全规程——有限空间作业安全技术要求》

GB 13348—2009《液体石油产品静电安全规程》

GB 12158—2006《防止静电事故通用导则》

GB 15599—2009《石油与石油设施雷电安全规范》

GB 17265—1998《液化气体气瓶充装站安全技术条件》

GB 50045—2005《高层民用建筑设计防火规范》

GB 50067—1997《汽车库、修车库、停车场设计防火规范》

GB 50098—2009《人民防空工程设计防火规范》

HG 23011—1999《厂区动火作业安全规程》

2.2 常用术语

物质（substances） 指可以用完整的化学结构式和特定的分子式描述的化学物质，包括单质和化合物，但不包括混合物、制品（剂）和物品。

物品（articles） 处于储存状态下的物质及其混合物。

产品（products） 生产出来的物品。

货物（goods） 处于运输状态的物品。

商品（commodities） 处于交换过程中的物品。

危险货物（也称危险物品或危险品）（dangerous goods） 具有爆炸、易燃、毒害、感

染、腐蚀、放射性等危险特性，在运输、储存、生产、经营、使用和处置中，容易造成人身伤亡、财产损毁或环境污染而需要特别防护的物质和物品（包括危险化学品）。

整体爆炸（mass detonation or explosion of total contents） 指瞬间能影响到几乎全部载荷的爆炸。

爆炸性物质（explosive substances） 固体或液体物质（或这些物质的混合物），自身能够通过化学反应产生气体，其温度、压力和速度高到能对周围造成破坏，包括不放出气体的烟火物质。

爆炸性物品（explosive articles） 含有一种或几种爆炸性物质的物品。

烟火物质（pyrotechnic substances） 能产生热、光、声、气体或烟的效果或这些效果加在一起的一种物质或物质混合物，这些效果是由不起爆的自持放热化学反应产生的。

发火物质（pyrophoric substances） 即使只有少量与空气接触，不到5min时间便燃烧的物质，包括混合物和溶液（自燃液体或自燃固体）。

易燃气体（flammable gases） 在20℃和101.3kPa标准压力下，与空气混合有易燃范围的气体。

压缩气体（compressed gases） 在－50℃下加压包装供运输时完全是气态的气体，包括临界温度小于或等于－50℃的所有气体。

液化气体（liquefied gases） 在温度大于－50℃下加压包装供运输时部分是液态的气体，包括临界温度在－50℃和65℃之间的高压液化气体和临界温度大于65℃的低压液化气体。

冷冻液化气体（refrigerated liquefied gases） 包装供运输时由于其温度低而部分呈液态的气体。

溶解气体（dissolved gases） 加压包装供运输时溶解于液相溶剂中的气体。

压力下气体（gases under pressure） 在压力等于或大于200kPa（表压）下装入储器的气体。压力下气体包括压缩气体、液化气体、溶解气体、冷冻液化气体。

窒息性气体（asphyxiant gases） 会稀释或取代空气中氧气的气体。

氧化性气体（oxidizing gases） 一般而言，通过提供氧气，比空气更能引起或促进其他材料燃烧的气体。

易燃液体（flammable liquids） 在其闭杯试验闪点不高于60℃，或开杯试验闪点不高于65.6℃时放出易燃蒸气的液体或液体混合物，或是在溶液或悬浮液中含有固体的液体，还包括：①在温度等于或高于其闪点的条件下提交运输的液体；②以液态在高温条件下运输或提交运输，并在温度等于或低于最高运输温度下放出易燃蒸气的物质。

液态退敏爆炸品（liquid desensitized explosives） 为抑制爆炸性物质的爆炸性能，而将爆炸性物质溶解或悬浮在水中或其他液态物质中而形成的均匀液态混合物。

氧化性液体（oxidizing liquds） 本身未必燃烧，但通常因放出氧气可能引起或促使其他物质燃烧的液体。

易燃固体（flammable solids） 易于燃烧的固体和摩擦可能起火的固体。

固态退敏爆炸品（solid desensitized explosives） 为抑制爆炸性物质的爆炸性能，用水或酒精湿润爆炸性物质、或用其他物质稀释爆炸性物质而形成的均匀固态混合物。

氧化性固体（oxidizing solids） 本身未必燃烧，但通常因放出氧气可能引起或促使其他物质燃烧的固体。

气溶胶（aerosols） 是指细小的固体或液体微粒的气态悬浮物。气溶胶喷雾罐是指任何不可重新罐装的容器，该容器由金属、玻璃或塑料制成，内装强制压缩、液化或溶解的气体，包含或不包含液体、膏剂或粉末，配有释放装置，可使所装物质喷射出来，形成在气体中悬浮的固态或液态微粒或形成泡沫、膏剂或粉末或处于液态或气态。

自反应物质（self-reactive substances） 即使没有氧（空气）存在时，也容易发生激烈放热分解的热不稳定物质。自反应物质或混合物如果在实验室试验中其组分容易起爆、迅速爆燃或在封闭条件下加热时显示剧烈效应，应视为具有爆炸性质。

自热物质（self-heating substances） 发火物质以外的与空气接触不需要能源供应便能自己发热的物质。这类物质或混合物与发火液体或固体不同，因为这类物质只有数量很大（公斤级）并经过长时间（几小时或几天）才会燃烧。自热导致自发燃烧是由于物质或混合物与氧气（空气中的氧气）发生反应并且所产生的热没有足够迅速地传导到外界而引起的。

遇水放出易燃气体的物质（substances which in contact with water emit flammable gases） 与水接触能放出易燃气体，这种气体与空气混合能形成爆炸性混合物。

高温物质（elevated temperature substances） 指在液态温度达到或超过 100℃，或固态温度达到或超过 240℃条件下运输的物质。

有机过氧化物（organic peroxides） 含有二价过氧基（—O—O—）结构的液态或固态有机物质，可以看作是一个或两个氢原子被有机基替代的过氧化氢衍生物。该术语也包括有机过氧化物配方（混合物）。有机过氧化物是热不稳定物质或混合物，容易放热自行分解。另外，它们可能具有下列一种或几种性质：ⅰ易于爆炸分解；ⅱ迅速燃烧；ⅲ对撞击或摩擦敏感；ⅳ与其他物质发生危险反应。如果有机过氧化物在实验室试验中，在封闭条件下加热时组分容易爆炸、迅速爆燃或表现出剧烈效应，则可认为它具有爆炸性质。

金属腐蚀剂（metal corrosives） 腐蚀金属的物质或混合物，是通过化学作用显著损坏或毁坏金属的物质或混合物。

生物制品（biological products） 是从活生物体取得的产品，其生产和销售须按相关国家主管部门的要求，可能需要特别许可证，用于预防、治疗或诊断人或动物的疾病，或用于与此类活动有关的试验或调查。生物制品包括但不限于疫苗等最终或非最终产品。

口服毒性半数致死量 LD_{50}［LD_{50}（median lethal dose）for acute oral toxicity］ 由统计学方法得出的一种物质的单一计量指标，可使青年白鼠口服后，在 14d 内造成受试白鼠死亡一半的物质剂量。LD_{50}值用试验物质与试验动物质量的比表示（mg/kg）。

皮肤接触毒性半数致死量 LD_{50}（LD_{50} for acute dermal toxicity） 使白兔的裸露皮肤持续接触 24h，最可能引起受试白兔在 14d 内死亡一半的物质剂量。

吸入毒性半数致死浓度 LC_{50}（LC_{50} for acute toxicity on inhalation） 使雌雄青年白鼠连续吸入 1h，最可能引起受试白鼠在 14d 内死亡一半的蒸气、烟雾或粉尘的浓度。

病原体（pathogens） 指可造成人或动物感染疾病的微生物（包括细菌、病毒、立克次氏体、寄生虫、真菌）和其他媒介，如病毒蛋白。

培养物（cultures） 是病原体被有意繁殖处理的结果。

病患者试样（patient specimens） 是直接从人或动物采集的人或动物材料，包括但不限于排泄物、分泌物、血液和血液成分、组织和组织液，以及身体部位等，运输的目的是研究、诊断、调查、治疗和预防疾病等。

经过基因修改的微生物和组织（genetically modified microorganisms and organisms） 是其基因物质被特意地通过遗传工程以非自然发生的方式加以改变的微生物和组织。

医学或临床废物（medical or clinical wastes） 是来自对动物或人的医学治疗或来自生物研究的废物。

危害环境物质（environmentally hazardous substances） 包括污染水生环境的液体或固体物质，以及这类物质的混合物（如制剂和废物）。

配装组（compatibility groups） 在爆炸品中，如果两种或两种以上物质或物品在一起能安全存放或运输，而不会明显地增加事故率或在一定量的情况下不会明显地提高事故危害程度的，可视其为同一配装组。

2.3 危险化学品分类

国家安全生产监督管理局发布的《危险化学品名录》中把危险化学品分为8类，即爆炸品、压缩气体和液化气体、易燃液体、易燃固体、自燃物品和遇湿易燃物品、氧化剂和有机过氧化物、放射性物品、有毒品和腐蚀品。

第一类 爆炸品，指在外界作用下（如受热、摩擦、撞击等）能发生剧烈的化学反应，瞬间产生大量的气体和热量，使周围的压力急剧上升，发生爆炸，对周围环境、设备、人员造成破坏和伤害的物品。爆炸品在国家标准中分5项，其中有3项包含危险化学品，另外2项专指弹药等。

第1项：具有整体爆炸危险的物质和物品，如高氯酸。

第2项：具有燃烧危险和较小爆炸危险的物质和物品，如二亚硝基苯。

第3项：无重大危险的爆炸物质和物品，如四唑并-1-乙酸。

第二类 压缩气体和液化气体，指压缩的、液化的或加压溶解的气体。这类物品当受热、撞击或强烈振动时，容器内压力急剧增大，致使容器破裂、物质泄漏、爆炸等。它分3项。

第1项：易燃气体，如氨气、一氧化碳、甲烷等。

第2项：不燃气体（包括助燃气体），如氮气、氧气等。

第3项：有毒气体，如氯（液化的）、氨（液化的）等。

第三类 易燃液体，本类物质在常温下易挥发，其蒸气与空气混合能形成爆炸性混合物。它分3项。

第1项：低闪点液体，即闪点低于－18℃的液体，如乙醛、丙酮等。

第2项：中闪点液体，即闪点在－18℃～23℃的液体，如苯、甲醇等。

第3项：高闪点液体，即闪点在23℃以上的液体，如环辛烷、氯苯、苯甲醚等。

第四类 易燃固体、自燃物品和遇湿易燃物品 这类物品易于引起火灾，按它的燃烧特性分为3项。

第1项：易燃固体，指燃点低，对热、撞击、摩擦敏感，易被外部火源点燃，迅速燃烧，能散发有毒烟雾或有毒气体的固体，如红磷、硫黄等。

第2项：自燃物品，指自燃点低，在空气中易于发生氧化反应放出热量，而自行燃烧的物品，如黄磷、三氯化钛等。

第3项：遇湿易燃物品，指遇水或受潮时，发生剧烈反应，放出大量易燃气体和热量的物品，有的不需明火，就能燃烧或爆炸，如金属钠、氢化钾等。

第五类 氧化剂和有机过氧化物 这类物品具有强氧化性，易引起燃烧、爆炸，按其组成分为 2 项。

第 1 项：氧化剂，指具有强氧化性，易分解放出氧和热量的物质，对热、振动和摩擦比较敏感。如氯酸铵、高锰酸钾等。

第 2 项：有机过氧化物，指分子结构中含有过氧键的有机物，其本身易燃易爆、极易分解，对热、振动和摩擦极为敏感。如过氧化苯甲酰、过氧化甲乙酮等。

第六类 毒害品 指进入人（或动物）肌体后，累积达到一定的量能与体液和组织发生生物化学作用或生物物理作用，扰乱或破坏肌体的正常生理功能，引起暂时或持久性的病理改变，甚至危及生命的物品。如各种氰化物、砷化物、化学农药等。

第七类 放射性物品 它属于危险化学品，但不属于《危险化学品安全管理条例》的管理范围，国家还另外有专门的"条例"来管理。

第八类 腐蚀品 指能灼伤人体组织并对金属等物品造成损伤的固体或液体。这类物质按化学性质分 3 项。

第 1 项：酸性腐蚀品，如硫酸、硝酸、盐酸等。

第 2 项：碱性腐蚀品，如氢氧化钠、硫氢化钙等。

第 3 项：其他腐蚀品，如二氯乙醛、苯酚钠等。

GB 6944《危险货物分类和品名编号》中把危险化学品分为 9 类，即爆炸品，气体，易燃液体，易燃固体、易于自燃的物质、遇水放出易燃气体的物质，氧化性物质和有机过氧化物，毒性物质和感染性物质，放射性物质，腐蚀性物质，杂项危险物质和物品。

第一类 爆炸品，包括：爆炸性物质；爆炸性物品；为产生爆炸或烟火实际效果而制造的上述 2 项中未提及的物质或物品。

第二类 气体，本类气体指：在 50℃时，蒸气压力大于 300kPa 的物质，或 20℃时在 101.3kPa 标准压力下完全是气态的物质。本类包括压缩气体、液化气体、溶解气体和冷冻液化气体、一种或多种气体与一种或多种其他类别物质的蒸气的混合物、充有气体的物品和烟雾剂。

第三类 易燃液体，包括易燃液体和液体退敏爆炸品。

第四类 易燃固体、易于自燃的物质、遇水放出易燃气体的物质，包括易燃固体，自反应物质，固态退敏爆炸品，发火物质，自热物质和遇水放出易燃气体的物质。

第五类 氧化性物质和有机过氧化物。

第六类 毒性物质和感染性物质。

第七类 放射性物质。

第八类 腐蚀性物质。

第九类 杂项危险物质和物品，指存在危险但不能满足其他类别定义的物质和物品。

GB 13690《化学品分类和危险性公示通则》中把危险化学品分为 16 类，即爆炸物，易燃气体，易燃气溶胶，氧化性气体，压力下气体，易燃液体，易燃固体，自反应物质或混合物，自燃液体，自燃固体，自热物质和混合物，遇水放出易燃气体的物质或混合物，氧化性液体，氧化性固体，有机过氧化物，金属腐蚀剂。

GB 50160《石油化工企业设计防火规范》将可燃气体火灾危险性分为甲、乙两类（表 2-1），将液化烃、可燃液体火灾危险性分为甲（A、B）、乙（A、B）、丙（A、B）三类（表 2-2），将可燃固体分为甲、乙、丙三类（表 2-3）。

表 2-1 可燃气体的火灾危险性分类

类别	可燃气体与空气混合物的爆炸下限
甲	<10%(体积)
乙	>10%(体积)

表 2-2 液化烃、可燃液体的火灾危险性分类

类别		名称	特征
甲	A	液化烃	15 摄氏度时的蒸汽压力大于 0.1MPa 的烃类液体及其他类似的液体
	B	可燃液体	甲类以外，闪点小于 28 摄氏度
乙	A		闪点大于等于 28 摄氏度至小于等于 45 摄氏度
	B		闪点大于 45 摄氏度至小于 60 摄氏度
丙	A		闪点大于等于 60 摄氏度至小于等于 120 摄氏度
	B		闪点大于 120 摄氏度

表 2-3 可燃固体的火灾危险性分类

类别	火灾危险性的确定
甲	受到水或空气中的水蒸气的作用,能产生爆炸下限小于 10%气体的固体物质。 常温下能自行分解或在空气中氧化能导致迅速自燃或爆炸的物质。 常温下受到水或空气中的水蒸气的作用,能产生可燃气体并引起燃烧或爆炸的物质。 遇酸、受热、撞击、摩擦以及遇有机物或硫酸等易燃的无机物,极易引起燃烧或爆炸的强氧化剂。 受撞击、摩擦或与氧化剂、有机物接触时能引起燃烧或爆炸的物质。
乙	不属于甲类的固体氧化剂。 不属于甲类的化学易燃危险固体。 常温下遇空气接触能缓慢氧化,积热不散引起自燃的物质。 能遇空气形成爆炸性混合物的游浮状态下的粉尘、纤维等。
丙	可燃固体

2.4 自燃性物质

当可燃物质温度被加热到其自燃点以上时都会发生自燃，这是以外界加热为条件的，称为受热自燃。本节所说的自燃是指在没有点火源的条件下，可燃物在常温常压的大气环境中，由于自身的生物或物理化学作用引发自行燃烧或爆炸的现象，称为自热自燃，有这种性质的物质称为自燃性物质。从广义上说，自燃性物质包括在空气中自燃的物质、遇水发生自燃的物质、混合或接触发生自燃的物质。从狭义上说，自燃性物质就是指在空气中自燃的物质。根据反应速率和危险程度，自燃性物质可分为两级。一级自燃性物质自燃点低，在空气中能剧烈氧化，反应速率极快，危害性大，如黄磷（白磷）、硝化棉、赛璐珞、烷基铝等；二级自燃性物质在空气中缓慢氧化而蓄热自燃，如油脂、油布、蜡布、浸油的金属屑等。GB 12268《危险货物品名表》给出了易于自燃的物质和遇水放出易燃气体的物质名称列表。

2.4.1 空气中自燃的物质

在空气中能够自行发热引起自燃的可燃物较多，其中绝大部分属于化学危险物品中自燃物品类别。根据物质自行发热的初始原因不同，这种自燃可分成氧化放热自燃、分解放热自燃、水解放热自燃、吸附放热自燃、聚合放热自燃和发酵、吸附、氧化复合自燃等类型。

① 氧化放热引发自燃　化学性质极其活泼的强还原性物质在空气中易于自燃。例如：

黄磷自燃点为34℃，在空气中极易被氧化生成P_2O_5，放出大量热量。

$$4P+5O_2 = 2P_2O_5$$

磷化氢是一种无色、剧毒、易燃的气体，自燃点为38℃，在空气中极易发生自燃，产生白色烟雾五氧化二磷，吸入后可导致严重刺激呼吸道。

$$4PH_3+8O_2 = 2P_2O_5+6H_2O$$

烷基铝是烷基与铝直接结合而形成的一大类金属铝有机化合物，三乙基铝、二乙基氯化铝、三异丁基铝等在空气中容易自燃，遇水产生爆炸性反应。

硫化铁在常温下即可氧化，潮湿环境下氧化会加速，二硫化铁、硫化亚铁、三硫化二铁都是在空气中易燃的物质，二硫化铁的氧化反应方程如下：

$$FeS_2+O_2 = FeS+SO_2$$

$$2FeS_2+7O_2+2H_2O = 2FeSO_4+2H_2SO_4$$

煤粉、金属粉与空气接触面积大，易于氧化自燃，烟煤、褐煤、泥煤都会自燃，无烟煤难以自燃。这主要与煤种的挥发性物质含量、不饱和化合物含量、硫化铁含量有关。煤种的挥发性物质、不饱和化合物、硫化铁含量越高，自燃点越低，自燃可能性越大。煤在低温下氧化速度不大，但在60℃以上氧化速度就很快，放热量增大，如果散热不及时就会引发自燃。为防止煤自燃，应保持储煤场干燥，避免有外界热量传入，煤堆尺寸不要太大，一般高度应控制在4m以下。

浸油脂物品，如桐油漆布及其制品，浸渍或粘附油脂的棉、麻、毛、丝绸、纸张的制品及废物，浸渍油脂的锯木屑、硅藻土、金属屑、泡沫塑料、活性白土，含油脂的涂料渣、骨粉、鱼粉、油炸食品渣，含棉籽油的原棉，含蚕蛹油的蚕茧和蚕丝等物质在空气中容易自燃。油脂大致可分为动物油、植物油和矿物油三种。植物油具有较大的自燃能力，动物油次之，而矿物油如果不是废油或没有植物油的渗入是不能自燃的。浸油物质之所以能够自燃，是因为植物油中含有不饱和脂肪酸甘油酯，在低温下就容易被氧化生成过氧化物，然后经过分解为自由基的链反应再转化为醇、醛、酮、酸等氧化终产物。生成的过氧化物越多，链反应分支及发展越快，氧化反应越剧烈，也就越容易发生自燃。所以，不饱和脂肪酸甘油酯的含量越多的油，其自燃能力越强；反之越弱。

② 分解放热引发自燃　某些化学稳定性差的物质，遇到振动、撞击、摩擦等易于发生分解放热反应，从而引发自燃，例如硝化纤维、赛璐珞、有机过氧化物、硝化甘油等。

③ 水解放热引发自燃　烷基铝类物质与空气中的水分发生水解生成烷烃并放出大量热量，而烷基铝自燃点又低，容易自燃。

④ 吸附放热引发自燃　活性炭，还原镍，还原铁、镁、铝、锆、锌、锰、锡及其合金粉末等对氧气具有很强的吸附性，从而有利于发生氧化反应、煤、橡胶粉末等在空气中也有这种吸附放热作用。

⑤ 聚合放热引发自燃　如甲基丙烯酸酯类、乙酸乙烯酯、丙烯腈、异戊二烯、液态氰化氢、苯乙烯、乙烯基乙炔、丙烯酸酯类等单体以及生产聚氨酯软质泡沫塑料的原料聚醚和二异氰酸甲苯酯等在生产、储存过程中因阻聚剂失效或加量不足而使单体原料自行聚合放热，易引起暴聚、冲料或火灾爆炸。

⑥ 发酵、吸附、氧化复合引发自燃　如黄草、白草、粮食、籽棉、烟叶、麦秸、稻草

等植物秸秆。一般来说，没有干燥好的植物特别容易自燃，它们表面上附着着大量的微生物，当大量堆积时就会因内部发热而导致自燃。植物自燃经历以下三个阶段。

ⅰ. 生物阶段。水分是微生物生存和繁殖的重要条件，只要具备一定的湿度，微生物就能生存繁殖。微生物在呼吸繁殖的过程中会产生大量的热，由于植物产品的导热性差，热量散不出去，草垛内温度逐渐升高，可达70℃左右。此时微生物便无法生存下去，生物阶段就此告终。这阶段往往要经历很长时间。

ⅱ. 物理化学阶段（吸附阶段）。微生物死亡后，植物加温的过程并没结束。在70℃时，植物不稳定的化合物开始分解，生成黄色多孔碳。这种多孔性物质比表面积很大，具有较强的吸附能力，能够吸附大量的蒸气和气体。吸附过程是一个放热的过程，从而又使温度继续升高。温度可高达100℃，当到100℃时又有新的化合物碳化，生成多孔碳并进一步吸附，使温度升高到150～200℃。

ⅲ. 化学阶段（氧化阶段）。当温度达到150～200℃时，植物中的纤维素就开始分解并进入氧化阶段，同时放出大量的热量（比前两个阶段放的热量要多得多），使温度继续升高，温度的升高又加速了氧化反应。如此下去，在积热不散时，就会达到植物的自燃点而自行着火。

自热自燃还会作为一种点火源引起可燃物质的燃烧或爆炸。例如在火电厂、炼铁厂和水泥行业的煤粉制备系统常常发生自燃并引起火灾或爆炸的根本原因是煤磨入口的热风管和煤磨之间连接处有积煤自燃。在高温处，必须要防止出现流动死角等易于造成粉尘堆积现象的结构。

一般来说，烷、烯、炔的着火温度是烷烃最高（为饱和烃，所以活性低），炔烃最低（三价键不饱和烃，活性最强）；液体燃料着火温度一般小于气体燃料着火温度；固体燃料中挥发分含量高的着火温度低，无烟煤、焦炭挥发分很少，所以着火温度最高，褐煤煤场、油炉空气预热器上积的油、制粉系统的积粉等，在通风不良（散热很小）时，经相当长时间地孕育，可燃物浓度达到着火限时，才会自燃着火。

着火温度与燃料空气混合物的浓度有关，通常用过量空气系数 α 来表示。如果温度 T 和燃料浓度（过量空气系数 α）对应的点在图2-1所示的U形曲线以上的区域，则会发生自燃甚至爆炸，称为爆炸区。表2-4列出了部分遇到空气即自燃的物质的性质。

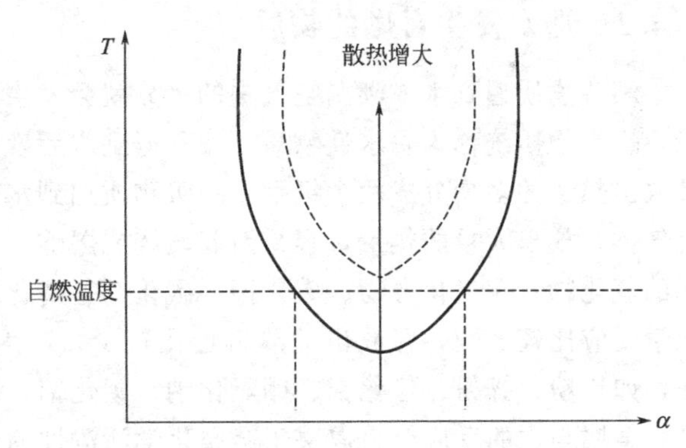

图2-1　温度和过量空气系数的关系示意图

表2-4　部分遇到空气即自燃的物质的性质

名称	密度/(kg/L)	熔点/℃	沸点/℃	性　质
磷化氢	0.001529g/L	−132.5	−87.5	无色气体，微溶于水，不溶于热水，能自燃，制得的磷化氢因含少量的二磷化四氢，在空气中能自燃；遇氧化剂发生强烈反应；遇火种立即燃烧爆炸
二乙基锌	1.2065	−28	118	无色液体；遇水强烈分解；在空气中或氯中能自燃；与氧化剂接触能剧烈反应，引起燃烧
三乙基铝	0.837	−52.5	194	无色液体；化学性质活泼；与氧反应剧烈，在空气中能自燃；遇水爆炸分解

续表

名称	密度/(kg/L)	熔点/℃	沸点/℃	性　质
三乙基硼	0.6961	−93	0	无色液体；在空气中能自燃；遇水以及氧化剂反应剧烈；不溶于水，溶于乙醇和乙醚
三丁基硼	0.747	−34	170	无色液体；在空气中能自燃；遇明火、氧化剂有引起燃烧的危险
三甲基铝	0.748	15	130	无色液体；在空气中能自燃；与氧气、水接触发生强烈的化学反应，能引起燃烧；与酸类、卤类、醇类、胺类也能起强烈的化学反应
三甲基硼	0.001591	−161.5	−20	无色气体；在空气中能自燃；遇火种、高温、氧气、氧化剂均有引起燃烧爆炸的危险
黄磷(或称白磷)	1.82	44.1	280	纯品为无色蜡状固体；低温时发脆；在空气中会冒白烟燃烧；受撞击、摩擦或与氯酸钾等氧化剂接触能立即燃烧或爆炸。应储存在水中；注石油产品于盛磷的储品中有失火危险
四氢化硅	0.711	−185	−112	与空气接触时能自燃
硫化亚铁	4.7	1193	分解	块状或片状的活性硫化亚铁在空气中(常温下)能迅速自燃；干燥的焦硫化铁残渣能迅速被空气中的氧所氧化而放出热量以至引起自燃

2.4.2 遇水发生自燃的物质

某些物质遇到水或潮湿空气中的水分就会发生剧烈的分解反应，产生可燃气体，放出热量，这类物质统称为忌水性物质。按其遇到水后发生化学反应的激烈程度、产生可燃气体以及放出热量的多少分成两个级别。一级物质遇到水后，发生激烈的化学反应，产生大量的易燃气体，放出大量的热量，容易引起燃烧或爆炸。如化学性质活泼的碱金属及其合金、碱金属的氢化物、硼氢化合物、碳化钾、碳化钙、磷化钙、镁铝粉等。二级物质遇到水后发生的化学反应比较缓慢，释放出的热量也比较少，产生的可燃气体也不那么容易发生燃烧或爆炸，如铝粉、锌粉、氢化铝、硼氢化钠、碳化铝、磷化锌等。

金属与水的反应能力取决于金属化学活泼性的强弱。金属活泼性强，容易失去电子，也就容易与水发生化学反应。金属活泼性最强的碱金属与水反应激烈，而金属活泼性差一些的碱土金属和重金属在高温下才与水反应，活泼性很差的贵金属则不能与水反应。锂、钠、钾、钙等常温下就会与水发生剧烈燃烧反应，镁、铝、锌、铁等在高温下或粉末状会与水发生燃烧反应，铜、银、金、铂等则与水不发生化学反应。

常见的遇水发生燃烧爆炸的物质可分为如下几类。

① 活泼金属及其合金　如钾、钠、锂、铷、汞齐、钾钠合金等。它们遇水即发生剧烈反应，生成氢气，并放出大量的热，其热量能使氢气自燃或爆炸。以钠为例，其反应方程为

$$2Na+2H_2O \longrightarrow 2NaOH+H_2\uparrow+371.5kJ$$

$$2H_2+O_2 \longrightarrow 2H_2O+483.6kJ$$

② 金属氢化物　如氢化钠等活泼金属的氢化物遇水反应剧烈并放出氢气。氢化钙、氢化铝的反应剧烈程度稍差，以氢化钠为例，其反应方程为

$$NaH + H_2O = NaOH + H_2\uparrow + 132.2kJ$$

③ 硼氢化合物　如二硼氢、十硼氢、硼氢化钠等。二硼氢和十硼氢与水反应激烈，放出氢气和大量热，能发生燃烧和爆炸，而硼氢化钠反应激烈的程度差些。反应方程为

$$B_2H_6 + 6H_2O = 2H_3BO_3 + 6H_2\uparrow + 418.4kJ$$

$$NaBH_4 + 3H_2O = NaBO_3 + 5H_2\uparrow$$

④ 金属碳化物　如碳化钾、碳化钠、碳化钙、碳化铝等。碱金属的碳化物遇水即发生分解爆炸。碳化钙（电石）、碳化铝遇水反应，放出可燃的乙炔、甲烷气体，它们接触火源能导致燃烧。反应方程为

$$K_2C_2 + 2H_2O = 2KOH + C_2H_2\uparrow$$

$$CaC_2 + 2H_2O = Ca(OH)_2 + C_2H_2\uparrow$$

$$Al_4C_3 + 12H_2O = 4Al(OH)_3 + 3CH_4\uparrow$$

⑤ 金属磷化物　如磷化钙、磷化锌等。它们与水作用生成磷化氢，磷化氢在空气中容易自燃。反应方程为

$$Ca_3P_2 + 6H_2O = 3Ca(OH)_2 + 2PH_3$$

$$Zn_3P_2 + 6H_2O = 3Zn(OH)_2 + 2PH_3$$

⑥ 金属粉末　如铝粉、镁粉、铝镁粉等。纯铝粉或镁粉与水反应除放出氢气外，还生成氢氧化铝或氢氧化镁，它们在金属粉末表面形成一层保护膜，阻止反应继续进行，不利于发生燃烧。铝镁粉混合物与水反应则同时生成氢氧化铝和氢氧化镁，这两者又能起反应生成偏铝酸镁，偏铝酸镁能溶于水，从而破坏了氢氧化镁和氢氧化铝的保护膜作用，使铝镁粉不断地与水发生剧烈反应，放出氢气和大量的热，引起燃烧和爆炸。反应方程为

$$2Al + 6H_2O = 2Al(OH)_3 + 3H_2\uparrow$$

$$Mg + 2H_2O = Mg(OH)_2 + H_2\uparrow$$

$$Mg(OH)_2 + 2Al(OH)_3 = Mg(AlO_2)_2 + 4H_2O$$

⑦ 金属硫化物类　如硫化钠、硫代硫酸钠（保险粉 $Na_2S_2O_4$）等。硫化钠与水反应生成易燃的硫化氢气体：

$$Na_2S + 2H_2O = 2NaOH + H_2S\uparrow$$

$Na_2S_2O_4$ 分子中的硫原子易于失去电子，所以保险粉是一种强还原剂。它在潮湿的空气中会自行分解放热，使可燃物质着火。保险粉遇水呈赤热状态并分解出氢气和硫化氢气体，有燃烧爆炸危险。

⑧ 有机金属化合物类　如丁基锂、甲基钠、三乙基铝［$CH_3CH_2)_3Al$］等。这类物质与水反应生成易燃的气态碳氢化合物，放出一定的热量，例如：

$$CH_3Na + H_2O = NaOH + CH_4\uparrow$$

⑨ 其他物质　生石灰、无水氯化铝、过氧化钠、苛性钠、发烟硫酸、氯磺酸、三氯化磷等与水接触时，虽不产生可燃气体，但放出大量热量，能将邻近的其他可燃物质引燃。

必须指出，通常，遇到水发生燃烧爆炸的物质，也能与酸类或氧化剂发生剧烈的反应，而且比与水的反应更剧烈，所以发生燃烧爆炸的危险性就更大。存放遇水发生燃烧爆炸的物质时，必须严密包装，置于通风干燥处，切忌和其他可燃物混合堆放。当它们着火时，严禁用水、酸碱灭火剂、泡沫灭火剂灭火，必须针对着火物质的性质有针对性的选用灭火剂和采取灭火措施。表 2-5 列出了部分与水等发生爆炸反应物质的性质。

表 2-5　部分与水等发生爆炸反应物质的性质

名称	密度/(kg/L)	熔点/℃	沸点/℃	性　质
钾	0.86	63.65	774	与水、酸、潮湿空气发生化学反应，放出氢和大量热量，使氢自燃；在氯、氟及溴蒸气中起燃；与碘或乙炔化合发生燃烧或爆炸；在65～70℃以上时，遇四氯化碳也能发生爆炸。储存在甲苯、煤油等矿物油的金属容器中
钠	0.9710	97.81	892	遇水、潮湿空气放出氢和大量热量，引起燃烧爆炸；与碘或乙炔作用，发生燃烧爆炸；在氧、氟、氯、碘的蒸气中能燃烧。储存在煤油中
钙	1.54	842	1484	遇水、酸放出氢和热，能引起燃烧；受高温(300℃)或接触强氧化剂时有燃烧爆炸危险；在高温下能还原金属及非金属氧化物，还原NO及P_2O_5时能发生爆炸
锂	1.87	28.5	705	遇水或稀酸，放出氢和热量，能引起燃烧；在空气中加热能燃烧；粉末状态下与水反应更剧烈，能引起爆炸
氢化锂	0.82	680	850 (分解)	在潮湿空气中能自燃；与氧化剂、酸、水接触有引起燃烧的危险
氢化钾	1.43～1.47	分解		一般为灰色粉末；半分散于油中；与氧化剂、酸、水、潮湿空气接触有引起燃烧的危险；加热时分解
氢化钠	0.92	800 (255℃开始分解)		白色或淡棕灰色结晶粉末；在潮湿空气中能自燃；与水、酸起剧烈反应，有引起燃烧爆炸的危险；与低级醇作用也很剧烈；在255℃时分解放出氢气；以25%～50%的比例分散在油中
钠汞齐		−36.8		与潮湿空气或水、酸接触，生成氢并放出大量热量，能引起燃烧
磷化钙	2.238	约1600		与潮湿空气或水、酸接触放出有剧毒、能自燃的磷化氢；与氯、氧、硫黄、盐酸反应剧烈，有引起燃烧爆炸的危险
石灰氮 (氰氨化钙)	1.083	1300	>1500	遇水分解放出氨和乙炔；含有杂质碳化钙或磷化钙时，则遇水易自燃，与酸接触发生剧烈反应
活性镍				活性的镍——列尼氏镍作还原剂用；遇水和空气即自燃。须浸没在酒精内储存
碳化钙 (电石)	2.222	1900～2300		与水接触放出易燃、易爆的乙炔气体；粉状碳化钙受潮易发热，使乙炔自燃。不可与酸类、易燃物品混储混运
碳化铝	2.36	2100	>2200 时分解	黄色或绿灰色结晶块或粉末；遇水分解出易燃气体甲烷；与酸反应剧烈；有引起燃烧的危险
锌粉	7.133	419.5	907	遇酸、碱类、水、氟、氯、硫、硒、氧化剂等能引起燃烧爆炸；在潮湿空气中能发热自燃；其粉状物与空气混合至一定比例时，遇火星能引起燃烧爆炸
保险粉	2.1～2.2	52～55 (分解)	130 (分解)	有极强的还原性；遇氧化剂、少量水或吸收潮湿空气而发热、冒黄烟、燃烧，甚至爆炸
五硫化二磷	2.03	276	514 自燃温度 141.67℃	易燃烧；在潮湿空气中或在空气中受摩擦能燃烧；粉状物受热或接触明火有引起火灾的危险；加热分解，放出有毒的氧化硫和氧化磷；与水、水蒸气或酸产生易燃的硫化氢气体；与氧化性物质接触也会发生反应
氰化钙		>235℃ 时分解		遇酸或暴露在潮湿空气中或溶于水中分解出剧毒易燃的氰化氢气体

续表

名称	密度/(kg/L)	熔点/℃	沸点/℃	性质
磷化锌	4.55	420	1100	接触酸、酸雾或水产生能自燃的磷化氢气体；与氧化剂反应强烈；含磷化氢33%，温度超过60℃时会自燃
（无水）三氯化铝	2.44	190	183	与水接触发生剧烈反应；发热分解，有时能引起爆炸
三氯化磷	1.574	−111.8	74.2	遇水及酸（主要是硝酸，乙酸）发热冒烟，甚至发生燃烧爆炸
五氧化二磷	0.77～1.39	563		在空气中易吸潮；遇水急速反应放出大量烟和热；遇有机物可引起燃烧
五氯化磷	3.6	148（加压）		在160℃时升华，并有部分分解，遇水和乙醇分解发热，甚至发生爆炸
氧氯化磷	1.685（15.5℃）	1.2	105.1	无色透明发烟液体，有毒；遇水和乙醇分解发热，冒腐蚀性及毒性烟雾，甚至爆炸
氯磺酸	1.766(18℃)	−80	151	无色半油状液体；遇水猛烈分解产生大量的热和浓烟，甚至爆炸；遇有机物能引起燃烧
溴化铝（无水）	3.2	97.5	263.3	白色或黄红色片状或块状固体；遇水强烈反应发热，甚至爆炸，在有机物存在时反应更剧烈
过氧化钠	2.805	460（开始分解）	657（分解）	米黄色吸湿性粉末或颗粒；遇水起剧烈反应，产生高热，量大时能发生爆炸；与有机物、易燃物如硫、磷等接触能引起燃烧，甚至爆炸
过氧化钾	3.5	490	分解	黄色无定形块状物；遇水及水蒸气产生高热，量大时可能引起爆炸；遇易燃物如硫、磷等能引起燃烧爆炸

2.4.3 混合危险性物质

两种或两种以上由于混合或接触而发生燃烧爆炸的物质称为混合危险性物质。由于危险性物质混合而发生的燃烧爆炸有两种典型情况。其一是物质混合时，即发生化学反应，形成不稳定的物质或敏感的爆炸性物质。其二是物质混合后，形成了与混合炸药相类似的爆炸性混合物。这种混合物可能在混合的同时，即发生燃烧或爆炸，也可能在运输、储存、使用时遇到火源引发燃烧或爆炸。

常见的混合燃烧爆炸有以下几类。

(1) 氧化剂和还原剂混合

当强氧化剂与还原剂混合时，极其容易形成爆炸危险性混合物。常见的无机氧化剂有硝酸盐、亚硝酸盐、氯酸盐、高氯酸盐、亚氯酸盐、高锰酸盐、过氧化物、发烟硫酸、浓硫酸、浓硝酸、发烟硝酸、液氧、氧、液氯、溴、氯、氟、氧化氮等。还原剂也就是通常所说的可燃物，常见的有苯胺类、醇类、醛类、有机酸、石油产品、木炭、金属粉等以及其他有机高分子化合物。混合形成的常见爆炸性混合物有：黑火药（硝酸钾、硫黄和木炭）、高氯酸铵混合炸药（高氯酸铵、硅铁粉、木粉、重油）、铵油炸药（硝酸铵、矿物油）、液氧炸药（液氧、炭粉），照明用的闪光剂（硝酸钾，镁粉）等。硝酸和苯胺也是混合危险性物质，这二者一经混合，就极易着火，而且激烈地燃烧，故常用作液体火箭燃料。

氧化剂的氧化性越强，所形成混合物的危险性也越大。

ⅰ. 非金属物质的非金属性越强，得到电子的能力也越强，其氧化能力也就越强。例如，卤族元素中氟、氯及其含氧酸盐的氧化能力较强，而溴、碘及其含氧酸盐的氧化能力较弱。

ⅱ. 含氧酸盐类氧化剂，如氯酸钾、硝酸钠等的氧化能力除了和分子中的非金属元素有关外，还和其中的金属元素有关。在同一类氧化剂中，分子中所含的金属元素的金属性越强，也就是金属越活泼，它的氧化性也就越强。因此活泼金属锂、钠、钾等的硝酸盐和氯酸盐都为强氧化剂，而活泼性差一些金属的盐类（如氯酸镁、硝酸铁、硝酸铅等）的氧化能力则较弱。

ⅲ. 同一种元素在不同的化合物中可以有多种化合价，具有高化合价的元素的化合物往往氧化能力较强，如 NH_3、$NaNO_2$、$NaNO_3$ 中氮的化合价依次升高，氧化性也随之增强。一般来说，硝酸盐的氧化能力较强，亚硝酸盐的氧化能力较弱，而氮可作还原剂。

ⅳ. 有机氧化剂，如过氧化二苯甲酰和过乙酸等，它们大都含有过氧基（—O—O—），可作强氧化剂，同时在分子中含有可作还原剂的其他原子，因此它们极不安定，遇热、撞击、摩擦就能爆炸。若它们和有机物接触，经摩擦、撞击也能立即发生燃烧爆炸。

（2）不安定物质的混合

大多数氧化剂会遇酸分解，反应常常是很猛烈的，往往能引起燃烧或爆炸。如强酸（硫酸）和氯酸盐、过氯酸盐等混合时，能够生成 $HClO_3$、$HClO_4$ 等游离酸或无水的 Cl_2O_5、Cl_2O_7 等。它们显示出极强的氧化性，若与有机物接触，则会发生爆炸。反应式如下

$$3KClO_3+3H_2SO_4 \xlongequal{} 3KHSO_4+HClO_4+2ClO_2\uparrow+H_2O$$

$$2ClO_2 \xlongequal{} Cl_2\uparrow+2O_2\uparrow$$

又如氯酸钾与氨、铵盐、银盐、铅盐接触，也会生成具有爆炸性的氯酸铵、氯酸铅等。

（3）间接危险物混合

有些物质尽管本身不是强氧化剂或强还原剂，但相互接触会生成敏感性化合物。如乙炔与铜、银、汞盐反应能生成敏感而易爆炸的乙炔铜（银或汞），所以在乙炔发生器上禁用铜的器件。

2.5 储存物品的火灾爆炸危险性分类分级

对储存物品的火灾危险性进行科学分类是安全使用、储存、生产和运输的基础。新工艺、新产品的不断增加和拓展对安全生产和管理提出了更高的要求。

2.5.1 储存物品的火灾危险性分类

GB 50016—2006《建筑设计防火规范》根据储存中的物质性质及其数量等将储存物品的火灾危险性分成 5 类，见表 2-6。

表 2-6 储存物品的火灾危险性分类

储存类别	火灾危险性特征
甲	(1)闪点<28℃的液体 (2)爆炸下限<10%的气体，以及受到水和空气中水蒸气的作用，能产生爆炸下限<10%的可燃气体的固体物质 (3)常温下能自行分解或在空气中氧化即能导致迅速自燃或爆炸的物质 (4)常温下受到水或空气中水蒸气的作用能产生可燃气体并引起燃烧或爆炸的物质 (5)当遇酸、受热、撞击、摩擦、催化及遇有机物或硫黄等极易分解引起燃烧爆炸的强氧化剂 (6)受撞击、摩擦或与氧化剂、有机物接触时能引起燃烧或爆炸的物质

续表

储存类别	火灾危险性特征
乙	(1)闪点≥28℃至<60℃的液体 (2)爆炸下限≥10%的气体 (3)不属于甲类的氧化剂 (4)不属于甲类的化学易燃危险固体 (5)助燃气体 (6)常温下与空气接触能缓慢氧化,积热不散引起自燃的危险物品
丙	(1)闪点≥60℃的可燃液体 (2)可燃固体
丁	难燃烧物品
戊	非燃烧物品

注：难燃物品、非燃物品的可燃包装重量超过物品本身重量 1/4 时，其火灾危险性应为丙类。

储存物品类别	举　例
甲	(1)乙烷、戊烷、石脑油、环戊烷、二硫化碳、苯、甲苯、甲醇、乙醇、乙醚、乙酸甲酯、磷酸甲酯、汽油、丙酮、丙烯、乙醛、60 度以上白酒 (2)乙炔、氢、甲烷、乙烯、丙烯、丁二烯、环氧乙烷、水煤气、硫化氢、氯乙烯、液化石油气、电石、碳化铝 (3)硝化棉、硝化纤维胶片、喷漆棉、火胶棉、赛璐珞棉、黄磷 (4)金属钾、钠、锂、钙、氢化钾、四氢化锂铝、氢化钠 (5)氯酸钾、氯酸钠、过氧化钾、过氧化钠、硝酸钠 (6)赤磷、五硫化磷、三硫化磷
乙	(1)煤油、松节油、丁烯醇、异戊醇、丁醚、乙酸丁酯、硝酸戊酯、乙酰丙酮、环乙胺、溶剂油、冰乙酸、乙酸 (2)氨气、液氯 (3)硝酸铜、铬酸、亚硝酸钾、重铬酸钠、铬酸钾、硝酸、硝酸汞、硝酸钴、发烟硫酸、漂白粉 (4)硫黄、镁粉、铝粉、赛璐珞板(片)、樟脑、萘、生松香、硝化纤维漆片、硝化纤维色片 (5)氧气、氟气 (6)漆布及其制品、油布及其制品、油纸及其制品、油绸及其制品
丙	(1)动物油、植物油、沥青、蜡、润滑油、机油、重油,闪点≥60℃的柴油,糠醛、>50 度且<60 度的白酒 (2)化学、人造纤维及其织物,纸张、棉、毛、丝、麻及其织物,谷物,面粉,天然橡胶及其制品,竹、木及其制品,中药材,电视机、收录机等电子产品,计算机房已录数据的磁盘,冷库中的鱼、肉间
丁	自熄性塑料及其制品、酚醛泡沫塑料及其制品、水泥刨花板
戊	钢材、铝材、玻璃及其制品、搪瓷制品、陶瓷制品、不燃气体、玻璃棉、岩棉、陶瓷棉、硅酸铝纤维、矿棉、石膏及其无纸制品、水泥、石、膨胀珍珠岩

同一座仓库或仓库的任一防火分区内储存不同火灾危险性物品时，该仓库或防火分区的火灾危险性应按其中火灾危险性最大的类别确定。丁、戊类储存物品的可燃包装重量大于物品本身重量 1/4 的仓库，其火灾危险性应按丙类确定。

2.5.2 影响储存物品火灾危险性的因素

储存物品的火灾危险性是由多种因素决定的，影响储存物品火灾危险性的主要因素如下。

(1) 易燃性和氧化性

物品本身能否燃烧或燃烧的难易、氧化能力的强弱，是决定物品火灾危险性大小的最基本的条件。评价一个仓库是否有火灾危险，首先要看它所储存的物品是否是可燃的或具有氧化性的物品。如果只储存有钢材、铝材、石料等不燃物，那么就其本身而言，量再多也不构成

火灾危险。物品越易燃烧或氧化性越强，其火灾危险性就越大。如汽油比柴油易燃，那么汽油就比柴油的火灾危险性大；硝酸钾比硝酸的氧化性强，那么硝酸钾就比硝酸的火灾危险性大。

(2) 物品本身所处的状态

物品本身的状态不同，其燃烧难易程度的表现形式也不同。对处于不同状态的物品，需用不同的反映该物品火灾危险性大小的测定方法和参数。例如，液体一般用闪点的高低来衡量，闪点越低，火灾危险性越大；气体和蒸气一般用爆炸极限来衡量，爆炸下限越低，爆炸范围越宽，火灾危险性越大；固体一般用点燃温度或氧指数的大小来衡量，点燃温度越低，氧指数越小，火灾危险性越大；金属铝、镁等是不燃物品，但当处于粉末状态时就可能发生猛烈爆炸；粉体还涉及粒径的大小，一般来说，粒径越小，火灾危险性越大。另外，最小点燃能量也是用来衡量物品火灾危险性大小的一个重要参数，如防爆电器的防爆等级都是依据物品点燃温度的高低和最小点燃能量的大小来确定的。

(3) 毒害性、放射性、腐蚀性等

任何一种物品都不是只有一种特性，如磷化锌既有遇水易燃性又有相当的毒害性；漂白粉既有强烈的腐蚀性，又有很强的氧化性；硝酸铀既有很强的易燃性、氧化性，又有十分强烈的放射性等。当一种物品在具有火灾危险性的同时，如果还具有毒害性、放射性或腐蚀性等危险性，那么其火灾危险性和危害性会更大。例如，同是氧化性气体的氧气和氯气，氯气的危险性和危害性比氧气要大得多，因为氯气还是一种窒息性很强的烈性毒物，能强烈刺激眼睛黏膜和上、下呼吸道及肺部，人吸入高浓度氯气时，几分钟即可死亡；吸入中浓度氯气时，会导致中毒性肺水肿；吸入低浓度氯气时会胸闷厉害和呼吸困难；眼睛受到刺激时，会引起流泪、流鼻涕等，而这些危险性对氧气来讲是不存在的。从事故案例看更能发现问题的严重性，如发生在某企业的11起氧气瓶外接胶管点火爆炸中，只有一起将在场的两名操作工人炸死，未造成其他危害和损失；而发生在另一企业的1起氯气瓶爆炸，就引爆击穿了液氯计量储槽和邻近的4只液氯钢瓶，使本厂职工家属、建筑工人和外单位职工、居民等59人死亡，770人中毒或负伤住院治疗，1055人门诊治疗，波及范围7.35km^2，下风向9km处还可嗅到强烈的刺激气味，爆炸形成的黄绿色伴有橘红色带黑烟雾的高约50m的巨大蘑菇云，直冲云霄，并向四周扩散，氯气扩散区内的农作物、树木全部变焦枯萎，在爆炸中心处20cm厚的混凝土地面被炸出一个直径6.5m、深1.82m的漏斗状大坑，距爆点28m处的办公楼和厂房的玻璃、门窗全部炸碎。从这两起爆炸实例可以看出，氯气的火灾危险性比氧气要大得多。所以，在对物品进行火灾危险性分类时，除应考虑物品本身的火灾危险性外，还应充分考虑它所兼有的毒害性、腐蚀性和放射性等危险性。

(4) 储存条件

火灾危险性还与物品的盛装条件有关。例如，苯在0.1MPa下的自燃点为680℃，而在2.5MPa下的自燃点为490℃，在空气中的自燃点为578℃，在氧气中的自燃点为566℃，在铁管中的自燃点为753℃，在玻璃烧瓶中的自燃点为580℃；又如，甲烷在2%的浓度时自燃点为710℃，在5.85%的浓度时自燃点为695℃，在14.35%的浓度时自燃点为742℃；在高压气瓶内要比在气球内充装氢气的火灾危险性大；充装率很高的液化气瓶要比充装率低的火灾危险性大；同样的物品，充装量越大，危险性越大，如液化气站要比打火机的火灾危险性大得多。

(5) 物品包装的可燃程度及用量

物品火灾危险性的大小不仅与本身的特性有关，而且还与其包装是否可燃和可燃包装的数量有关。如精密仪器、家用电器等，其本身并不都是可燃物，但其包装大多是可燃物，且有的还比较易燃，一旦被火点燃，不仅包装物会被烧毁，而且仪器也会因包装物的燃烧而被

烧毁或报废。例如，某市拖拉机厂露天堆放了200台内燃机，内燃机为不燃物，但其包装为木板、油毡、稻草等易燃物，并在其货堆旁堆置了几十吨煤粉。在5月份的一天傍晚，因煤粉自燃而引燃了这些包装，进而形成了熊熊大火，200台内燃机全部被大火烧成报废品。所以，对难燃物品和不燃物品，若其包装材料为可燃物且其量与被保护的物品之比，所占比重又相当大时，那么该物品的火灾危险性类别就可按同类的可燃物考虑。

(6) 灭火剂的抵触程度和遇水生热能力

一种物品，如果其一旦失火与灭火剂有抵触，那么其火灾危险性要比不抵触的大。例如，水是一种最常用、最普通的灭火剂，如果该物品着火后不能用水或含水的灭火剂扑救，那么就增加了扑救的难度，也就加大了火灾扩大和蔓延的危险，所以该类物品的火灾危险性就大。遇水生热不燃物品虽然本身不燃，但当遇水或受潮时能发生剧烈的化学反应，并释放出大量的热和（或）不燃气体，可使附近的可燃物着火。如生石灰，当有1/3重量的水与之反应时，能使温度升高到150～300℃，偶尔也有可能使温度升高到800～900℃。该温度已大大超过了很多可燃物的自燃点，故一旦有可燃物与之相遇，就有可能引起火灾。如某毛石厂，为了除湿防潮，将300kg生石灰放入爆炸品库内，并将400kg硝酸铵炸药、730个雷管、700m导火索依次放在生石灰上边，恰遇一夜晚，天下大雨，雨水流进库房，由于生石灰遇水发生高热，引起包装材料着火，继而引起炸药爆炸，使六间瓦房全部炸毁。又如，某造纸厂原料场储存有大量麦秸堆垛，一辆满载生石灰的拖拉机在通过原料堆场时不慎翻倒在了流水的垄沟内，顿时大量生石灰与水发生反应，进而引燃了附近的麦秸堆垛，造成了重大损失。由此可见，遇水生热不燃物品的火灾危险性是不容忽视的。

2.6 生产的火灾危险性分类分级

生产的火灾危险性之所以单独提出，是因为它除了受物料本身的易燃性、氧化性及其所兼有的毒害性、放射性、腐蚀性等影响和物料与水等灭火剂的抵触程度的影响之外，还要看整个生产过程中的每个环节是否有引起火灾的可能性，包括生产中使用的全部原材料的性质、生产中操作条件的变化是否会改变物质的性质、生产中产生的全部中间产物的性质、生产中最终产品及副产物的性质、生产过程中的环境条件等。许多产品可能有若干种工艺生产方法，其中使用的原材料各不相同，所以火灾危险性也各不相同，也要注意区别对待。

2.6.1 生产的火灾危险性分类标准

GB 50016—2006《建筑设计防火规范》根据生产中使用或产生的物质性质及其数量等将生产的火灾危险性分成5类，见表2-7。

表2-7 生产的火灾危险性分类

生产类别	火灾危险性特征
甲	使用或产生下列物质的生产： (1)闪点＜28℃的液体 (2)爆炸下限＜10%的气体 (3)常温下能自行分解或在空气中氧化即能导致自燃或爆炸的物质 (4)常温下受到水或空气中水蒸气的作用，能产生可燃气体并引起燃烧或爆炸的物质 (5)遇酸、受热、撞击、摩擦、催化以及遇有机物或硫黄等易燃的无机物，极易引起燃烧或爆炸的强氧化剂 (6)受撞击、摩擦或与氧化剂、有机物接触时能引起燃烧或爆炸的物质 (7)在密闭容器内操作温度等于或超过物质本身燃点的生产

续表

生产类别	火灾危险性特征
乙	使用或产生下列物质的生产： (1)闪点≥28℃至<60℃的液体 (2)爆炸下限≥10%的气体 (3)不属于甲类的氧化剂 (4)不属于甲类的化学易燃危险固体 (5)助燃气体 (6)能与空气形成爆炸性混合物的浮游状态的粉尘、纤维以及闪点<60℃的液态雾滴
丙	使用或产生下列物质的生产： (1)闪点≥60℃的液体 (2)可燃固体
丁	具有下列情况的生产： (1)对非燃烧物质进行加工，并在高热或熔化状态下经常产生辐射热、火花或火焰的生产 (2)利用气体、液体、固体作为燃料或将气体、液体进行燃烧作其他用途的各种生产 (3)常温下使用或加工难燃烧物质的生产
戊	常温下使用或加工非燃烧物质的生产

同一座厂房或厂房的任一防火分区内有不同火灾危险性生产时，该厂房或防火分区内的生产火灾危险性分类应按火灾危险性较大的部分确定。当符合下述条件之一时，可按火灾危险性较小的部分确定：ⓘ火灾危险性较大的生产部分占本层或本防火分区面积的比例小于5%或丁、戊类厂房内的油漆工段小于10%，且发生火灾事故时不足以蔓延到其他部位或火灾危险性较大的生产部分采取了有效的防火措施；ⓘⓘ丁、戊类厂房内的油漆工段，当采用封闭喷漆工艺，封闭喷漆空间内保持负压、油漆工段设置可燃气体自动报警系统或自动抑爆系统，且油漆工段占其所在防火分区面积的比例小于等于20%。

2.6.2 划分火灾危险性的依据

(1) 关于甲、乙、丙类液体闪点的划分基准问题

为了比较切合实际的确定划分闪点基准，对596种甲、乙、丙类液体的闪点进行了统计和分析，情况如下：ⓘ常见易燃液体的闪点多数为<28℃；ⓘⓘ国产煤油的闪点为28～40℃；ⓘⓘⓘ国产16种规格的柴油闪点大多数为60～90℃（其中仅“－35号”柴油闪点为50℃）；ⓘⓥ闪点在60～120℃的73个品种的丙类液体，绝大多数危险性不大；ⓥ常见的煤焦油闪点为65～100℃。凡是在一般室温下遇火源能引起闪燃的液体均属于易燃液体，可列入甲类火灾危险性范围。我国南方城市的最热月平均气温在28℃左右，而厂房的设计温度在冬季一般采用12～25℃。根据上述情况，将甲类火灾危险性的液体闪点基准定为<28℃，乙类定为28～60℃，丙类定为>60℃。这样划分甲、乙、丙类是以汽油、煤油、柴油的闪点为基准的，这样既排除了煤油升为甲类的可能性，也排除了柴油升为乙类的可能性，有利于节约和消防安全。

(2) 关于气体爆炸下限分类的基准问题

由于绝大多数可燃气体的爆炸下限均<10%，一旦设备泄漏，在空气中很容易达到爆炸浓度而造成危险，所以将爆炸下限<10%的气体划为甲类；少数气体的爆炸下限>10%，在空气中较难达到爆炸浓度，所以将爆炸下限≥10%的气体划为乙类。多年来的实践证明以上划分原则基本上是可行的，因此规范仍采用此数值。

(3)“甲类”物质的生产特性

①“甲类”第3项的生产特性 生产中的物质在常温下可以逐渐分解，释放出大量的可燃气体并且迅速放热引起燃烧，或者物质与空气接触后能发生猛烈的氧化作用，同时放出大量的热，而温度越高其氧化反应速率越快，产生的热越多使温度升高越快，如此互为因果而引起燃烧或爆炸。如硝化棉、赛璐珞、黄磷生产等。

②“甲类”第4项的生产特性 生产中的物质遇水或空气中的水蒸气发生剧烈的反应，产生氢气或其他可燃气体，同时产生热量引起燃烧或爆炸。该种物质遇酸或氧化剂也能发生剧烈反应，发生燃烧爆炸的危险性比遇水或水蒸气时更大。如金属钾、钠、氧化钠、氢化钙、碳化钙、磷化钙等的生产。

③“甲类”第5项的生产特性 生产中的物质有较强的夺取电子的能力，即强氧化性。有些过氧化物中含有过氧基（—O—O—），性质极不稳定，易放出氧原子，具有强烈的氧化性，能够促使其他物质迅速氧化，放出大量的热量而发生燃烧爆炸的危险。该类物质遇酸、碱、热、撞击、摩擦、催化或与易燃品、还原剂等接触后能发生迅速分解，极易发生燃烧或爆炸。如氯酸钠、氯酸钾、过氧化氢、过氧化钠生产等。

④“甲类”第6项的生产特性 生产中的物质燃点较低易燃烧，受热、撞击、摩擦或与氧化剂接触能引起剧烈燃烧或爆炸，燃烧速率快，燃烧产物毒性大。如赤磷、三硫化磷生产等。

⑤“甲类”第7项的生产特性 生产中操作温度较高，物质被加热到自燃温度以上，此类生产必须是在密闭设备内进行，因设备内没有助燃气体，所以设备内的物质不能燃烧。但是，一旦设备或管道泄漏，没有其他的火源，该物质就会在空气中立即起火燃烧。这类生产在化工、炼油、医药等企业中很多，火灾的事故也不少，不应忽视。

(4)“乙类”物质的生产特性

①“乙类”第3项的生产特性 “乙类”第3项中所指的不属于甲类的氧化剂是二级氧化剂，即非强氧化剂。这类物质生产特性比甲类第5项物质的性质稳定些，其遇热、还原剂、酸、碱等也能分解产生高热，遇其他氧化剂也能分解发生燃烧甚至爆炸。如过二硫酸钠、高碘酸、重铬酸钠、过乙酸等类的生产。

②“乙类”第4项的生产特性 生产中的物质燃点较低、较易燃烧或爆炸，燃烧性能比甲类易燃固体差，燃烧速率较慢，同时也可放出有毒气体。如硫黄、樟脑或松香等类的生产。

③“乙类”第5项的生产特性 生产中的助燃气体虽然本身不能燃烧（如氧气），在有火源的情况下，如遇可燃物会加速燃烧，甚至有些含碳的难燃或不燃固体也会迅速燃烧，如1983年上海某化工厂，在打开一个氧气瓶的不锈钢阀门时，由于静电打火，使该氧气瓶的阀门迅速燃烧，阀芯全部烧毁（据分析是不锈钢中含碳原子）。因此，氧气、氯气、氟气这类物质的生产亦属危险性较大的生产。

④“乙类”第6项的生产特性 生产中可燃物质的粉尘、纤维、雾滴悬浮在空气中与空气混合，当达到一定浓度时，遇火源立即引起爆炸。这些细小的物质表面吸附包围了氧气。当温度提高时，便加速了它的氧化反应，反应中放出的热促使它燃烧。这些细小的可燃物质比原来块状固体或较大量的液体具有较低的自燃点，在适当的条件下，着火后以爆炸的速度燃烧。如某港口粮食筒仓，由于风焊作业使管道内的粉尘发生爆炸，引起21个小麦筒仓爆炸，损失达30多万元。另外，有些金属如铝、锌等在块状时并不燃烧，但在粉尘状态时则能够爆炸燃烧。如某厂磨光车间通风吸尘设备的风机制造不良，叶轮不平衡，使叶轮上的螺

母与进风管摩擦发生火花，引起吸尘管道内的铝粉发生猛烈爆炸，炸坏车间及邻近的厂房并造成伤亡。

(5)“丙类”物质的生产特性

“丙类”第2项的生产特性是生产中的物质燃点较高，在空气中受到火烧或高温作用时能够起火或微燃，当火源移走后仍能持续燃烧或微燃。如对木料、橡胶、棉花加工等类的生产。

(6)“丁类”物质的生产特性

①“丁类”第1项的生产特性　生产中被加工的物质不燃烧，而且建筑物内很少有可燃物。所以生产中虽有赤热表面、火花、火焰也不易引起火灾。如炼钢、炼铁、热轧或制造玻璃制品等类的生产。

②“丁类”第2项的生产特性　虽然利用气体、液体或固体为原料进行燃烧，是明火生产，但均在固定设备内燃烧，不易造成火灾，虽然也有一些爆炸事故，但一般多属于物理性爆炸。这类生产如锅炉、石灰焙烧、高炉车间等。

③“丁类”第3项的生产特性　生产中使用或加工的物质（原料、成品）在空气中受到火烧或高温作用时难起火、难微燃、难碳化，当火源移走后燃烧或微燃立即停止。而且厂房内是常温，设备通常是敞开的。一般热压成型的生产，如铝塑材料、酚醛泡沫塑料的加工等属该类物质的生产。

(7)“戊类”的生产特性

“戊类”生产的特性是生产中使用或加工的液体或固体物质在空气中受到火烧时，不起火、不微燃、不碳化，不会因使用的原料或成品引起火灾，而且厂房内是常温的。如制砖、石棉加工、机械装配等类型的生产。

2.6.3　影响生产火灾危险性的因素

(1) 生产工艺条件

操作压力、温度、氧含量、催化剂、容器设备及装置的导热性和几何尺寸等因素均会影响火灾危险性。例如，汽油在0.1MPa下的自燃点为480℃，而在25MPa下的自燃点为250℃；又如酒精在铁管中的自燃点为742℃，而在石英管中为641℃，在玻璃烧瓶中为421℃，在钢杯中为391℃，在铂坩埚中为518℃。有些生产工艺条件需要在接近原料爆炸浓度下限或在爆炸浓度范围之内，有些则需要在接近或高于物料自燃点或闪点的温度下，就更增加了物料本身的火灾危险性，故物料在这种工艺条件下的火灾危险性就大于本身的火灾危险性。所以，物料的易燃性、氧化性及生产工艺条件，是决定生产的火灾危险性的最重要的因素。

(2) 生产场所可燃物料的量

生产场所存在的可燃物料越多，其火灾危险性就越大，反之，其火灾危险性就越小。当全部可燃物质燃烧也不能对建筑物造成灾害时，那么其火灾危险性就为零。如机械修理厂或修理车间，虽然经常要使用少量的汽油等易燃溶剂清洗零件，但不致因此而引起大火或厂房的爆炸，其火灾危险性就比大量使用汽油的场所小。

(3) 物料所处的状态

生产中的原料、半成品或成品在某些条件下没什么危险，而在另外的条件下就很危险。如可燃的纤维粉尘在静置时并不太危险，而悬浮在空中时就会与空气形成了爆炸性混合物，遇火源便会着火或爆炸。如某港口粮食筒仓，在进行风焊作业时使管道内的粉尘发生爆炸，

引起了21个小麦筒仓爆炸。再如，有些金属如铝、锌、镁等，在块状时不会发生燃烧，但当处于粒径小于500μm的粉尘状态时则能发生爆炸，工业中金属粉尘爆炸灾害并不少见。某些油品处于液态时并不易燃，而处于雾状时则极易燃烧。例如，常温下柴油不易燃烧，所以柴油发动机采用喷雾燃烧方式。

2.6.4 确定生产工艺火灾危险性类别时应注意的问题

在确定生产的火灾危险性类别时，要认真分析和全面了解生产过程中的原料、半成品及产品的理化特性和火灾危险性及生产中使用火灾危险物质的品种、数量、装置及工艺过程和生产工艺条件情况等，并把这些情况综合起来进行评定。

ⅰ.当一座厂房或一露天生产区域，或一防火分区内存在着两种或两种以上不同性质的生产工艺时，其火灾危险性类别，应按火灾危险性较大的部分确定。但是，如果火灾危险性较大部分占本层或本防火分区面积的比例小于5%（丁、戊类生产厂房的油漆工段或露天生产装置、设备区小于10%），且发生事故时不足以蔓延到其他部位或采取防火措施能防止蔓延时，其火灾危险性类别可以按火灾危险性较小的部分确定。

ⅱ.当丁、戊类生产厂房的油漆工段采用封闭喷漆工艺时，若封闭喷漆空间内保持负压，且油漆工段设置可燃气体浓度报警系统或自动抑爆系统时，油漆工段占其所在防火分区面积的比例可适当增大，但不应超过20%。例如，在一栋防火分区最大允许占地面积不限的戊类汽车总装厂房中，喷漆工段占总装厂房的面积比例不足10%时，其生产的火险类别仍属戊类。但若喷漆工艺有了很大的改进和提高，并采取了行之有效的防护措施，满足了以上所述的三个前提条件，使生产过程中的火灾危害减少，那么其所占防火分区面积的比例可适当提高，但不应超过20%。

ⅲ.当厂房或实验室内存放的甲、乙类危险品量与建筑物的单位容积比值过小时，其火灾危险性类别可按较小的确定，但必须满足表2-8所限定的条件。

表2-8 可不按物料的火灾危险特性确定生产火灾危险性类别的最大允许量

火灾危险性类别	序号	火灾危险性特征	物质名称举例	最大允许量	
				单位容积允许量	总量
甲类	1	闪点＜28℃的液体	汽油、丙酮、乙醚	0.004L/m^3	100L
	2	爆炸下限＜10%的气体	乙炔、氢、甲烷、乙烯、硫化氢	1L/m^3（标准状态）	25m^3（标准状态）
	3	常温下能自行分解导致迅速自燃或爆炸的物质	硝化棉、硝化纤维胶片、喷漆棉、火胶棉、赛璐珞棉	0.003kg/m^3	10kg
		在空气中氧化即能导致迅速自燃的物质	黄磷	0.006kg/m^3	20kg
	4	常温下受到水或空气中水蒸气的作用能产生可燃气体并能着火或爆炸的物质	金属钾、钠、锂	0.002kg/m^3	5kg
	5	遇酸、受热、撞击、摩擦、催化以及遇有机物或硫黄等易燃的无机物能引起爆炸或极易分解引起燃烧的强氧化剂	硝酸胍、高氯酸铵	0.006kg/m^3	20kg
			氯酸钾、氯酸钠、过氧化钾	0.015kg/m^3	50kg

续表

火灾危险性类别	序号	火灾危险性特征	物质名称举例	最大允许量	
				单位容积允许量	总量
甲类	6	与氧化剂、有机物接触时能引起着火或爆炸的物质	赤磷、五硫化二磷	0.015kg/m³	50kg
	7	受到水或空气中水蒸气的作用能产生爆炸下限<10%的气体的固体物质	电石	0.075kg/m³	100kg
乙类	1	闪点≥28℃至<60℃的液体	煤油、松节油	0.02L/m³	200L
	2	爆炸下限≥10%的气体	氨	5L/m³（标准状态）	50m³（标准状态）
	3	氧化性气体	氧气、液氧、压缩空气、一氧化二氮	5L/m³（标准状态）	50m³（标准状态）
		不属甲类的氧化剂	硝酸、硝酸铜、铬酸、发烟硫酸、铬酸钾	0.025kg/m³	80kg
	4	不属于甲类的化学易燃固体	赛璐珞板、硝化纤维色片、镁粉、铝粉	0.015kg/m³	50kg
			硫黄、生松香	0.075kg/m³	100kg

注：单位容积的最大允许量是指非甲、乙类生产厂房或实验室内使用甲、乙类物品的两个控制指标之一。厂房或实验室内使用甲、乙类物品的总量同其室内容积之比，应小于此值。即：

甲、乙类物品的总量 [(L/kg)/厂房或实验室的容积 (m³)]<单位容积的最大允许量

甲、乙类危险品按气、液、固三态分别说明其确定的数值。

(1) 气态甲、乙类危险品

当生产厂房及实验室内使用的可燃气体与空气所形成的混合性气体低于爆炸下限的5%时，则可不按甲、乙类火灾危险性予以确定。这是考虑一般可燃气体浓度报警器的控制指标是爆炸下限的25%。当达到这个值时就发出报警也就认为是不安全的。这里采用5%这个数值是考虑在一个较大的厂房及实验室内，可燃气体的扩散是不均匀的，可能会形成局部爆炸的危险。拟定这个局部占整个空间的20%，则有

$$25\%\times 20\%=5\%$$

由于生产中使用或产生的甲、乙类可燃气体的种类较多，在本表中不可能一一列出，故对于爆炸下限<10%的甲类可燃气体取1L/m³为单位容积最大允许量。这是采取了几种甲类可燃气体计算结果的平均值（如乙炔的计算结果是0.75L/m³，甲烷的计算结果为2.5L/m³）。同理，对于爆炸下限>10%的乙类可燃气体取5L/m³为单位容积最大允许量。

(2) 液态甲、乙类危险品

在厂房或实验室内少量使用液态的甲、乙类危险品，要考虑其全部挥发后弥漫在整个厂房或实验室内与空气的混合比是否低于爆炸下限的5%。低者则可不按甲、乙类火灾危险性进行确定。对于任何一种甲、乙类液体，其单位体积全部挥发后的气体体积可按下式进行计算：

$$V=829.52(B/M)$$

式中 V——气体体积，L；

B——液体密度，g/mL；

M——挥发性气体的相对密度。

(3) 固态(包括粉状)甲、乙类危险品

表2-8中,金属钾、金属钠、黄磷、赤磷、赛璐珞板等固态甲、乙类危险品和镁粉、铝粉等粉状乙类危险品的单位容积的最大允许量是参照国外有关消防法规确定的。

实践证明,对于容积较大的厂房或实验室,单凭着房间内"单位容积的最大允许量"一个指标来控制是不够的。因为有些厂房或实验室内尽管单位容积的最大允许量指标不超过表2-8的规定,但也会有相对集中放置较大量的甲、乙类危险品的可能,而这些危险品一旦发生火灾是难以控制的,所以在表中专门规定了最大允许存在甲、乙类危险品总量的指标。这个指标在执行中是不能突破的。

石油化工工艺装置或装置内单元的火灾危险性分类举例和液化烃、可燃液体、可燃气体、可燃固体的火灾危险性举例见表2-9和表2-10。

表2-9 石油化工工艺装置或装置内单元的火灾危险性分类举例

① 炼油部分

类别	装置(单元)名称
甲	加氢裂化、加氢精制、制氢、催化重整、催化裂化、气体分馏、烷基化、叠合、丙烷脱沥青、气体脱硫、液化石油气硫醇氧化、液化石油气化学精制、喷雾蜡脱油、延迟焦化、热裂化、常减压蒸馏、汽油再蒸馏、汽油电化学精制、酮苯脱蜡脱油、汽油硫醇氧化、减黏裂化、硫黄回收
乙	酚精制、糠醛精制、煤油电化学精制、煤油硫醇氧化、空气分离、煤油尿素脱蜡、煤油分子筛脱蜡
丙	轻柴油电化学精制、润滑油和蜡的白土精制、轻柴油分子筛脱蜡、蜡成型、石蜡氧化、沥青氧化

② 石油化工部分

类别	装置(单元)名称
	Ⅰ基本有机化工原料及产品
甲	管式炉(含卧式、立式、毫秒炉等各型炉)蒸汽裂解制乙烯、丙烯装置;裂解汽油加氢装置;芳烃抽提装置;对二甲苯装置;对二甲苯二甲酯装置;环氧乙烷装置;石脑油催化重整装置;制氢装置;环己烷装置;丙烯腈装置;苯乙烯装置;碳四抽提丁二烯装置;丁烯氧化脱氢制丁二烯装置;甲烷部分氧化制乙炔装置;乙烯直接法制乙醛装置;苯酚丙酮装置;乙烯氧氯化法制氯乙烯装置;乙烯直接水合法制乙醇装置;合成甲醇装置;乙醛氧化制乙酸(醋酸)装置的乙醛储罐、乙醛氧化单元;环氧氯丙烷装置的丙烯储罐组和丙烯压缩、氯化、精馏、次氯酸化单元;羰基合成制丁醇装置的一氧化碳、氢气、丙烯储罐组和压缩、合成、蒸馏、缩合、丁醛加氢单元;羰基合成制异辛醇装置的一氧化碳、氢气、丙烯储罐组和压缩、合成丁醛、缩合脱水、2—乙基己烯醛加氢单元;烷基苯装置的煤油加氢、分子筛脱蜡(正戊烷、异辛烷、对二甲苯脱附剂)、正构烷烃(C_{10}~C_{13})催化脱氢、单烯烃(C_{10}~C_{13})与苯用氟化氢催化烷基化和苯、氢、脱附剂、液化石油气、轻质油等储运单元;合成洗衣粉装置的硫黄储运单元
乙	乙醛氧化制乙酸(醋酸)装置的乙酸精馏单元和乙酸、氧气储罐组;乙酸裂解制乙酸酐装置、环氧氯丙烷装置的中和环化单元、环氧氯丙烷储罐组;羰基合成制丁醇装置的蒸馏精制单元和丁醇储罐组;烷基苯装置的原料煤油、脱蜡煤油、轻蜡、燃料油储运单元;合成洗衣粉装置的烷基苯与三氧化硫磺化单元
丙	乙二醇装置的乙二醇蒸发脱水精制单元和乙二醇储罐组;羰基合成制异辛醇装置的异辛醇蒸馏精制单元和异辛醇储罐组;烷基苯装置的热油(联苯+联苯醚)系统、含氟化氢物质中和处理系统单元;合成洗衣粉装置的烷基苯硫酸与苛性钠中和、烷基苯硫酸钠与添加剂(羰甲基纤维素、三聚磷酸钠等)合成单元
	Ⅱ合成橡胶
甲	丁苯橡胶和丁腈橡胶装置的单体、化学品储存、聚合、单体回收单元;乙丙橡胶、异戊橡胶和顺丁橡胶装置的单体、催化剂、化学品储存和配制、聚合、胶乳储存混合、凝聚、单体与溶剂回收单元;氯丁橡胶装置的乙炔催化合成乙烯基乙炔、催化加成或丁二烯氯化成氯丁二烯、聚合、胶乳储存混合、凝聚单元

续表

类别	装置(单元)名称
	Ⅱ合成橡胶
乙	丁苯橡胶和丁腈橡胶装置的化学品配制、胶乳混合、后处理(凝聚、干燥、包装)、储运单元;乙丙橡胶、顺丁橡胶、氯丁橡胶和异戊橡胶装置的后处理(脱水、干燥、包装)、储运单元
	Ⅲ合成树脂及塑料
甲	高压聚乙烯装置的乙烯储罐、乙烯压缩、催化剂配制、聚合、造粒单元;低密度聚乙烯装置的丁二烯、氢气、丁基铝储运、净化、催化剂配制、聚合、溶剂回收单元;低压聚乙烯装置的乙烯等化学品储运、配料、聚合、醇解、过滤、溶剂回收单元;聚氯乙烯装置的氯乙烯储运、聚合单元;聚乙烯醇装置的乙炔、甲醇储运、配料、合成乙酸乙烯、聚合、精馏、回收单元;本体法连续制聚苯乙烯装置的通用型聚苯乙烯的乙苯储运、脱氢、配料、聚合、脱气及高抗冲聚苯乙烯的橡胶溶解配料;其余单元同通用型 ABS 塑料装置的丙烯腈、丁二烯、苯乙烯储运、预处理、配料、聚合、凝聚单元;SAN 塑料装置的苯乙烯、丙烯腈储运、配料、聚合脱气、凝聚单元;聚丙烯装置的本体法连续聚合的丙烯储运、催化配制、聚合、闪蒸、干燥、单体精制与回收及溶剂法的丙烯储运、催化剂配制、聚合、醇解、洗涤、过滤、溶剂回收单元
乙	聚乙烯醇装置的乙酸储运单元
丙	高压聚乙烯装置的掺和、包装、储运单元;气相法聚乙烯装置的后处理(挤压造粒、包装)、储运单元;液相法聚乙烯装置的后处理(挤压造粒、料仓、包装)、储运单元;聚氯乙烯装置的过滤、干燥、包装、储运单元;聚乙烯醇装置的干燥、包装、储运单元;本体法连续制聚苯乙烯装置的造粒、包装、储运单元;ABS 塑料和 SAN 塑料装置的干燥、造粒、包装、储运单元;聚苯乙烯装置的本体法连续聚合的造粒、料仓、包装、储运及溶剂法的干燥、掺和、包装、储运单元
	Ⅳ合成氨及氨加工产品
甲	合成氨装置的烃类蒸气转化或部分氧化法制合成气(N_2+H_2+CO)、脱硫、变换、脱二氧化碳、铜洗、甲烷化、压缩、合成、原料烃类单元和煤气储罐组;硝酸铵装置的结晶或造粒、输送、包装、储运单元
乙	合成氨装置的氨冷冻、吸收单元和液氨储罐、合成尿素装置的氨储罐组和尿素合成、气提、分解、吸收、液氨泵、甲胺泵单元、硝酸装置;硝酸铵装置的中和、浓缩、氨储运单元
丙	合成尿素装置的蒸发、造粒、包装、储运单元

③ 石油化纤部分

类别	装置(单元)名称
甲	涤纶装置(DMT 法)的催化剂、助剂的储存、配制,对苯二甲酸二甲酯与乙二醇的酯交换、甲醇回收单元;锦纶装置(尼龙 6)的环己烷氧化、环己醇与环己酮分馏、环己醇脱氢、己内酰胺用苯萃取精制、环己烷储运单元;尼纶装置(尼龙 66)的环己烷储运、环己烷氧化、环己醇与环己酮氧化制己二酸、己二腈加氢制己胺单元;腈纶装置的丙烯腈、丙烯酸甲酯、乙酸乙烯、二甲胺、异丙醚、异丙醇储运和聚合单元;维尼纶装置的原料和中间产品的储罐组,乙炔或乙烯与乙酸催化合成乙酸乙烯、甲醇醇解生产聚乙烯醇、甲醇氧化生产甲醛、缩合为聚乙烯醇缩甲醛单元
乙	锦纶装置(尼龙 6)的环己酮肟化、贝克曼重排单元;尼纶装置(尼龙 66)的己二酸氨化、脱水制己二腈单元;煤油、次氯酸钠库
丙	涤纶装置(DMT 法)的对苯二甲酸乙二酯缩聚、选粒、熔融、纺丝、长丝加工、料仓、中间库、成品库单元;涤纶装置(PTA 法)的酯化、聚合单元;锦纶装置(尼龙 6)的聚合、切片、料仓、熔融、纺丝、长丝加工、储运单元;尼纶装置(尼龙 66)的成盐(己二胺己二酸盐)、结晶、料仓、熔融、纺丝、长丝加工、包装、储运单元;腈纶装置的纺丝(NaSCN 为溶剂除外)、后干燥、长丝加工、毛条、打包、储运单元;维尼纶装置的聚乙烯醇熔融、抽丝、长丝加工、包装储运单元

表 2-10 液化烃、可燃液体、可燃气体、可燃固体的火灾危险性分类举例

① 液化烃、可燃液体

类别		名称
甲	A	液化甲烷、液化天然气、液化氯甲烷、液化顺式—2丁烯、液化乙烯、液化乙烷、液化反式—2丁烯、液化环丙烷、液化丙烯、液化丙烷、液化环丁烷、液化新戊烷、液化丁烯、液化丁烷、液化氯乙烯、液化环氧乙烷、液化丁二烯、液化异丁烷、液化石油气
	B	异戊二烯、异戊烷、汽油、戊烷、二硫化碳、异己烷、己烷、石油醚、异庚烷、环己烷、辛烷、异辛烷、苯、庚烷、石脑油、原油、甲苯、乙苯、邻二甲苯、(间、对)二甲苯、异丁醇、乙醚、乙醛、环氧丙烷、甲酸甲酯、乙胺、二乙胺、丙酮、丁醛、二氯甲烷、三乙胺、乙酸乙烯、甲乙酮、丙烯腈、乙酸乙酯、乙酸异丙酯、二氯乙烯、甲醇、异丙醇、乙醇、乙酸丙酯、丙醇、乙酸异丁酯、甲酸丁酯、吡啶、二氯乙烷、乙酸丁酯、乙酸异戊酯、甲酸戊酯
乙	A	丙苯、环氧氯丙烷、苯乙烯、喷气燃料、煤油、丁醇、氯苯、乙二胺、戊醇、环已酮、冰乙酸、异戊醇
	B	—35号轻柴油、环戊烷、硅酸乙酯、氯乙醇、丁醇、氯丙醇
丙	A	轻柴油、重柴油、苯胺、锭子油、酚、甲酚、糠醛、20号重油、苯甲醛、环己醇、甲基丙烯酸、甲酸、环乙醇、乙二醇丁醚、甲醛、糠醇、辛醇、乙醇胺、丙二醇、乙二醇
	B	蜡油、100号重油、渣油、变压器油、润滑油、二乙二醇醚、三乙二醇醚、邻苯二甲酸二丁酯、甘油

② 可燃气体

类别	名称
甲	乙炔、环氧乙烷、氢气、合成气、硫化氢、乙烯、氰化氢、丙烯、丁烯、丁二烯、顺丁烯、反丁烯、甲烷、乙烷、丙烷、丁烷、丙二烯、环丙烷、甲胺、环丁烷、甲醛、甲醚、氯甲烷、氯乙烯、异丁烷
乙	一氧化碳、氨、溴甲烷

③ 可燃固体

类别	名称
甲	黄磷、硝化棉、硝化纤维胶片、喷漆棉、火胶棉、赛璐珞棉、锂、钠、钾、钙、锶、铷、铯、氢化锂、氢化钾、氢化钠、磷化钙、碳化钙、四氢化锂铝、钠汞齐、碳化铝、过氧化钾、过氧化钠、过氧化钡、过氧化锶、过氧化钙、高氯酸钾、高氯酸钠、高氯酸钡、高氯酸铵、高氯酸镁、高锰酸钾、高锰酸钠、硝酸钾、硝酸钠、硝酸铵、硝酸钡、氯酸钾、氯酸钠、氯酸铵、次亚氯酸钙、过氧化二乙酰、过氧化二苯甲酰、过氧化二异丙苯、过氧化氢苯甲酰、(邻、间、对)二硝基苯、2—二硝基苯酚、二硝基甲苯、二硝基萘、三硫化四磷、五硫化二磷、赤磷、氨基化钠
乙	硝酸镁、硝酸钙、亚硝酸钾、过硫酸钾、过硫酸钠、过硫酸铵、过硼酸钠、重铬酸钾、重铬酸钠、高锰酸钙、高氯酸银、高碘酸钾、溴酸钠、碘酸钠、氯酸钠、五氧化二碘、三氧化铬、五氧化二磷、萘、蒽、菲、樟脑、硫黄、铁粉、铝粉、锰粉、钛粉、咔唑、三聚甲醛、松香、均四甲苯、聚合甲醛、偶氮二异丁腈、赛璐珞片、联苯胺、噻吩、苯磺酸钠、聚苯乙烯、聚乙烯、聚丙烯、环氧树脂、酚醛树脂、聚丙烯腈、季戊四醇、尼龙、己二酸、炭黑、聚氨酯、聚氯乙烯
丙	石蜡、沥青、苯二甲酸、聚酯、有机玻璃、橡胶及其制品、玻璃钢、聚乙烯醇、ABS塑料、SAN塑料、乙烯树脂、聚碳酸酯、聚丙烯酰胺、己丙酰胺、尼龙6、尼龙66、丙纶纤维、蒽醌、(邻、间、对)苯二酚

小结

(1) 国家安全生产监督管理局发布的《危险化学品名录》中把危险化学品分为8类，即①爆炸品，②压缩气体和液化气体，③易燃液体，④易燃固体、自燃物品和遇湿易燃物品，⑤氧化剂和有机过氧化物，⑥放射性物品，⑦有毒品和⑧腐蚀品。

(2) GB 6944《危险货物分类和品名编号》中把危险化学品分为9类，即①爆炸品，

②气体，③易燃液体，④易燃固体、易于自燃的物质、遇水放出易燃气体的物质，⑤氧化性物质和有机过氧化物，⑥毒性物质和感染性物质，⑦放射性物质，⑧腐蚀性物质，⑨杂项危险物质和物品。

(3) GB 13690《化学品分类和危险性公示通则》中把危险化学品分为16类，即①爆炸物，②易燃气体，③易燃气溶胶，④氧化性气体，⑤压力下气体，⑥易燃液体，⑦易燃固体，⑧自反应物质或混合物，⑨自燃液体，⑩自燃固体，⑪自热物质和混合物，⑫遇水放出易燃气体的物质或混合物，⑬氧化性液体，⑭氧化性固体，⑮有机过氧化物，⑯金属腐蚀剂。

(4) GB 50160《石油化工企业设计防火规范》将可燃气体火灾危险性分为甲、乙两类，将液化烃、可燃液体火灾危险性分为甲（A、B）、乙（A、B）、丙（A、B）三类，将可燃固体分为甲、乙、丙三类。危险级别依次降低。

(5) 物质自燃分为受热自燃和自热自燃两种。受热自燃是指外界热源把物质加热到自燃点以上，自热自燃是指在常温常压大气环境中，由于物质自身的生物或物理化学作用把自己加热到自燃点以上。

(6) 根据反应速率和危险程度，自燃性物质可分为两级。一级自燃性物质自燃点低，在空气中能剧烈氧化，反应速率极快，危害性大，如黄磷（白磷）、硝化棉、赛璐珞、烷基铝等。二级自燃性物质在空气中缓慢氧化而蓄热自燃，如油脂、油布、蜡布、浸油的金属屑等。

(7) 根据物质自行发热的初始原因的不同，空气中自燃可分成氧化放热自燃、分解放热自燃、水解放热自燃、吸附放热自燃、聚合放热自燃和发酵、吸附、氧化复合自燃等类型。

(8) 常见的遇水发生燃烧爆炸的物质包括活泼金属及其合金、金属氢化物、硼氢化合物、金属碳化物、金属磷化物、金属粉末、金属硫化物类、有机金属化合物类等。

(9) 遇到水发生燃烧爆炸的物质，也能与酸类或氧化剂发生剧烈的反应，而且比与水的反应更剧烈，所以发生燃烧爆炸的危险性就更大。

(10) 混合燃烧爆炸物质包括三种情况：氧化剂和还原剂混合，不安定物质的混合，有些物质尽管本身不是强氧化剂或强还原剂，但相互接触会生成敏感性化合物。

(11) GB 50016—2006《建筑设计防火规范》根据储存中的物质性质及其数量等将储存物品的火灾危险性分成甲、乙、丙、丁、戊5类，危险程度依次降低。

(12) 影响储存物品火灾危险性的主要因素包括易燃性和氧化性、物品本身所处的状态、毒害性、放射性、腐蚀性、储存条件、物品包装的可燃程度及用量、灭火剂的抵触程度和遇水生热能力。

(13) 生产的火灾危险性除了物质本身特性之外，还与生产中操作条件的变化是否会改变物质的性质、生产中产生的全部中间产物的性质、生产中最终产品及副产物的性质、生产过程中的环境条件等有关。

(14) GB 50016—2006《建筑设计防火规范》根据生产中使用或产生的物质性质及其数量等将生产的火灾危险性分成甲、乙、丙、丁、戊5类，危险程度依次降低。

(15) 影响生产火灾危险性的因素包括生产工艺条件、生产场所可燃物料的量、物料所处的状态等。

思考题

1. 什么是危险化学品？如何分类？

2. 什么是自燃性物质？有哪些特点？如何分类？

3. 受热自燃与自热自燃有哪些区别和联系？

4. 空气中自燃物质有哪几类？

5. 遇水燃烧爆炸物质有哪几类？

6. 混合发生爆炸物质有哪几类？

7. 物质的火灾危险性如何分类？

8. 储存物品的火灾危险性如何分类？其影响因素有哪些？

9. 生产的火灾危险性如何分类？其影响因素有哪些？

10. 物质的火灾危险性、储存物品的火灾危险性、生产的火灾危险性有何区别和联系？

一、填空

1. 危险货物（也称危险物品或危险品）是指具有______、______、______、______、______、______等危险特性，在运输、储存、生产、经营、使用和处置中，容易造成人身伤亡、财产损毁或环境污染而需要特别防护的物质和物品（包括危险化学品）。

2. 烟火物质是指能产生________、________、________、________的效果或这些效果加在一起的一种物质或物质混合物，这些效果是由不起爆的自持放热化学反应产生的。

3. 发火物质是指即使只有少量与空气接触，不到______时间便燃烧的物质，包括混合物和溶液（自燃液体或自燃固体）。

4. 爆炸性物质是指固体或液体物质（或这些物质的混合物），自身能够通过化学反应产生气体，其________、________和________高到能对周围造成破坏，包括不放出气体的烟火物质。

5. 压缩气体是指在________下____包装供运输时完全是气态的气体，包括临界温度小于或等于−50℃的所有气体。

6. 液化气体是指在温度大于________下加压包装供运输时部分是液态的气体，包括临界温度在−50℃和+65℃之间的高压液化气体和临界温度大于+65℃的____液化气体。

7. 冷冻液化气体是指包装供运输时由于其温度低而部分呈______的气体。

8. 溶解气体是指加压包装供运输时溶解于________中的气体。

9. 压力下气体是指高压气体在压力等于或大于________（表压）下装入储器的气体，或是液化气体或冷冻液化气体。压力下气体包括________、________、________、________。

10. 气溶胶是指细小的固体或液体微粒的____________。

11. 口服毒性半数致死量LD_{50}是指由统计学方法得出的一种物质的单一计量指标，可使青年白鼠口服后，在________内造成受试白鼠死亡一半的物质剂量。LD_{50}值用试验物质与试验动物单位质量的比表示（mg/kg）。

12. 皮肤接触毒性半数致死量LD_{50}是指使白兔的裸露皮肤持续接触________，最可能引起受试白兔在14d内死亡一半的物质剂量。

13. 吸入毒性半数致死浓度LC_{50}是指使雌雄青年白鼠连续吸入________，最可能引起受试白鼠在14d内死亡一半的蒸气、烟雾或粉尘的浓度。

14. 配装组是指在爆炸品中，如果两种或两种以上物质或物品在一起能安全存放或运输，而不会明显地__________或在一定量的情况下不会明显地______________的，可视其为同一配装组。

15. 国家安全生产监督管理局发布的《危险化学品名录》中把危险化学品分为8类，即①____________，②____________，③____________，④____________，⑤____________，⑥____________，⑦______________和⑧________。

16. GB 6944《危险货物分类和品名编号》中把危险化学品分为9类，即①____________，②____________，③____________，④____________，⑤____________，⑥____________，⑦_____________，⑧____________，⑨________________。

17. GB 50160《石油化工企业设计防火规范》将可燃气体火灾危险性分为甲、乙两类。甲类是指可燃气体与空气混合物的爆炸下限________的气体；乙类是指可燃气体与空气混合物的爆炸下限____________的气体。

18. 根据物质自行发热的初始原因的不同，自热自燃可分成______自燃、______自燃、________自燃、________自燃、________自燃和______________等类型。

19. 储存条件对物质的火灾危险性有重要影响，一般来说，压力越高，自燃点越______；物质在氧气中的自燃点比在空气中______。

20. 某些物质遇到水或潮湿空气中的水分就会发生剧烈的分解反应，产生可燃气体，放出热量，这类物质统称为____________。

21. 常见的遇水发生燃烧爆炸的物质主要包括________、________、________、________、________、________、________、____________、____________。

22. 金属活泼性越强，越________与水发生化学反应。

23. 两种或两种以上的物质，由于混合或接触而发生燃烧爆炸的物质称为__________。

24. 同一种元素在不同的化合物中可以有多种化合价，一般来说，具有高化合价的元素的化合物往往氧化能力__________。

25. 根据GB 50016—2006《建筑设计防火规范》，闪点________________的物质为甲类危险性物质，闪点____________的物质为乙类危险性物质，闪点≥60℃的物质为丙类危险性物质。

二、多项选择题

1. 下列说法中错误的是（　　）。

A. 物品充装量越大，火灾危险性越大

B. 物质闪点越低，火灾危险性越大

C. 物质毒性越大，火灾危险性越大

D. 物品的包装箱材料影响物品的危险性等级

2. 根据GB 50016—2006《建筑设计防火规范》，下列说法正确的是（　　）。

A. 闪点＜28℃的物质一定是甲类危险性物质

B. 闪点≥28℃的物质一定是丙类危险性物质

C. 闪点≥60℃的物质一定是丙类危险性物质

D. 分类与闪点没关系

3. 下列说法正确的是（　　）。

A. 操作压力越高，物品闪点越低

B. 盛装物品的容器材料对物品闪点有重要影响

C. 处于粒径小于500μm的粉尘状态时容易发生爆炸

D. 某些油品处于液态时并不易燃，而处于雾状时则极易燃烧

4. 根据GB 50016—2006《建筑设计防火规范》，下列说法正确的是（　　）。

A. 汽油是甲类物品

B. 煤油是甲类物品

C. 柴油是丙类物品

D. 以上说法都不对

3 燃烧反应机理

内容提要：主要介绍化学反应分类方法、化学反应速率及其表示方法和质量作用定律，阐述化学反应机理和着火机理，包括活化能理论和链反应理论，讨论几种物质的燃烧反应机理。

学习要求：（1）掌握化学反应速率的概念；（2）掌握质量作用定律；（3）熟悉活化能的概念及其作用；（4）掌握活化能理论的本质及其不足；（5）掌握链反应的本质；（6）熟悉化学反应的分类；（7）熟悉着火机理。

3.1 化学反应速率的概念

对于单相化学反应，化学反应速率是指单位时间内参与反应的初始反应物或最终生成物的浓度变化；对于多相化学反应，化学反应速率是指在单位时间内、单位表面上参加反应的物质的数量。按照定义，可用初始反应物的浓度变化来计算化学反应速率

$$\overline{W}=\pm\frac{\Delta c}{\Delta\tau} \tag{3-1}$$

式中，Δc 表示浓度变化，$\Delta\tau$ 表示反应时间，$\overline{W}$表示化学反应速率。如果时间间隔 $\Delta\tau\to0$ 而 W 趋于极限，则可得该一瞬间的化学反应速率，即反应的瞬时速率

$$W=\pm\lim_{\Delta\tau\to0}\frac{\Delta c}{\Delta\tau}=\frac{\mathrm{d}c}{\mathrm{d}\tau} \tag{3-2}$$

在化学反应中常有几种反应物同时参加反应而生成一种或几种不同生成物的情形。在反应过程中，反应物的浓度不断减少，生成物的浓度不断增加，生成物的生成与反应物的消耗是相适应的，故化学反应速率可以选用任一参与反应的物质浓度变化来表示。应该指出，采用不同的物质浓度所得到的反应速率值是不相同的，但它们之间存在着一定的关系，可根据所采用的浓度单位进行换算得到。

对于一个特定的燃烧过程，若有以下的化学反应式

$$a\mathrm{A}+b\mathrm{B}\longrightarrow g\mathrm{G}+h\mathrm{H} \tag{3-3}$$

式中，A，B，G，H 表示参与反应的物质；a，b，g，h 等表示参与反应的各物质的反应量，称为化学计量数。在反应过程中，各物质的浓度变化是不一样的，由此获得各物质的反应速率

$$\left.\begin{aligned}W_{\mathrm{A}}=-\frac{\mathrm{d}c_{\mathrm{A}}}{\mathrm{d}\tau},W_{\mathrm{B}}=-\frac{\mathrm{d}c_{\mathrm{B}}}{\mathrm{d}\tau}\\W_{\mathrm{G}}=\frac{\mathrm{d}c_{\mathrm{G}}}{\mathrm{d}\tau},W_{\mathrm{H}}=\frac{\mathrm{d}c_{\mathrm{H}}}{\mathrm{d}\tau}\end{aligned}\right\} \tag{3-4}$$

各物质的反应速率是不相等的，即 $W_A \neq W_B \neq W_G \neq W_H$。但根据定比定律它们之间有着如下关系：

$$W_A : W_B : W_G : W_H = a : b : g : h$$

或

$$-\frac{1}{a}\frac{dc_A}{d\tau} = -\frac{1}{b}\frac{dc_B}{d\tau} = \frac{1}{g}\frac{dc_G}{d\tau} = \frac{1}{h}\frac{dc_H}{d\tau} \tag{3-5}$$

这样，化学反应速率就可以根据任一作用物的浓度变化来确定。例如，在反应 $2H_2 + O_2 \longrightarrow 2H_2O$ 中用氢浓度变化来计算的反应速率将比用氧浓度变化计算的大 2 倍。因为，在单位时间内如果有 1mol 的氧发生反应，则势必同时有 2mol 的氢也发生反应。所以，这两者的绝对数值虽然不同，但都表示同一个反应的速率。

3.2 质量作用定律

实验表明，对于单相化学反应，在温度不变的条件下，任何瞬间的反应速率与该瞬间参与反应的反应物浓度的幂乘积成正比，而各反应物浓度的幂次即为化学反应式中各反应物的化学计量数（物质的量），这个表示反应速率与反应物浓度之间关系的规律就称为质量作用定律。

化学反应起因于能发生反应的各组成分子间的碰撞。因此，在单位体积中分子数目越多，也即反应物质的浓度越大，分子碰撞次数就越多，因而反应过程进行就越迅速。所以，在其他条件相同情况下，化学反应速率与反应物质的浓度成正比。对于式(3-3) 所示的化学反应，在等温条件下，其化学反应速率就可以按照上述定律表达为

$$\left.\begin{aligned} W_A &= -\frac{dc_A}{d\tau} = k_A c_A^a c_B^b \\ W_B &= -\frac{dc_B}{d\tau} = k_B c_A^a c_B^b \end{aligned}\right\} \tag{3-6}$$

式中，k 称为反应速率常数，它的大小与反应的种类和温度有关。它表示各反应物都为单位浓度时的反应速率。因此，反应速率常数也可用来表示化学反应的速率。

假如化学反应是可逆的，即

$$aA + bB \underset{\overleftarrow{k}_2}{\overset{\overrightarrow{k}_1}{\longleftrightarrow}} gG + hH$$

则观察到的总反应速率（或称净反应速率）应是正向和逆向反应速率之差。正向反应速率为

$$W_1 = \overrightarrow{k}_1 c_A^a c_B^b$$

逆向反应速率为

$$W_2 = \overleftarrow{k}_2 c_G^g c_H^h$$

因此，总反应速率则为

$$W = W_1 - W_2 = \overrightarrow{k}_1 c_A^a c_B^b - \overleftarrow{k}_2 c_G^g c_H^h \tag{3-7}$$

正向反应与逆向反应速率相等或总反应速率等于零，也就是反应物与生成物的系统浓度达到一个动平衡的不变状态时，系统就达到了所谓的化学平衡，这时 $W=0$，即

$$\overrightarrow{k}_1 c_A^a c_B^b = \overleftarrow{k}_2 c_G^g c_H^h$$

或

$$K_c=\frac{\overrightarrow{k}_1}{\overleftarrow{k}_2}=\frac{c_G^g c_H^h}{c_A^a c_B^b} \tag{3-8}$$

式中，$K_c=\frac{\overrightarrow{k}_1}{\overleftarrow{k}_2}$称为平衡常数。所以平衡状态下的质量作用定律可用平衡方程式来表示，而平衡常数就是正向与逆向反应速率常数之比。

然而，通常碰到的可逆反应一般不具备达到平衡的条件，例如在 $T<3000\text{K}$ 条件下的燃烧反应，其逆向反应速率要比正向反应速率小得多。因此，可略去逆向反应的影响，即

$$W=W_1-W_2\approx W_1 \tag{3-9}$$

所以，实际上一些化学反应都不是纯粹的单向反应，但按上面所述均可按单向反应来计算其总反应速率。

对于单相燃烧，平衡常数则可以用反应气体的分压力表示：

$$K_p=\frac{p_G^g p_H^h}{p_A^a p_B^b} \tag{3-10}$$

这与热化学中的表达式是一致的。

对于多相化学反应，两相系统对燃烧反应具有很重要的意义。参与燃烧的反应物质可以是液相和气相或固相和气相两相共存。每一种液体或固体在一定温度下具有一定的蒸气压力。温度越高，蒸气压力越大。因为由固相或液相和气相所组成的两相系统的化学反应是由固态或液态物质的蒸气和气态物质在气相中发生作用的，故而它应服从单相气体反应规律。所以可将质量作用定律应用在多相反应中。但此时只考虑气态物质的分压，固态与液态物质的蒸气分压可以当成常数考虑，在反应速率或平衡常数中就不必再考虑了。

对于式(3-3)，若 A 物质为液相或固相，其化学反应速率可表达为

$$W_B=-\frac{dc_B}{d\tau}=k_B c_B^b \tag{3-11}$$

3.3 化学反应分类

化学反应是化学运动的基本形式。按照不同的方式可分成不同的种类。

(1) 按反应形式分类

化学反应按反应形式可分为化合反应、分解反应、置换反应和复分解反应等。

化合反应：两种或者两种以上的物质生成一种物质的反应，如 $CaO+H_2O=Ca(OH)_2$。

分解反应：一种物质分解成两种或者两种以上物质的反应，如 $H_2CO_3=H_2O+CO_2$。

置换反应：一种单质和一种化合物反应，生成另一种单质和另一种化合物，如 $Fe+2HCl=FeCl_2+H_2\uparrow$，$CuO+H_2=Cu+H_2O$。置换反应必定有元素的化合价升高和降低，所以一定是氧化还原反应。

复分解反应：一种化合物和另一种化合物反应，互相交换成分的反应类型，如 $CuSO_4+BaCl_2=CuCl_2+BaSO_4\downarrow$；$Na_2CO_3+2HCl=2NaCl+CO_2\uparrow+H_2O$。复分解反应的发生需要一定的条件，即参加反应的物质中至少有一种可溶于水，生成物至少要有沉淀或者气体或者水。酸碱中和反应属于复分解反应。

(2) 按电子得失分类

化学反应按反应中电子的得失或根据元素的化合价变化可分为氧化还原反应和非氧化还原反应。自从 1897 年发现电子后人们又进一步认识到，元素化合价的变化实质就是它们在反应过程中发生电子得失造成的。如果参加反应的物质各元素在反应前后都没有电子得失，即化合价均未发生变化，则这种反应称为非氧化还原反应。例如：

$$CaO+SiO_2 \xlongequal{} CaSiO_3$$（化合反应）

$$CaO+H_2O \xlongequal{} Ca(OH)_2$$（化合反应）

$$NH_4OH \xlongequal{} NH_3\uparrow+H_2O$$（分解反应）

$$CaCO_3 \xlongequal{} CaO+CO_2\uparrow$$（分解反应）

$$2NaOH+H_2SO_4 \xlongequal{} Na_2SO_4+2H_2O$$（复分解反应）

由此可见，非氧化还原反应可以是化合反应，也可以是分解反应，还可以是复分解反应，但不能是置换反应。

如果参加反应的物质中某些元素在反应前后失去或得到了电子，即其化合价发生了变化，则这种反应称为氧化还原反应。例如：

$$2H_2+O_2 \xlongequal{} 2H_2O$$（化合反应）

$$H_2+Cl_2 \xlongequal{} 2HCl$$（化合反应）

$$4HNO_3 \xlongequal{} 2H_2O+4NO_2\uparrow+O_2\uparrow$$（分解反应）

$$Zn+2HCl \xlongequal{} ZnCl_2+H_2\uparrow$$（置换反应）

$$Zn+CuSO_4 \xlongequal{} ZnSO_4+Cu$$（置换反应）

$$Cl_2+2NaBr \xlongequal{} Br_2+2NaCl$$（置换反应）

可见，氧化还原反应可以是化合反应，也可以是分解反应，还可以是置换反应，但不能是复分解反应。

(3) 按反应物质所处状态分类

化学反应按反应物质所处状态不同可分成单相反应和多相反应。若在一个系统内各个组成物质都是同一物态，例如都是气态或液态，则称此系统为单相系统。在此系统内进行的化学反应，称为单相反应。

若在一个系统内各个组成物质不属于同一物态，例如有固态和气态同时存在，则称此系统为多相系统。在多相系统内进行的化学反应，称为多相反应。

(4) 按反应机理的繁简程度分类

化学反应按反应机理的繁简程度可分成简单反应和复杂反应。简单反应也称为基元反应，是指从反应物到产物只经历一步化学反应。复杂反应是指从反应物到产物经历了多步化学反应，即有很多中间产物，中间的每一个反应称为基元反应。也就是说，复杂反应要经历多个基元反应才能产生最终产物。

(5) 按反应分子数分类

对单向化学反应或不可逆反应，可按反应分子数分为单分子反应、双分子反应和三分子反应。

ⅰ. 单分子反应，即化学反应时只有一个分子参与反应。分子的分解和分子内部的重新排列即属单分子反应，例如碘分子和五氧化氮的分解反应：

$$I_2 \longrightarrow 2I$$

$$N_2O_5 \longrightarrow N_2O_4+\frac{1}{2}O_2$$

其反应速率为

$$W=-\frac{dc}{d\tau}=kc \tag{3-12}$$

ⅱ．双分子反应，即在反应时有两个不同种类或相同种类的分子同时碰撞而发生的反应。多数气相反应均为双分子反应。例如：

$$CO_2+H_2 \longrightarrow CO+H_2O$$

$$CH_3COOH+C_2H_5OH \Longleftrightarrow CH_3COOC_2H_5+H_2O$$

其反应速率为

$$\left.\begin{aligned} W&=-\frac{dc_1}{d\tau}=kc_1c_2 \\ W&=-\frac{dc_1}{d\tau}=kc_1^2 \end{aligned}\right\} \tag{3-13}$$

ⅲ．三分子反应，反应时有3个不同种类或相同种类的分子同时碰撞而发生的反应。实际上，3个分子同时碰撞的机会是非常少的。在气相反应中，如

$$2NO+O_2 \longrightarrow 2NO_2$$

$$2CO+O_2 \longrightarrow 2CO_2$$

实际上它们反应时也不是3个分子直接同时碰撞，而是伴有离子或分子形成的复杂的组合反应过程。此时反应速率为

$$\left.\begin{aligned} W&=-\frac{dc_1}{d\tau}=kc_1^2c_2 \\ &\text{或} \\ W&=-\frac{dc_1}{d\tau}=kc_1c_2c_3 \end{aligned}\right\} \tag{3-14}$$

多于3个分子的分子碰撞概率极小。实际上化学反应方程式所表示的4个或更多分子参与的反应，都是经过2个或2个以上的简单单分子、双分子或三分子反应来实现的。因为它们的碰撞机会要比多个分子同时碰撞的机会大许多倍，故反应以这种途径进行时速率就要大得多。这样的反应，即一个反应是由若干个单分子、双分子或三分子反应相继实现，称为复杂反应。而组成复杂反应的各基本反应则谓之简单反应或基元反应，它们是由反应物分子直接碰撞而发生的化学反应。

（6）按反应级数分类

这样的分类方法是先用实验方法测定反应速率与反应物浓度的关系，然后根据反应物浓度变化对反应速率影响的程度，确定其反应级数。例如反应速率与反应物浓度的一次方成比例，则这个反应就叫做一级反应；如果反应速率与反应物浓度的二次方成比例，则这个反应就叫做二级反应，以此类推。三级反应一般是很少见的，在气相反应中，目前仅知的只有5种反应属于三级反应，且都和NO有关。三级以上的反应几乎没有。如果反应速率与反应物浓度无关而为一常数，则此反应可称为零级反应。化学反应的级数可以是正数或负数；可以是整数、零、分数。若是负数，则表示反应物浓度的增加将抑制反应，使反应速率下降。

对简单反应（或基元反应）来说，上面两种分类法基本上一致，单分子反应亦即一级反应，双分子反应亦即二级反应。但对另外一些反应，特别是复杂反应，两者就不一致了。例如，在某些情况下，反应中某一组成过剩量很多，以致它在反应过程中的消耗实际上不影响它的浓度。如酯在稀薄的水溶液中的水解过程

$$CH_3COOC_2H_5+H_2O \longrightarrow CH_3COOH+C_2H_5OH$$

按照化学反应式所表示的是一个双分子反应，但实际上它却是一级反应。因为，此时水的分量很多，在反应过程中虽有消耗，但它的浓度变化却是很少，反应速率只取决于酯的浓度。它们之间的关系，即反应速率与反应物浓度间关系符合单分子反应规律，故属于一级反应。再如，氢和碘的化合反应

$$H_2+I_2 \longrightarrow 2HI$$

根据实验测定它是一个二级反应，其化学反应式所表示的也是一个双分子反应，二者理应是一致的。然而实际上它是一个二级反应，而不是一个简单的双分子基元反应。因为它的反应过程由下列两个基元反应所组成

$$I_2+M \underset{\overleftarrow{k_2}}{\overset{\overrightarrow{k_1}}{\longleftrightarrow}} 2\dot{I}+M$$

$$H_2+2\dot{I} \xrightarrow{k_2} 2HI$$

式中，M代表气体中存在的 H_2 和 I_2 等分子，它们在化学反应中仅起能量传递作用，而不改变自身的化学性质。所以，反应的级数和反应的分子数是两个截然不同的概念，不能混淆。反应级数按实验测定的动力学方程来确定，而反应的分子数则根据引起反应（基元反应）所需的最少分子数目来确定。例如可以有零级反应，但却不可能有零分子反应。

复杂反应都是由一系列简单的基元反应所组成，它的反应级数不能随意地按化学反应式所表示的参与反应的分子数目来确定；一般往往低于其参与反应的分子数目；它可以是整数，也可以是分数。复杂反应的级数通过实验根据的动力学方程式测定，即反应速率和反应物浓度关系式

$$W=-\frac{dc_1}{d\tau}=kc_1^{v_1}c_2^{v_2}\cdots=k\prod c_i^{v_i} \tag{3-15}$$

式中各反应物浓度的幂次的总和，由

$$v_1+v_2+\cdots=\sum v_i \tag{3-16}$$

来确定。这里的 v_i 是由实验测定的经验数据，$\sum v_i$ 则为整个反应的反应级数。

不同反应级数的反应，它们的反应速率常数的单位是不同的。对于一级、二级、以至 v 级反应，其速率常数单位分别为 1/s，$m^3/(mol \cdot s)$ 和 $(mol/m^3)^{1-v}/s$。

常见的几种燃料燃烧反应的级数为：煤气 $v\approx2$；轻油 $v\approx1.5\sim2$；重油 $v\approx1$；煤粉 $v\approx1$。按反应的动力学特性可分为零级反应、一级反应、二级反应和多级反应。

(7) 按反应中其他特征进行分类

例如，按反应的可逆性可将化学反应分为可逆反应和不可逆反应；按化学反应的热效应可分为放热反应和吸热反应；按反应物的性质可分为无机反应、有机反应和生化反应；按引起化学反应的原因不同可分为热化学反应、光化学反应以及核化学反应；按反应物质所处的状态不同可分为气相反应、液相反应、固相反应和多相反应等。

3.4 活化能理论

物质的化学变化乃是物质的一种质的变化，一些物质经化学变化成为另一些性质迥然不同的物质。化学反应方程式虽能表明反应物与生成物之间的关系，但不能反映化学反应的机理。化学反应方程式仅仅表明反应的总效果，而不表示反应进行的实际过程，然而只有了解

化学变化的机理，才有可能提出和进一步解决控制化学反应过程的问题。

3.4.1 活化能的概念

燃烧过程的本质是激烈的化学反应过程，而化学反应的本质是分子或原子之间碰撞的结果。然而，并不是分子或原子之间碰撞就会发生化学反应，有的碰撞只是交换能量，并不发生化学反应，称为无效碰撞或弹性碰撞。例如，H_2 与 I_2 在常温下反应，当两者浓度均为 1mol/L 时，根据分子运动理论可以算出每毫升、每秒内反应物分子可以发生约为 10^{28} 次碰撞，仅需 10^{-5}s 的时间，即可完成反应。也就是说，反应可以在瞬间完成。但从测定其反应速率知道，其中发生反应的碰撞只有 10^{15} 次/(mL・s)。可见，差不多在 10^{13} 次碰撞中仅有一次发生反应。那些能发生化学反应的碰撞称为有效碰撞，能够发生有效碰撞的分子叫做活化分子。1889 年，阿仑尼乌斯（Arrhenius）研究了不同温度条件下酸度对蔗糖转化速率的影响。他认为，在实验体系中有两类蔗糖分子，一是活化蔗糖分子，二是非活化的蔗糖分子。前者能量比后者高出 E_a，它就是活化能。非活化蔗糖分子不能引起反应，只有它吸收了能量 E_a 变成活化蔗糖分子才能发生反应。

从气体分子运动学说可知，分子间能量的分配是极不均匀的，如图 3-1 所示。在每一温度瞬间都有或多或少的能量等于或高于 E_a 的分子存在。对某一反应来说，如果它所需的活化能 E_a 越大，则在每一温度瞬间能起作用的分子数就越少，因而反应速率也就越小。根据麦克斯威尔-波尔茨曼的分子能量分布定律，所具有能量等于或大于 E_a 的分子数为

$$N_E = N\exp\left(-\frac{E_a}{RT}\right)$$

或

$$\frac{N_E}{N} = \exp\left(-\frac{E_a}{RT}\right) \tag{3-17}$$

式中，N_E 为具有能量等于或大于 E_a 的分子数目；N 为气体的总分子数；R 为通用气体常数；T 为热力学温度。

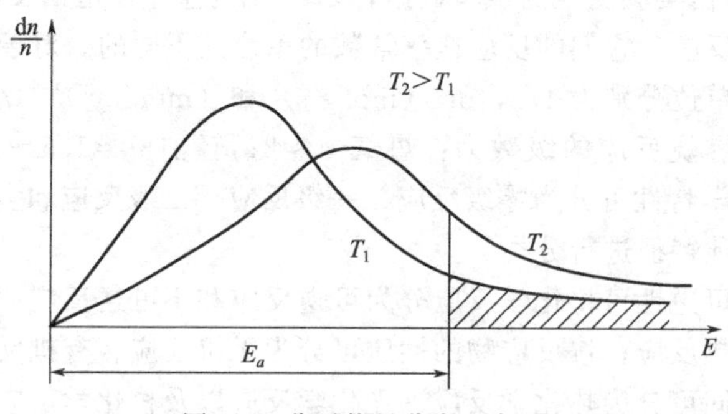

图 3-1 分子能量分布示意图

从式(3-17) 可看出，在给定温度下具有能量在 E_a 以上的分子数是一个确定的值。如果 E_a 值越小，则相应的具有能量在 E_a 以上的分子数 N_E 就越多，显然这种反应进行的速率亦就越大。相反，E_a 值越大，由于 N_E 值较小，则反应速率就较小。所以，反应的活化能是衡量反应物质化合能力的一个主要参数。活化能越小，物质的化合能力就越大。实验表明，当饱和分子之间进行反应时，其活化能一般为十几万到几十万（kJ/mol）。例如煤油与空气反应的活化能约为 167500kJ/mol；饱和分子与根（化合价不饱和的原子和基，如 H 和 OH）或者分子与离子间进行的反应，其活化能一般不超过 41900kJ/mol；根与离子间进行

反应，其活化能几乎接近于零，也即根与离子间每次碰撞都可能有效，所以其反应速率非常快。因此，在反应混合物中增加反应物的浓度就可以大大提高反应速率。从上式还可看出，在不同温度下具有能量在 E_a 以上的分子数是不同的，因而反应速率也不相同。温度升高，分子间能量将重新分配，具有高能量的分子数目大大增加（图 3-1），这就有利于分子的活化，从而提高化学反应的速率。

活化能是 1889 年前瑞典科学家阿仑尼乌斯最早提出的概念，它在化学中具有重要的意义。但就其定义和本质，不同学者意见不同。例如，关于对活化能概念的解释，至少有三类意见。

ⅰ. 阿仑尼乌斯的原意：把反应物分子转变为活化分子所需要的能量。

ⅱ. 威廉·路易斯（W·C·M·Lewis）的意见：活化分子所具有的最低能量与反应物分子的平均能量之差。

ⅲ. 托尔曼（R·C·Tolman）的意见：活化分子的平均能量与反应物分子的平均能量之差。

按照分子热活化理论，在任何反应系统中，反应物质不能全部参与化学反应，只有其中一部分活化分子才能参与反应。为了使反应物质尽可能多地参与反应，必须对反应系统提供能量使非活化分子活化。使分子活化的方法很多，如对系统加热，使高能分子数增多（即所谓热活化）；或者吸收光能，利用光量子的辐射激发分子，把分子分解成原子（即所谓光分解）；或者受电离作用，使分子电离成自由离子，即带电荷的原子或原子团（或称基）。

3.4.2 活化能与反应热效应

大多数化学反应不是瞬间完成的，而是能量较高（达到一定标准）的分子先发生化学反应，而后其他分子从外界获得能量，从而变成了活化分子，相继发生化学反应。化学反应前后的能量变化可用图 3-2 表示。如果初始状态Ⅰ的反应物吸收活化能后可到达活化状态Ⅱ，则反应即可进行，生成处于状态Ⅲ的产物，并释放出能量 W，则 $W=Q+E_a$。如果状态Ⅱ的能量大于状态Ⅲ的能量，则 $Q>0$，为放热反应；反之则为吸热反应。

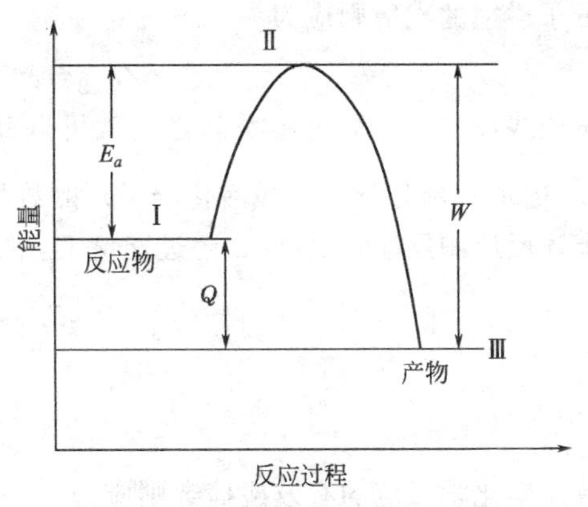

图 3-2 反应过程能量变化示意图

假定反应系统被某种能量激发后，单位体积的反应数为 n，则单位体积放出的能量为 nW。如果反应连续不断，放出的能量将不断为新反应提供活化能。设活化概率为 α（$\alpha \leqslant 1$），则第二批单位体积内得到活化的基本反应数为 $\alpha nW/E_a$，放出的能量为：$\alpha nW^2/E_a$。后批分子与前批分子反应时放出的能量比 β 定义为反应传播系数，即

$$\beta=\frac{\alpha nW^2/E_a}{nW}=\alpha\frac{W}{E_a}=\alpha\left(1+\frac{Q}{E_a}\right) \tag{3-18}$$

现在讨论 β 的数值。当 $\beta<1$ 时，反应系统受激发后，放出的热量越来越少，因而引起反应的分子数也越来越少，最后反应会终止，不能形成燃烧或爆炸。当 $\beta=1$ 时，反应系统受能源激发后均衡放热，有一定数量的分子持续反应。这是决定燃烧极限的条件。当 $\beta>1$ 时，表示放出的热量越来越多，引起反应的分子数也越来越多，从而反应越来越激烈，甚至

发生爆炸。

3.4.3 活化能与化学反应速率常数

从上述内容可知，分子间反应是由于两个或两个以上的活化分子互相碰撞而发生的。如果发生化学反应所需的能量仅由互撞活化分子的动能来提供，那么根据这些就可很简易地导出化学反应速率的计算式。设气体A和B按下式进行反应

$$A+B \longrightarrow C+D$$

若两种气体分子A和B处在混合气体状态中，则在时间$\Delta\tau$内，单位体积中气体A的一个分子和气体B的各分子互撞的次数按气体分子运动学说可得

$$Z_{A1、B}=\pi d^2 \overline{u} c_B \Delta\tau \tag{3-19}$$

式中，c_B为气体B的物质的量浓度；d为分子平均“有效”直径，$d=\frac{d_A+d_B}{2}$；分子运动的平均相对速度$\overline{u}=\sqrt{\frac{8RT}{\pi \overline{M}}}$；$\overline{M}=\frac{M_A M_B}{M_A+M_B}$为反应物A、B平均分子量。这里$M_A$和$M_B$分别为反应物A和B的相对分子质量；$R$为气体的通用气体常数。把平均速度表达式代入式(3-19)，则

$$Z_{A1、B}=d^2\sqrt{8R\pi\left(\frac{1}{M_A}+\frac{1}{M_B}\right)}\times c_B\times\sqrt{T}\times\Delta\tau=c\times c_B\times\sqrt{T}\times\Delta\tau$$

式中

$$c=d^2\sqrt{8R\pi\left(\frac{1}{M_A}+\frac{1}{M_B}\right)}$$

这是气体A一个分子与气体B所有分子的碰撞次数，而气体A全部分子与气体B全部分子碰撞的次数则应为

$$Z_{A、B}=c\times c_A\times c_B\times\sqrt{T}\times\Delta\tau \tag{3-20}$$

按照式(3-20)，反应在顷刻之间就可以完成，但事实并非如此。依据式(3-17)，能量超过E_a的那一部分分子（即活化分子）的数目占总分子数的份额仅为$e^{-\frac{E_a}{RT}}$。根据这个比例，在上述反应中反应物A和B超过能量E_a的分子数分别为

$$n'_A=c_A\exp\left(-\frac{E_a}{RT}\right)$$

$$n'_B=c_B\exp\left(-\frac{E_a}{RT}\right)$$

故发生化学反应的有效碰撞数则应为

$$(Z_{A、B})_{eff}=Z_{A、B}e^{-\frac{E_a}{RT}}=cc_Ac_B\sqrt{T}e^{-\frac{E_{aA}}{RT}}e^{-\frac{E_{aB}}{RT}}\Delta\tau=cc_Ac_B\sqrt{T}e^{-\frac{E_{aA}}{RT}}\Delta\tau \tag{3-21}$$

式中，$E_a=E_{aA}+E_{aB}$表示这一反应的活化能，它是发生这一化学反应所必需的最少能量。在其他条件不变情况下，按照反应物A的浓度变化计算的化学反应速率应为

$$W_A=\frac{\Delta c_A}{\Delta\tau}=\frac{(Z_{A、B})_{eff}}{\Delta\tau}=cc_Ac_B\sqrt{T}\exp\left(-\frac{E_a}{RT}\right) \tag{3-22}$$

将式(3-22)与按质量作用定律得出的反应速率公式(3-13)相比较，则可看出

$$k=c\sqrt{T}\exp\left(-\frac{E_a}{RT}\right) \tag{3-23}$$

由此可以知，反应速率常数k仅与温度有关而与反应物浓度无关。式(3-23)是阿仑尼

乌斯定律的数学表达式，它确定了化学反应速率和反应温度之间的关系。它是在用分子运动论解释以前由实验总结出的一条实验定律。式(3-23) 可表示成

$$k=k_0\mathrm{e}^{-\frac{E}{RT}}=k_0\exp\left(-\frac{E_a}{RT}\right) \tag{3-24}$$

式中，k_0 是前指数因数，表示分子碰撞的总次数。分子碰撞的总次数与分子运动速度 u 成正比，而分子运动速度又与 $\sqrt{T}$ 成正比，所以

$$k_0=c\sqrt{T}=d^2\left(\frac{8\pi RT}{\overline{M}}\right)^{1/2} \tag{3-25}$$

由于 $\sqrt{T}$ 对 k_0 的影响相对比较小，近似地可认为 k_0 与温度无关。

式(3-24) 中温度对反应速率常数的影响关系可以用图 3-3 所示陡峭的上升段曲线来表示。从图上可看出，只有当温度很高时（当 $E\approx83700\sim167500$kJ/mol 时，$T\approx5000\sim10000$K)，温度的影响程度才开始减缓，其渐近线接近于直线 $k=k_0$。

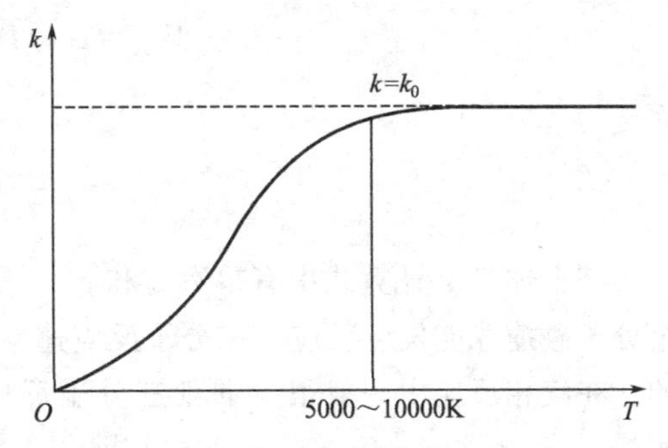

图 3-3　温度对反应速率常数的影响关系

对于一些简单的分子反应来说，它们的反应速率的实测值与按式(3-22) 计算结果是相符合的。但是，对复杂的分子反应来说，它们的反应速率实测值就较计算值小得多。这是由于多原子组合的分子本身结构比较复杂，分子间的作用不能简单地看成是刚性球体的弹性碰撞。此外对于多原子分子，它们分子间的碰撞能否发生反应不仅取决于碰撞时分子具有的能量，而且还与分子彼此接近时的相对位置有关。当分子间处于某些不利的相对位置时，即使在具有超过活化能的碰撞能量下，也难以发生反应或甚至不能发生反应。考虑到这些情况，对反应速率计算式(3-22) 与式(3-24) 进行修正，即

$$W=Pk_0\mathrm{e}^{-\frac{E_a}{RT}}c_\mathrm{A}c_\mathrm{B} \tag{3-26}$$

或

$$k=Pk_0\mathrm{e}^{-\frac{E_a}{RT}} \tag{3-27}$$

式中，P 称为空间因素或概率因素，P 值总是小于 1。由实验得知，分子结构越复杂，P 值就越小，且在不同反应中差别很大，最小可达 10^{-7}。只有在简单气相分子反应中 P 值才等于 1。碰撞理论不能确定 P 的数值，只有用反应动力学理论，即所谓活化络合物（过渡态）理论才可算出 P 的近似值。通常，P、k_0 和活化能 E_a 都可由 $\ln k=f\left(\frac{1}{T}\right)$ 的实验数据求出。

双分子反应速率公式(3-26) 和式(3-27) 虽然是基于气相中的单相反应导出的，仍可适用于液相反应。但由理想气体推导出的平均速度 $\overline{u}$ 的公式和由此而得出的公式(3-25) 就不能适用于液相反应。

以上均是对双分子反应而言的。如果反应是单分子反应，例如某些物质的分解，放射性元素的蜕变等，则此时反应速率

$$W_\mathrm{A}=c\sqrt{T}\exp\left(-\frac{E_a}{RT}\right)c_\mathrm{A} \tag{3-28}$$

若反应是三分子反应，例如：

$$A+B+C \longrightarrow D+E+F+\cdots$$

则

$$W_A = c\sqrt{T}\exp\left(-\frac{E_a}{RT}\right)c_A c_B c_C \tag{3-29}$$

或者

$$2A+B \longrightarrow D+E+F+\cdots$$

则

$$W_A = 2c\sqrt{T}\exp\left(-\frac{E_a}{RT}\right)c_A^2 c_B \tag{3-30}$$

而

$$W_B = \frac{1}{2}W_A \tag{3-31}$$

在上述 W_A 计算式中有乘数 2 和 c_A^2，是因为在反应时物质 A 的两个分子与物质 B 的一个分子碰撞才能发生反应。三分子反应速率是很小的。因为三个分子同时碰撞的概率是不多的。在气相反应中一般很少遇到三分子反应，属于这类反应的只有 NO 参加的某些反应。例如：

$$2NO+O_2 \longrightarrow 2NO_2$$
$$2NO+Cl_2 \longrightarrow 2NOCl$$

此外，两个原子的重合反应和原子在双键上的某些加成反应，如 H 原子和 O_2 结合成自由基 HO_2 的反应等，一般也是按三分子反应机理进行的。所以，实际上常见的多分子化学反应都是由一连串的双分子碰撞反应所组成，反应级数常在 1～2 之间。

3.4.4 影响化学反应速率的因素

（1）温度对化学反应速率的影响

在影响化学反应速率的诸因素中，温度对反应速率的影响最为显著。例如氢和氧的反应在室温条件下进行得异常缓慢，其速率小到无法测量，以至于经历几百万年的时间后才能觉察出它们的燃烧产物。然而温度一旦提高到一定数值后，例如 600～700℃，它们之间的反应可以成为爆炸反应，瞬间就可完成。

温度对反应速率影响的一般规律可从图 3-3 中看出。因反应速率常数 k 表明了在已知温度下化学反应的比速率。从图 3-4 中可看出，随着温度的提高，化学反应速率在急剧地增大。反应速率和温度的关系可用范德霍夫规则和阿仑尼乌斯定律来表示。

范德霍夫规则是一条简单而近似的规则，它指出，在不大的温度范围内和不高的温度时(在室温附近)，温度每升高 10℃，反应速率增大 2～4 倍。如果取化学反应的平均温度系数为 3，则当化学反应温度升高 100℃，化学反应速率将增大 $3^{10}=59049$ 倍。也就是说，当温度做算术级数增加时，反应速率将做几何级数增加。由此可见，温度对化学反应速率的影响十分大。需要指出的是，这是个规则，不是一个定律。它只能决定各种化学反应中大部分反应的速率随温度变化的数量级。在粗略地估计温度对反应速率的影响时，有着很大用处。

阿仑尼乌斯定律是 1889 年，阿仑尼乌斯从实验结果中总结出的一个温度对反应速率影响的经验公式，后来，他又用理论证实了该式。

$$\ln k=-\frac{E_a}{RT}+\ln k_0 \quad (3\text{-}32)$$

式中，E_a 与 k_0 均为实验常数，亦即为前述的活化能与前指数因数；R 与 T 分别为气体的通用气体常数和热力学温度；k 为化学反应的速率常数。如上式以微分形式表示即为

$$\frac{\mathrm{d}\ln k}{\mathrm{d}T}=\frac{E_a}{RT^2} \quad (3\text{-}33)$$

若以指数形式表示即为前述的式(3-24)

$$k=k_0\mathrm{e}^{-\frac{E_a}{RT}}$$

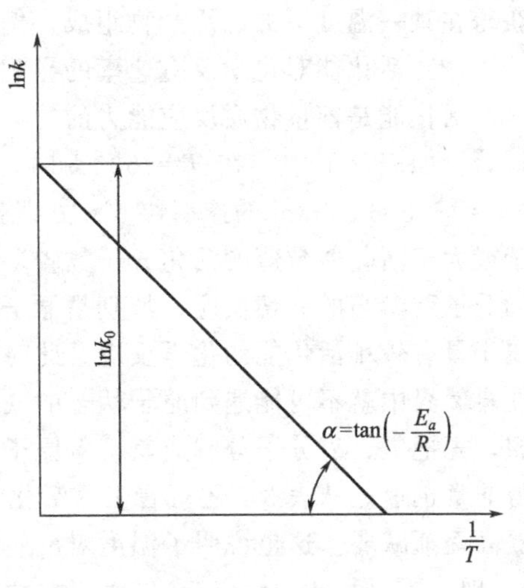

图 3-4 温度对反应速率常数的影响

从关系式(3-32) 中可看到，速率常数 k 的对数和温度 T 的倒数成直线关系，或者说温度对反应速率影响是呈指数曲线关系的。它正确地反映出反应速率随温度的变化。很多实验结果都符合这一规律，图 3-4 示出了温度对反应速率常数的影响。反应 $H_2+I_2 \longrightarrow 2HI$ 的反应速率随着温度的增高而急剧地增加。在 $T=273$K 时，反应速率很低，实际上可以说不发生反应；但当 $T=600$K 时，速率增大为 $T=273$K 时的 10^{17} 倍；而当 $T=800$K 时，则为它的 10^{20} 倍；温度从 600K 增高到 800K，也使速率增加了大约 3000 倍。温度和活化能对反应速率常数的影响见表 3-1。活化能 $E_a=83700$kJ/mol 时，温度由 500K 增长到 1000K，反应速率常数 k 增大 2×10^4 倍，而由 1000K 增长到 2000K，反应速率常数 k 增大 1.5×10^2 倍；当活化能 $E_a=167500$kJ/mol 时，温度由 500K 增长到 1000K，反应速率常数 k 增大 5×10^8 倍，而由 1000K 增长到 2000K，反应速率常数 k 增大 2×10^4 倍。可见，对于具有较大数值活化能的化学反应来说，温度对反应速率的影响比具有较小数值活化能的反应较为显著，但这种影响的程度随着温度的提高逐渐减小。

表 3-1 温度和活化能对反应速率常数的影响

温度/K	k	
	活化能 $E_a=83700$kJ/mol	活化能 $E_a=167500$kJ/mol
500	2×10^{-9}	4×10^{-18}
1000	4×10^{-5}	2×10^{-9}
2000	6×10^{-3}	4×10^{-5}

需要指出的是，温度对反应速率的影响，在温度 $T<\frac{E_a}{2R}\left(\approx\frac{E_a}{4}\right)$ 时比较突出。一般来说，这一温度 $\left(T=\frac{E_a}{2R}\right)$ 常处于实际上难以达到的温度范围。在上述讨论中，都认为反应的活化能是一定值，但实际上，温度对活化能是有所影响的。

反应速率所以随着温度增加而显著地增大，主要是因为当温度增高时，活化分子数目迅速增多的缘故。这一情况对于非等温条件下的化学反应（例如绝热燃烧过程）更具有重要的意义。此时反应放出的热量完全用来提高温度，使温度迅速增高，因而反应速率按指数规律 $\mathrm{e}^{-E/RT}$ 急剧提高，故过程的绝热对提高燃烧反应速率是十分有利的。相反，降低温度会使反应速率下降，如果迅速地降低温度甚至可使反应停止进行。这种方法常用于消防灭火或者获得在某一温度下的燃烧产物组成，例如用于进行烟气成分的分析。

（2）活化能对化学反应速率的影响

活化能是衡量物质反应能力的一个主要参数。活化能的大小对化学反应速率的影响十分显著。如表 3-1 中，在 $T=500\text{K}$ 时，当 $E_a=83700\text{kJ/mol}$ 时的反应速率将比同温度时 $E_a=167500\text{kJ/mol}$ 的速率快 5×10^8 倍。这是由于在活化能较小的反应中，反应物具有等于或大于活化能数值的活化分子数较多，因而反应速率就提高。因此，凡是由弱分子键构成的分子所参与的一切反应，特别是原子间的反应，例如 $H+H\longrightarrow H_2$，$O+O\longrightarrow O_2$ 等都属于具有较小活化能的化学反应。此时原子间的每次碰撞都可能引起反应。由于这个缘故，在自然界中就不可能遇到原子状态的气体，因它所形成的原子都将立即结合成分子。可以设想，先把氢、氧分子分解成氢、氧原子，然后再令其化合放出热量，这样燃烧反应就将进行得非常迅速。从表 3-1 还可看出，活化能的大小对化学反应速率影响的程度随着反应温度的提高逐渐减弱。这也说明了温度对反应速率的影响十分强烈。当活化能很小时，尤其 $E_a\rightarrow 0$，即 $e^{-E_a/RT}\rightarrow 1$ 时，化学反应速率基本上由反应物的浓度来决定，此时温度对反应速率的影响很小，而化学反应速率却很大，因为几乎每次分子碰撞都是有效的。

（3）反应物浓度对化学反应速率的影响

浓度对反应速率的影响可用质量作用定律来表示，即反应在等温下进行时，反应速率只是反应物浓度的函数。对于单分子反应

$$W_1=k_1c_A$$

对于双分子反应

$$W_2=k_2c_Ac_B$$

对于三分子反应以及多分子反应

$$W_3=k_3c_Ac_Bc_C$$

或

$$W=kc^{\nu} \tag{3-34}$$

式中，ν 为反应的有效级数。此时反应物分子或是同一类型的分子，或是各反应物的分子具有相等的原始浓度且均等的消耗。

从上述各反应速率表达式中可看出，随着反应的进行，由于反应物逐渐消耗，浓度减少，因而反应速率也随之减小。此外，随着反应级次的增高，反应进行得愈慢。这是因为为了完成反应而必须参加碰撞的分子数愈多，发生这类碰撞的机会也就愈少。

（4）压力对化学反应速率的影响

在等温情况下，气体的浓度与气体的分压力成正比。因此，提高压力就能增大气体的浓度，从而促进化学反应的进行。但压力对不同级数的化学反应速率的影响是不同的。例如一级反应的反应速率方程为

$$W=-\frac{dc_A}{d\tau}=k_1c_A$$

如果系统的总压力为 p，反应气体的分压力为 p_i，气体的摩尔分数 $x_i=\frac{M_i}{\Sigma M_i}$，则 $c_i=\frac{p_i}{RT}$，$p_i=x_ip$，故

$$W=k_1\frac{p_A}{RT}=k_1x_A\frac{p}{RT} \tag{3-35}$$

对于二级反应

$$W=-\frac{\mathrm{d}c_A}{\mathrm{d}\tau}=k_2c_Ac_B=k_2x_Ax_B\left(\frac{p}{RT}\right)^2 \tag{3-36}$$

对于三级反应

$$W=-\frac{\mathrm{d}c_A}{\mathrm{d}\tau}=k_3c_Ac_Bc_C=k_3x_Ax_Bx_C\left(\frac{p}{RT}\right)^3 \tag{3-37}$$

对于 ν 级反应

$$W=-\frac{\mathrm{d}c_A}{\mathrm{d}\tau}=k_\nu\prod_i x_i\left(\frac{p}{RT}\right)^\nu \tag{3-38}$$

由此可看出，在温度不变的情况下，压力对反应速率的影响与其反应级数成 ν 次方比，即 $W\propto p^\nu$，这一关系提供了一个确定反应级数的新方法。若在等温条件下测定了反应速率和反应气体的总压力，而以反应速率的对数值作为压力的对数值的函数作图，得出一条直线，如图 3-5 所示，该直线的斜率即为化学反应的级数 ν。

这里需指出的是：提高压力虽然能促进化学反应速率，并且加速程度与反应级数成正比，但压力对于整个燃烧过程的影响不能仅以化学反应的快慢来衡量。因燃烧过程是一个复杂的物理化学过程，它除了受化学反应速率影响外，还与扩散、传热等其他物理因素有关。

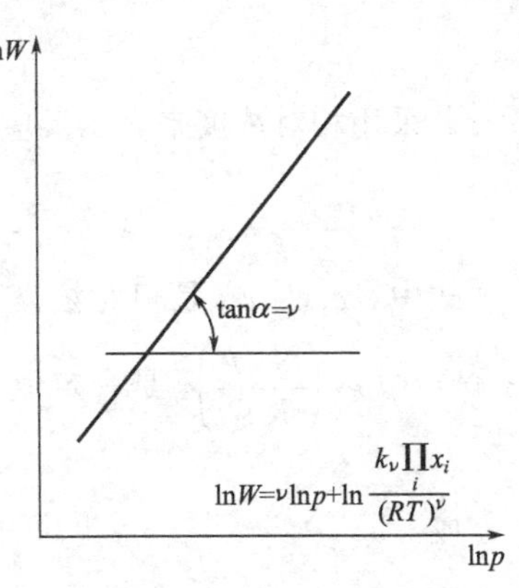

图 3-5　压力对 ν 级反应速率的影响

由于气体的浓度与气体压力成正比，所以，当用相对浓度$\frac{c_i}{\sum c_i}=\frac{M_i}{\sum M_i}=\frac{p_i}{p}$随时间的变化率来表示反应速率时，压力对反应速率的影响程度就不会与上述的一样。因为相对浓度不随压力改变。在燃烧过程中，相对浓度随时间的变化率$\frac{\mathrm{d}\left(\frac{c_i}{\sum c_i}\right)}{\mathrm{d}\tau}$就表示反应物或生成物占所有参与反应物质总量份额的变化率，它说明了燃烧反应相对完成程度的变化速率。

由于 $p=\sum c_iRT$，则

$$\sum c_i=\frac{p}{RT} \tag{3-39}$$

对于一级反应，若用相对浓度变化率来表示其反应速率，则由式(3-35) 和式(3-39) 可得

$$W_\tau=-\frac{\mathrm{d}\left(\frac{c_A}{\sum c_i}\right)}{\mathrm{d}\tau}=k_1x_A \tag{3-40}$$

类似地可得二级反应，三级反应以及 ν 级反应的速率表达式

$$W_r=-\frac{\mathrm{d}\left(\frac{c_A}{\sum c_i}\right)}{\mathrm{d}\tau}=k_2x_Ax_B\left(\frac{p}{RT}\right) \tag{3-41}$$

$$W_r=-\frac{\mathrm{d}\left(\frac{c_A}{\sum c_i}\right)}{\mathrm{d}\tau}=k_3x_Ax_Bx_C\left(\frac{p}{RT}\right)^2 \tag{3-42}$$

$$W_r=-\frac{\mathrm{d}\left(\frac{c_A}{\sum c_i}\right)}{\mathrm{d}\tau}=k_\nu\prod_i x_i\left(\frac{p}{RT}\right)^{\nu-1} \tag{3-43}$$

可见，在等温情况下，一级反应时，$\nu=1$，W_r 与压力无关；二级反应时，$\nu=2$，$W_r\propto p$；三级反应时，$\nu=3$，$W_r\propto p^2$；ν 级反应时，$\nu=\nu$，$W_r\propto p^{\nu-1}$。

（5）混合气体组成对化学反应速率的影响

对于双分子反应 $A+B\longrightarrow C+D$，其反应速率为

$$W=c\sqrt{T}\exp(-E_a/RT)c_Ac_B$$

或

$$W=k_2c_Ac_B$$

若采用相对浓度来表示反应速率，则

$$W=k_2\left(\frac{N_Ap}{RT}\right)^2c_{rA}c_{rB} \tag{3-44}$$

式中，c_{rA}、c_{rB}是相对浓度，$c_{rA}+c_{rB}=1$。对于给定的反应，一定温度和压力时，式（3-44）中 $k_2\left(\frac{N_Ap}{RT}\right)^2$ 是一定值，所以

$$W=c_1c_{rA}c_{rB}$$

或

$$W=c_1c_{rA}(1-c_{rA}) \tag{3-45}$$

$\frac{\mathrm{d}W}{\mathrm{d}c_{rA}}=0$ 时反应速率最大，此时

$$c_{rA}=c_{rB}=\frac{1}{2} \tag{3-46}$$

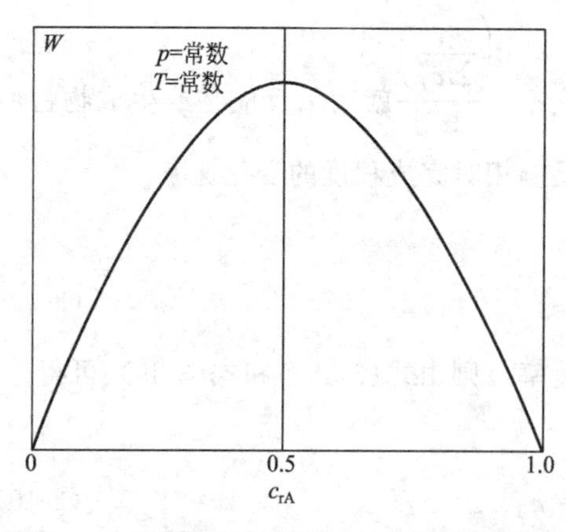

图 3-6　反应物相对组成对反应速率的影响

这就是说当反应物的相对组成符合按化学计量比计算的比例时（在上述情况中即反应物相对组成互等），化学反应速率为最大。当 $c_{rA}=1$（$c_{rB}=0$）或 $c_{rA}=0$（$c_{rB}=1$）时反应速率均等于零。图 3-6 清楚地表明了这种反应混合气相对组成变化对反应速率的影响。

（6）反应混合气中不可燃气体组成对化学反应速率的影响

当混合气中掺杂有不可燃组成后，例如燃料与空气混合物中的氮气，化学反应最大速率时相对组成关系仍然与纯混合气时一样，对于上述二级反应来说，仍旧处于 $c_{rA}=c_{rB}$，不过此时燃料和纯氧化剂在混合气中的相对含量不再为 0.5。现设有这样一种混合气体，其中含有燃料 A 和由氧化剂 B 与不可燃气体 N 组成的助燃剂 H（如空气），且 $c_{rA}+c_{rB}+c_{rN}=1$。今用 ε 来表示氧化剂 B 在助燃剂 H 中所占的份额，用 β 来表示不可燃气体在助燃剂 H 中所占的份额，则 $\varepsilon+\beta=1$，$c_{rN}=c_{rB}\beta/\varepsilon=c_{rB}(1-\varepsilon)/\varepsilon$。由于反应物满足化学当量比时 $c_{rB}=c_{rA}$，所以有

$$c_{rA}+c_{rB}+c_{rN}=c_{rA}+c_{rA}+c_{rA}(1-\varepsilon)/\varepsilon=1 \tag{3-47}$$

则化学反应速率最大时燃料的浓度为

$$c_{rA}=\varepsilon/(1+\varepsilon) \tag{3-48}$$

可见，如果反应混合气中掺杂有不参加反应的惰性成分，当反应物的相对组成符合化学当量比时，燃料在混合气中的相对含量将发生变化。燃料A在混合气中的相对含量可由 $c_{rA}=\varepsilon/(1+\varepsilon)$ 来计算，当纯氧做氧化剂时，$\varepsilon=1$，$c_{rA}=c_{rB}=0.5$；当混合气中掺杂有不可燃组成时，$\varepsilon<1$，$c_{rA}=c_{rB}<0.5$。不可燃气体的存在，使得燃料A满足化学当量比时（此时 $c_{rA}=c_{rB}$，反应速率最大）在混合气中的相对含量降低。

应该指出，上述对混合气组成对反应速率的影响讨论是在压力和温度不变的情况下进行的，如果温度变化，混合气组成对反应速率的影响要复杂得多。因为温度对反应速率的影响很显著，且温度本身又是混合气组成的函数。

总之，反应物中活化分子所占百分数越大，有效碰撞的次数就越多，反应速率就越大。增大反应物的浓度、增大气体反应的压强、提高反应体系的温度或者使用适宜的催化剂都能增加反应物分子间有效碰撞的次数，从而提高化学反应速率。

ⅰ. 增大反应物的浓度时，虽然活化分子百分数不变，但是，单位体积内反应物的分子总数增多，从而单位体积内的活化分子数增多，有效碰撞的次数增加，化学反应速率增大。

ⅱ. 增大气体反应的压强时，活化分子百分数也不变，但是，压强增大使气体的体积减小，即增大反应物的浓度，单位体积内反应物的分子总数增多，从而单位体积内的活化分子数增多，有效碰撞的次数增加，化学反应速率增大。

ⅲ. 提高反应体系的温度时，反应物分子的热运动加快即分子本身的能量增加，更多的分子具有较高的能量（达到一定标准），成为活化分子，则活化分子百分数增大，从而单位体积内的活化分子数增多，有效碰撞的次数增加，化学反应速率增大。

ⅳ. 使用适宜的催化剂，可以较大幅度地降低反应的活化能，相当于降低了活化分子的能量标准，从而使更多的普通分子成为活化分子，则活化分子百分数增大，从而单位体积内的活化分子数增多，有效碰撞的次数增加，化学反应速率增大。

3.5 链反应理论

3.5.1 活化能理论的局限性

根据化学反应的活化能理论，反应速率是由活化分子数所决定的，而分子的平移速度是温度的函数。因此，反应系统的温度不仅影响分子动能的大小，而且也影响着分子间的碰撞频率。

当燃烧反应的反应物聚集在一起并在一定温度条件下，分子间由于碰撞而有一部分分子能完成放热反应，放出燃烧热。如反应系统是绝热的，则这部分燃烧热使整个反应系统的温度增高，温度增高又使反应物间的反应速率加速，放热速率也增加，使系统的温度进一步增大，反应系统就是处于正反馈的加热、加速反应的过程，直到反应速率激增至趋向于无穷大，这就是爆炸或燃烧。但是，这种理论只能对一些燃烧速率随反应温度的升高而急剧增高的现象做出合乎逻辑的解释，而对于有些燃烧现象中出现的问题并不能给予满意的解释。例如，磷及乙醚蒸气在低温氧化时出现的冷焰，CO 与 O_2 反应时加入不能参加燃烧的水蒸气

可使反应速率加速，碳氢化合物燃料的燃烧在低温时出现冷焰，H_2 与 O_2 反应的爆炸界限有所谓的燃烧半岛现象等。活化能理论均不能对上述现象作出解释，迫使人们对反应机理做进一步深入的研究。

有些反应看上去其反应方程式极为简单，如 $H_2+Br_2 = 2HBr$、$H_2+0.5O_2 = H_2O$ 等，但它们的实际反应过程并不像上述方程式那样简单，而是由较复杂的反应构成，即整个反应是由若干个相继发生或相继又平行发生的基元反应所组成的。这种反应过程如同链环一样地紧密联系在一起，因而被称为链反应。在链反应中的每一个基元反应都有可能影响整体反应速率，尤其是那些反应速率较慢及影响自由基的生成或消失的基元反应过程。链反应过程可分为直链反应和支链反应。

链反应过程能以很快的速度进行，其原因是每一个基元反应或链反应中的每一步都会产生一个或一个以上的活化中心。这些活化中心再去与反应系统中的反应物进行反应。基元反应的反应活化能很小，一般为 4×10^4 kJ/kmol 以下，这比通常的分子与分子间化合的活化能（约 16×10^4 kJ/kmol）要小得多。离子、自由根、原子间相互化合时其活化能就更小，几乎接近于零。

3.5.2 直链反应

在链反应过程中的每一个基元反应只产生一个活化中心，或者说每一步只能有一个自由基与反应物分子碰撞并产生一个新的自由基，由这个活化中心再与反应系统中的反应物作用，产生产物与活化中心……如此不断地进行，直到反应完成或链反应中断为止。

通常，链反应开始时需要外界输入一定能量，如光照、热量、撞击等，使反应物的分子中分化出活化中心，这个过程称为“链的引发”。这个活化中心便与其他分子迅速作用，开始链反应。在随后的链反应过程中的每一步反应都先消耗一个活化中心后又产生另一个活化中心供下一步反应之用；这些连续的链反应过程称为“链的传播或链的传递”。在链反应过程中有许多的活化中心在与反应容器壁面相撞时被吸收，活化中心的相互碰撞而复合成活性甚差的分子，使这个链反应中断，故称之为链的断链、链中止或链中断等。例如氯和氢的反应过程，可以先是氯分子在光照下由于光子作用而分解成两个氯原子

$$Cl_2 \longrightarrow 2Cl, \qquad \text{（链的引发）}$$

随即开始了链的传播过程，

$$\left.\begin{aligned} Cl+H_2 &\longrightarrow HCl+H, \\ H+Cl_2 &\longrightarrow HCl+Cl, \\ Cl+H_2 &\longrightarrow HCl+H。 \end{aligned}\right\} \qquad \text{（链的传播）}$$

$$\text{而} \quad \left.\begin{aligned} &Cl+Cl \longrightarrow Cl_2 \\ &H+H \longrightarrow H_2 \\ &H+Cl \longrightarrow HCl \\ &\left.\begin{aligned}&Cl\\&H\end{aligned}\right\}+\text{器壁} \longrightarrow \text{被吸收} \\ &\vdots \end{aligned}\right\} \qquad \text{（链的中断）}$$

又如 H_2 与 Br_2 生成 HBr 的反应也是一个直链反应过程，即

ⅰ. $$Br_2 \xrightarrow{k_1} 2Br \qquad \text{（链的引发）}$$

$$\left.\begin{array}{ll}\text{ii.} & Br+H_2 \xrightarrow{k_2} HBr+H \\ \text{iii.} & H+Br_2 \xrightarrow{k_3} HBr+Br\end{array}\right\} \quad \text{(链的传播)}$$

或
$$\left.\begin{array}{ll}\text{iv.} & H+HBr \xrightarrow{k_4} H_2+Br \\ \text{v.} & Br+HBr \xrightarrow{k_5} Br_2+H\end{array}\right\} \quad \text{(链的抑制)}$$

或
$$\left.\begin{array}{ll}\text{vi.} & 2Br \xrightarrow{k_6} Br_2 \\ \text{vii.} & 2H \xrightarrow{k_7} H_2\end{array}\right\} \quad \text{(链的断裂)}$$

从上述链反应过程中可以了解到 H_2 与 Br_2 生成 HBr 的机理，其中ⅳ、ⅴ两步为链的抑制。因为，在这两步反应中活化中心 H 及 Br 并未与系统中的反应物 H_2 或 Br_2 作用而是与 HBr（产物）作用重新生成原来的反应物，同时也产生出能开展链传播的 H 及 Br。其反应过程的反应速率在这些环节未被中断而只是抑制，故称这种反应为链的抑制。对于这样一个直链反应过程，HBr 的生成速率不能由其整体反应化学式 $H_2+Br_2 \Leftrightarrow 2HBr$ 直接计算，而必须按照其链反应机理来分析。

由ⅱ、ⅲ、ⅳ等式可分别找到 HBr 在每一个中间基元反应的生成速率及消耗速率，在直链反应中的总生成速率为

$$\frac{d[HBr]}{dt}=k_2[Br][H_2]+k_3[Br_2][H]-k_4[HBr][H]。 \tag{3-49}$$

在这个方程式中 $[Br_2]$ 及 $[H_2]$ 为反应物的浓度，其值由初始配料时决定，可认为是已知的。生成物浓度 [HBr] 及中间产物（活化中心）浓度 [Br] 和 [H] 是未知的。因此，仅此一个方程式是不能求解 [HBr] 的。但是，在直链反应过程中活化中心（或称自由基）Br 或 H，立即为直链的下一步基元反应消耗。在整个直链反应过程中可以认为浓度 [Br]、[H] 是恒定不变的，即

$$\frac{d[H]}{dt}=0 \text{ 及 } \frac{d[Br]}{dt}=0。$$

因此，在整个直链反应中就多了两个条件，又可写出下面两个方程式

$$\frac{d[Br]}{dt}=2k_1[Br_2]-k_2[Br][H_2]+k_3[H][Br_2]+k_4[H][HBr]-2k_6[Br]^2=0 \tag{3-50}$$

及

$$\frac{d[H]}{dt}=k_2[Br][H_2]-k_3[H][Br_2]-k_4[H][HBr]=0 \tag{3-51}$$

由此解得 HBr 的生成速率

$$\frac{d[HBr]}{dt}=\frac{\frac{2}{k_4 k_6^{0.5}}k_3 k_2 k_1^{0.5}[H_2][Br_2]^{0.5}}{\frac{k_3}{k_4}+\frac{[HBr]}{[Br_2]}} \tag{3-52}$$

可见，HBr 的生成反应是 1.5 级的反应，与实验实测的结果

$$\frac{d[HBr]}{dt}=\frac{k[H_2][Br_2]^{0.5}}{m+\frac{[HBr]}{[Br_2]}} \tag{3-53}$$

是一致的。这也说明了上述的直链反应机理是正确的。

正确地认识反应机理是进行化学动力学分析的重要环节。例如 $H_2+I_2 = 2HI$ 这个二级反应，从整体上看，它与 HBr 的生成反应式形式相同，但事实上两者的反应机理截然不同，反应级数及生成速率均截然不同。

由于直链反应随时都有链的中断发生，因此其反应速率是很有限的。

3.5.3 支链反应

支链反应的特点是在链反应过程中的每个基元反应都产生一个以上的活化中心，或者说每消耗一个自由基就产生一个以上的新的自由基，由它们去进行下一步链环反应。如此繁殖下去使反应速率成几何级数的增速发展，如图 3-7 所示，反应能迅速地达到爆燃的程度。

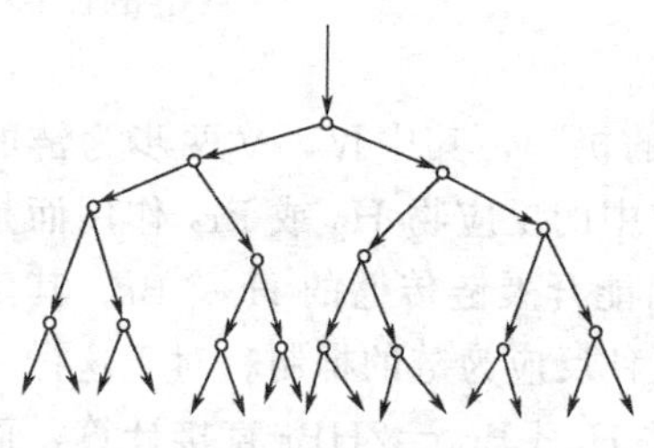
图 3-7　支链反应示意图

人们常用倍增因子 α 来表示自由基在一个链反应周期过程中增长的倍数。在支链反应过程中有些步骤能产生两个自由基，但有些步骤只能产生一个自由基。通常链反应的倍增因子是 $1\leqslant\alpha\leqslant2$，$\alpha=1$ 时为直链反应，$\alpha>1$ 时为支链反应。

在直链反应过程中每一步只能有一个自由基与反应物分子碰撞化合。设在反应中碰撞频率为 10^8 次/s，反应混合物中的初始自由基密度为 1 个自由基/cm^3，分子密度为 10^{19} 个分子/cm^3，在反应时这些分子都被自由基碰撞化合所需的时间为

$$\tau=\frac{10^{19}}{10^8}=10^{11}\ (s)\approx3170\ (a)$$

而同样条件下，如果反应是一个 $\alpha=2$ 的支链反应，一个自由基在经历 n 步连续支链反应后由它繁殖的自由基相继地与 10^{19} 个分子碰撞，则应有 $2^{n+1}=10^{19}$，$n=62$，它只相当于直链反应中的 62 次相继碰撞所需的时间，即

$$\tau=\frac{62}{10^8}=6.2\times10^{-7}\ (s)\approx10^{-6}\ (s)$$

即在百万分之一秒时间内完成与全部分子的碰撞反应。与直链反应相比其反应速率相差极大。即使以 $\alpha=1.02$ 计，完成反应所需的步骤 n 及时间 τ 分别为 $1.02^{n+1}=19$，$n=2208$，

$$\tau=\frac{2208}{10^8}=2.2\times10^{-5}\ (s)。$$

可见，只要倍增因子稍大于 1 就可以使反应速率比直链反应速率大 10 多个数量级。因此，支链反应对燃烧爆炸有极为重要的作用。

氢-氧的爆炸反应就是一个典型的支链反应过程，它的总体反应为 $H_2+0.5O_2 = H_2O$，但实际反应过程要复杂得多。

将按化学计量比混合的 H_2 及 O_2 的混合气置于容器，并沉浸在 500℃的恒温热浴槽中，当容器内压力为 100Pa 左右的真空时，H_2 及 O_2 发生爆炸；当压力为 0.01～0.13MPa 时，氢与氧的混合气不发生爆炸；当压力为 0.2MPa 时又能发生爆炸。可见，即使极易发生爆炸的氢氧混合气也需在一定的温度、压力等条件下才能发生爆炸。此压力、温度条件为该可燃混合气的爆炸极限。图 3-8 为爆炸极限，呈半岛

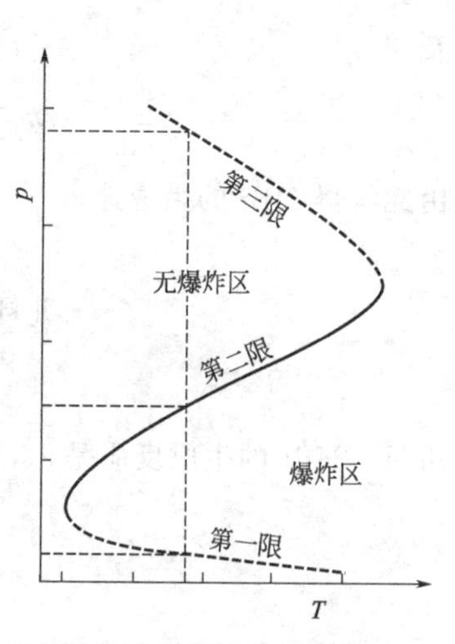

图 3-8　燃烧半岛示意图

状，故又称为燃烧半岛。从图中可以看出爆炸极限曲线将混合气的压力温度范围划分成爆炸区及非爆炸区。在非爆炸区，尽管有足够高的温度，由于压力对反应速率的影响使混合气不能爆炸。究其原因就必须研究其反应机理。氢与氧的燃烧反应是一支链反应过程，其反应步骤为

$$H_2+O_2 \longrightarrow HO_2+H$$

$$HO_2+H_2 \longrightarrow OH+H_2O, \quad H+O_2 \longrightarrow OH+O$$

$$OH+H_2 \longrightarrow H+H_2O \tag{a}$$

$$H+O_2 \longrightarrow OH+O \tag{b}$$

$$O+H_2 \longrightarrow OH+H \tag{c}$$

从上述链反应机理中可以看出这是一个支链反应，其中的式(b)、式(c) 都能产生两个自由基。整个传播过程受式(a)、式(b)、式(c) 所控制，其中式(b) 又十分关键。当这个反应中断时整个链反应就会中断，爆炸反应就不能实现。

当氢氧混合气压力很低，气体稀薄时，自由基与分子的运动速度及碰撞次数均随温度增加而增加，即温度升高后可以在较低的压力下达到爆炸反应条件。H_2 与 O_2 的第一爆炸极限即是如此。这种现象可直接通过增大反应器容积尺度，使自由基与容器壁相碰而消亡的机会减少、混合气容易着火而得到证明。

自由基碰撞中断反应为

$$H \xrightarrow{\text{碰壁}} \text{中断}$$

$$OH \xrightarrow{\text{碰壁}} \text{中断}$$

当反应容器内压力逐步增高到第二极限以上时，起关键作用的基元反应式(b) 有相当数量被有第三体的三级反应

$$H+O_2+M \longrightarrow HO_2+M$$

取代，只生成一个活性较差的自由基 HO_2，由于活性差则生存期较长，易与容器壁碰撞而遭破坏，使爆炸反应难以实现。HO_2 的碰壁反应为

$$HO_2 \xrightarrow{\text{碰壁}} \frac{1}{2}H_2+O_2$$

$$HO_2 \xrightarrow{\text{碰壁}} H_2O+\frac{1}{2}O_2$$

如果继续提高反应的压力，HO_2 变得极不稳定，在它与容器壁相碰之前与 H_2 化合的可能性大为增加，即

$$HO_2+H_2 \longrightarrow H_2O_2+H$$

产生大量的自由基（H 及 $H_2O_2 \longrightarrow 2OH$），使整个支链反应能继续传播而导致爆炸。这就是有第三爆炸极限出现的原因。当温度增高到大于 600℃时，HO_2 已不再稳定，在任何压力下混合气都是爆炸性的（即爆炸极限右侧的爆炸区）。

除氢与氧的燃烧爆炸是支链反应以外，许多烃类燃料的燃烧则是更为复杂的支链反应过程。

3.6 着火理论

着火是指直观中的混合物反应自动加速，并自动升温以至在某个瞬间引起空间某个局部

出现火焰的过程，是燃料和氧气混合后，由无化学反应、缓慢的化学反应向稳定的强烈放热燃烧反应的过渡过程。着火过程是化学反应速率出现跃变的临界过程，即在短时间内，化学反应从低速状态加速到极高速的状态。可燃物的着火方式有两种：一种是自燃着火，即第一章介绍的通过自热自燃和受热自燃方式使混合物温度升高到某一值后开始燃烧；另一种是第一章介绍的通过点燃方式先引起混合物局部燃烧，然后火焰再向其他区域传播，这种方式也称为引燃或被迫着火或强制点火。不论哪种方式，实质上都是化学反应的自动加速过程。根据前几节的内容可知，化学反应加速无非两种原因，一种是热量积聚使温度升高，另一种是自由基（活化中心）不断积累发生支链反应。所以着火机理可分为热自燃和链式自燃两种。

3.6.1 热自燃着火理论

热自燃理论的代表是谢苗诺夫自燃理论，其基本思想是，某一反应体系在初始条件下，进行缓慢的氧化还原反应，反应产生的热量同时向环境散热，当产生的热量大于散热时，体系的温度升高，化学反应速率加快，产生更多的热量，反应体系的温度进一步升高，直至着火燃烧。

设容积为 V、表面积为 A 的容器内充满浓度为 c、活化能为 E_a 的可燃气体，发生反应级数为 n、反应热为 Q 的化学反应，则根据阿仑尼乌斯定律，反应的放热速率为

$$q_1 = k_0 c^n \exp\left(-\frac{E_a}{RT}\right) QV \tag{3-54}$$

反应热一部分用于加热混合气，另一部分则通过器壁传给环境，散热速率为

$$q_2 = \alpha A (T - T_0) \tag{3-55}$$

式中，α 为传热系数，T 为混合区温度，T_0 为环境温度。将式(3-54) 和式(3-55) 中 q_1 和 q_2 随 T 的变化关系画于q-T 图上，如图 3-9 所示。q_1 曲线（称为放热曲线）随着混合气浓度或压力的升高向左方移动；若把 α 视为常数，q_2 与 T 之间的函数关系是一条直线（称为散热曲线），随着环境温度 T_0 的升高向左方移动。这样，放热曲线与散热直线之间就有三种关系：相交、相切和无交点，下面分别讨论。

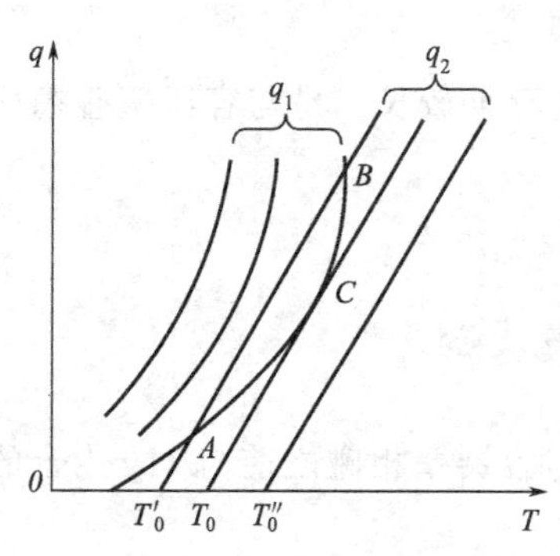

图 3-9 放热曲线与散热曲线的关系

(1) 相交

设两条曲线相交于 A、B 两点，则这两点可能是两个稳定状态。如果混合气初始温度在 T_A 附近，例如 $T<T_A$，则放热量大于散热量，温度会自动升高，直至 $T=T_A$；相反，如果 $T>T_A$，则放热量小于散热量，温度会自动降低，直至 $T=T_A$。因此，A 点是稳定的。在这种情况下，系统无法达到 B 点。如果混合气初始温度在 T_B 附近，例如 $T<T_B$，则放热量小于散热量，温度会自动降低，直至 $T=T_A$；相反，如果 $T>T_B$，则放热量大于散热量，温度会自动升高，直至发生燃烧甚至爆炸。可见，B 点的状态是不稳定的。当然对于初始温度较低的情况，不可能发展至 B 点状态，除非有另加热源或加压。

(2) 相切

设两条曲线相切于 C 点，则 C 点可能是处于临界状态。如果 $T<T_C$，则放热量大于散热量，温度会自动升高，直至 $T=T_C$；相反，如果 $T>T_C$，则放热量也大于散热量，温度也会自动升高，直至发生燃烧甚至爆炸。可见，T_0 是发生着火的临界（最低）环境温度，

T_C 是着火温度，C 点的状态是着火的临界条件。在临界状态 C 点有

$$q_1 = q_2 \tag{3-56}$$

$$\frac{dq_1}{dT} = \frac{dq_2}{dT} \tag{3-57}$$

将式(3-54)、式(3-55) 代入式(3-56)、式(3-57) 得

$$k_0 c^n \exp\left(-\frac{E_a}{RT_C}\right) QV = \alpha A (T_C - T_0) \tag{3-58}$$

$$k_0 c^n \frac{E_a}{RT_C^2} e^{-\frac{E_a}{RT_C}} QV = \alpha A \tag{3-59}$$

式(3-59) 给出了着火的临界条件。可见影响自燃的因素比较多，所以，自燃温度并不是物质的固有物理常数，会随着外界条件的变化而变化。将式(3-58) 和式(3-59) 两式相除得

$$T_C - T_0 = \frac{RT_C^2}{E_a} \tag{3-60}$$

式(3-60) 给出了自燃点温度 T_C 与环境温度 T_0 之间的关系。实践表明，两者之差一般在 20℃左右。

(3) 无交点

这种情况下，由于放热量始终大于散热量，所以一定会着火。当然，如果系统是绝热的，即散热量为零，则只要发生放热反应，最终都会着火。根据以上分析可知，影响热自燃着火的因素如下。

① 放热量　放热量（包括氧化反应热、分解反应热、聚合反应热、生物发酵热、吸附热等）越大，越容易发生自燃，放热量越小，则发生自燃所需要的蓄热条件越苛刻（即保温条件好或散热条件差)，越不容易着火。系统压力或浓度对放热曲线的影响如图 3-10 所示。

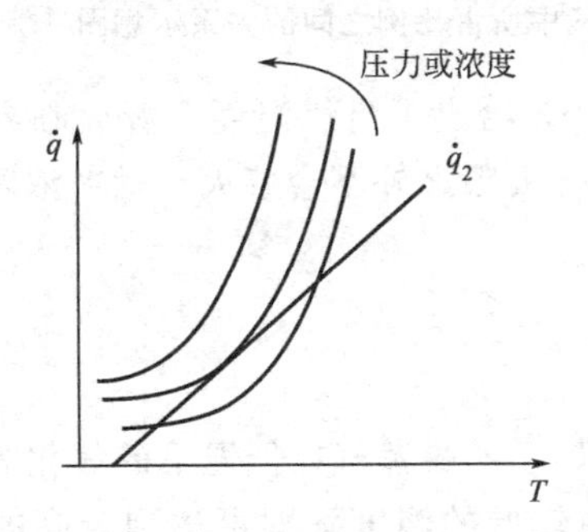

图 3-10　压力或浓度对放热曲线的影响

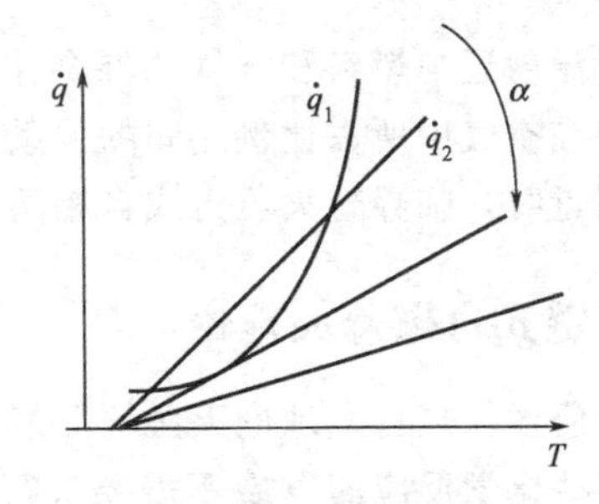

图 3-11　传热系数对散热曲线的影响

② 温度　一个自燃体系若在常温下经一段时间即可自燃，则可燃物在该散热条件下的自燃点低于常温。若自燃体系在常温下经历无限长时间也不自燃，则从热着火理论上说明该可燃物在该散热条件下的最低自燃点高于常温。如果提高温度，化学反应速率加速，放热速率增加，体系就可能发生自燃。

③ 催化剂　催化物质可以降低反应的活化能，能加快反应速率。自燃点较高的物质中添加少量低自燃点的物质相当于加了催化剂。

④ 压力　体系所处的压力越大，也即参加反应的反应物密度越大，单位体积产生的热量越多，体系越易积累能量，发生自燃。所以，压力越大，自燃点越低。

⑤ 换热　换热包括系统的导热和与外界的对流换热，导热系数和表面传热系数越小，越不利于散热，通风不良的场所也容易蓄热，有利于热自燃。α 的变化对散热曲线的影响如图 3-11 所示。

⑥ 堆积方式　大量堆积的粉末或叠加的薄片有利于蓄热，其中心部位近似处于绝热状态，因而很容易自燃。评价堆积方式的参数是比表面积（表面积/体积），此值越大，散热能量越强，自燃点越高。

对于气体，如果将 $c=p_C/RT$ 代入式(3-59)，则有如下关系

$$\ln\frac{p_C}{T_C^{(1+2/n)}}=\frac{A}{T_C}+B \tag{3-61}$$

这就是著名的谢苗诺夫公式，它反映了气体压力与着火温度之间的关系，如图 3-12 所示。随着压力的升高，自燃点降低。

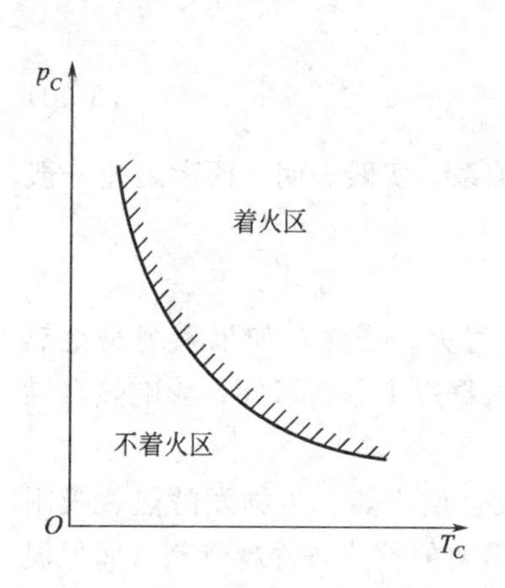

图 3-12　着火临界压力与自燃温度关系示意图

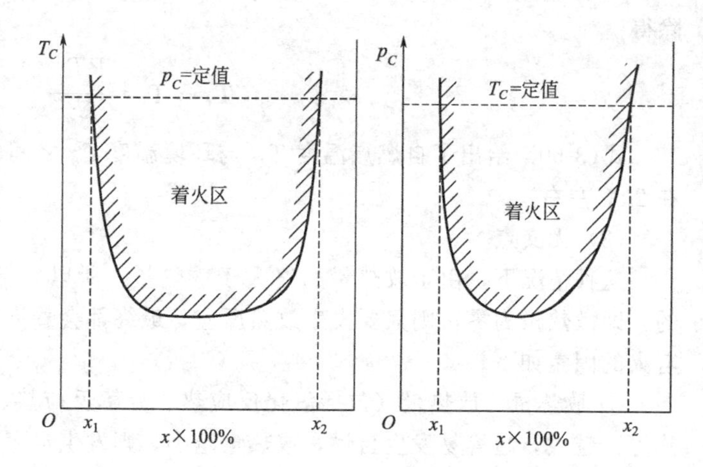

图 3-13　自燃温度、着火临界压力以及混合气在空气中所占比例之间的关系示意图

自燃温度还与燃料和空气的混合比例有关。图 3-13 给出了自燃温度、着火临界压力以及混合气在空气中所占比例之间的关系。燃料处于燃烧极限之外不会着火。燃料浓度在化学计量量附近时，临界着火压力或自燃温度均会较低。

3.6.2　链式自燃着火理论

如前所述，热自燃理论无法解释某些现象，例如磷、乙醚蒸气在低温下的氧化等冷焰现象，即有些化学反应的发展不需要进行加热，并且在较低的温度下即可达到较高的反应速率；再如本身并不燃烧的水蒸气对 $2CO+O_2\rightarrow 2CO_2$ 的反应过程起到显著的加速作用；还有爆炸极限的燃烧半岛现象等。

链反应理论的基本思想是，反应的自动加速不一定要靠热量的积累，也可以通过链式反应逐渐积累自由基的方法使得反应自动加速，直至着火。因此，系统中自由基数目能否发生积累是链式反应的关键，是反应过程中自由基增长因素与消毁因素相互作用的结果。

链式反应一般由链引发、链传递、链终止三个步骤组成。链引发是借助于光照、加热等方法使反应物分子断裂产生自由基的过程；链传递是自由基与反应物分子发生反应的步骤，即旧的自由基消失的同时产生新的自由基，从而使得化学反应能进行下去；链终止是自由基如果与器壁碰撞或两个自由基复合或者自由基与第三个分子相撞失去能量而成为稳定分子，

则链反应被终止。链式自燃着火只能通过支链反应才能实现，因为直链反应自由基不会增加。

假设 n_0 为反应开始时反应物分解为自由基的速率（链引发速率），由于引发过程是个困难的过程，故 n_0 一般比较小。

假设 f 为支链生成自由基的反应速率（分支链反应速率），根据阿仑尼乌斯定律，可知

$$f=k_{01}e^{-\frac{E_1}{RT}} \tag{3-62}$$

由于分支过程是分子稳定分解生成自由基的过程，需要吸收能量，因此温度对其有较大影响，温度升高，f 增大，即活化分子的浓度增加。

设 g 为链终止反应速率，则

$$g=k_{02}e^{-\frac{E_2}{RT}}\xrightarrow{E_2=0}k_{02}\text{（常数）} \tag{3-63}$$

由于链终止反应是复合反应，不需要吸收能量（实际上会放出微小的能量），在着火条件下，g 与 f 相比较小，因此一般认为温度对 g 影响较小，可看做与温度近似无关。

令 $\varphi=f-g$，假设整个链式反应过程中自由基浓度为 n，则自由基随时间的变化关系可表示为

$$\frac{dn}{dt}=n_0+fn-gn=n_0+\varphi n \tag{3-64}$$

因为 $t=0$ 时，$n=0$，故积分得

$$n=\frac{n_0}{\varphi}(e^{\varphi t}-1) \tag{3-65}$$

若以 a 表示链传递过程中一个自由基参加反应生成最终产物的分子数，则最终产物的生成速率（反应速率）可表示为

$$w=afn=af\frac{n_0}{\varphi}(e^{\varphi t}-1) \tag{3-66}$$

在链引发过程中，自由基生成速率 n_0 很小，可以忽略，引起自由基数目变化的主要因素是链传递过程中链分支引起的自由基增长速率 f 和链终止过程中自由基的消毁速率 g。

在低温时，f 较小（受温度影响较大），相比而言，g 显得较大，故 $\varphi<0$，反应速率则为

$$w=\frac{an_0f}{-|\varphi|}(e^{-|\varphi|t}-1)\xrightarrow{t\to\infty}\frac{an_0f}{|\varphi|} \tag{3-67}$$

反应速率 w 近似为常数，即自由基数目不能积累，反应速率不会自动加速，反应速率随着时间的增加只能趋于某一微小的定值，因此，系统不会着火。

随着系统温度升高，f 增大，g 不变，当 $\varphi=f-g>0$ 时，反应速率为

$$w=afn=af\frac{n_0}{\varphi}(e^{\varphi t}-1) \tag{3-68}$$

反应速率呈指数级加速，系统会发生着火。

当 $f=g$ 时，$\varphi=0$，故

$$w=fan_0t \tag{3-69}$$

反应速率随时间增加呈线性加速，系统处于临界状态。

3.6.3 强迫着火

强迫着火也称点燃，是指混合气的一小部分先着火，形成局部的火焰核心，然后这个火

焰核心再把邻近的混合气点燃，这样逐层依次地引起火焰的传播，从而使整个混合气燃烧起来。强迫着火与自发着火的区别表现在：①强迫着火仅仅在反应物的局部（点火源附近）中进行，所加入的能量在小范围内引燃可燃物，而自发着火则在整个混合气空间进行；ⅱ强迫着火时，混合气处于较低的温度状态，为了保证火焰能在较冷的混合气体中传播，点火温度一般要比自燃温度高得多；自发着火是全部混合气体都处于环境温度 T_0 包围下，由于反应自动加速，使全部可燃混合气体的温度逐步提高到自燃温度而引起；ⅲ强迫着火的全过程包括在可燃物局部形成火焰中心、火焰在混合气体中的传播扩展两个阶段，其过程较自燃要复杂。

点火过程的机理比自燃更复杂。然而，大多数工业介质，尤其是气体所需要的点火能量都很小，一般是 mJ 数量级。因此，这里不再阐述点火机理。

小结

(1) 由于反应物和产物之间存在着一定的关系，所以化学反应速率可以选用任一参与反应的物质浓度变化来表示，但采用不同的物质浓度所得到的反应速率值是不相同的。

(2) 质量作用定律：对于单相化学反应，在温度不变的条件下，任何瞬间的反应速率与该瞬间参与反应的反应物浓度的幂乘积成正比，而各反应物浓度的幂次即为化学反应式中各反应物的化学计量数（物质的量)。对于多相化学反应，由于固态与液态物质的蒸气分压是一定值，可以当成常数，所以反应速率或平衡常数表达式中就不必再考虑了，只考虑气态物质的分压。

(3) 简单反应也称为基元反应，是指从反应物到产物只经历一步化学反应，复杂反应要经历多个基元反应才能产生最终产物。单分子反应是反应时只有一个分子参与反应，主要指分子的分解和分子内部的重新排列；双分子反应是在反应时有两个不同种类或相同种类的分子同时碰撞而发生的反应，多数气相反应均为双分子反应；三分子反应，反应时有三个不同种类或相同种类的分子同时碰撞而发生的反应。实际上，三个分子同时碰撞的机会是非常少的。反应速率与反应物浓度的几次方成正比，这个反应就是几级反应。对于基元反应，反应级数与分子数相同。

(4) 活化能是指把反应物分子转变为活化分子所需要的能量。活化能理论认为，只有活化分子间的碰撞才能发生化学反应。活化能越大，活化分子越少，反应速率越低。温度越高，活化分子数越多。

(5) 提高反应速率的途径：①增大反应物的浓度时，虽然活化分子百分数不变，但是，单位体积内反应物的分子总数增多，从而单位体积内的活化分子数增多，有效碰撞的次数增加，化学反应速率增大；②增大气体反应的压强时，活化分子百分数也不变，但是，压强增大使气体的体积减小，即增大反应物的浓度、单位体积内反应物的分子总数增多，从而单位体积内的活化分子数增多，有效碰撞的次数增加，化学反应速率增大；③提高反应体系的温度时，反应物分子的热运动加快即分子本身的能量增加，更多的分子具有较高的能量（达到一定标准)，成为活化分子，则活化分子百分数增大，从而单位体积内的活化分子数增多，有效碰撞的次数增加，化学反应速率增大；④使用适宜的催化剂，可以较大幅度的降低反应的活化能，相当于降低了活化分子的能量标准，从而使更多的普通分子成为活化分子，则活化分子百分数增大，从而单位体积内的活化分子数增多，有效碰撞的次数增加，化学反应速

率增大。

(6) 链反应理论认为，复杂反应为基元反应链。如果每个基元反应都是一个自由基与反应物分子碰撞并产生一个新的自由基，则为直链反应；每个基元反应都是每消耗一个自由基就产生一个以上的新的自由基，则为支链反应。爆炸反应多为支链反应。

(7) 着火过程是化学反应速率出现跃变的临界过程，即在短时间内，化学反应从低速状态加速到极高速的状态。可燃物的着火方式有两种：一种是自燃着火，另一种是点燃。

(8) 化学反应加速无非两种原因，一种是热量积聚使温度升高，另一种是自由基（活化中心）不断积累发生支链反应。所以着火机理可分为热自燃和链式自燃两种。

(9) 热自燃理论的代表是谢苗诺夫自燃理论，其基本思想是，某一反应体系在初始条件下，进行缓慢的氧化还原反应，反应产生的热量，同时向环境散热，当产生的热量大于散热时，体系的温度升高，化学反应速率加快，产生更多的热量，反应体系的温度进一步升高，直至着火燃烧。

(10) 放热曲线与散热直线之间有三种关系：相交、相切和无交点。相交的情况不会发生着火，相切是临界着火状态，无交点的状态一定会着火。

(11) 影响热自燃着火的因素有：①放热量，②温度，③催化剂，④压力，⑤换热，⑥堆积方式。

(12) 链反应理论的基本思想是，反应的自动加速不一定要靠热量的积累，也可以通过链式反应逐渐积累自由基的方法使得反应自动加速，直至着火。因此，系统中自由基数目能否发生积累是链式反应的关键，是反应过程中自由基增长因素与消毁因素相互作用的结果。

(13) 强迫着火与自发着火的区别表现在：①强迫着火仅仅在反应物的局部（点火源附近）中进行，所加入的能量在小范围内引燃可燃物，而自发着火则在整个混合气空间进行；②强迫着火时，混合气处于较低的温度状态，为了保证火焰能在较冷的混合气体中传播，点火温度一般要比自燃温度高得多；自发着火是全部混合气体都处于环境温度 T_0 包围下，由于反应自动加速，使全部可燃混合气体的温度逐步提高到自燃温度而引起；③强迫着火的全过程包括在可燃物局部形成火焰中心、火焰在混合气体中的传播扩展两个阶段，其过程较自燃要复杂。

思考题

1. 物质浓度有几种表示方法？
2. 化学反应速率有几种表示方法？
3. 什么是质量作用定律？表达式是什么？
4. 化学反应速率常数与化学反应平衡常数是什么关系？
5. 化学反应如何分类？
6. 什么是简单反应？什么是复杂反应？举例说明。
7. 什么是单分子反应？什么是双分子反应？举例说明。
8. 什么是反应级数？反应级数与分子数有什么联系和区别？
9. 什么是活化能？它有什么作用？
10. 活化能与反应热有什么关系？

11. 影响化学反应速率的因素有哪些？

12. 解释活化能理论。

13. 解释链反应理论。

14. 解释过氧化物理论。

15. 解释燃烧半岛现象。

16. 热自燃理论的代表是谢苗诺夫自燃理论，其基本思想是什么？

17. 链反应理论的基本思想是什么？

18. 强迫着火与自发着火的区别有哪些？

一、填空

1. 对于单相化学反应，化学反应速率系指单位时间内参与反应的________的浓度变化。

2. 对于气相化学反应 $aA+bB \longrightarrow gG+hH$，物质A的化学反应速率表达式为____________，$W_A : W_B : W_C : W_D =$________。

3. 质量作用定律反映了__________与__________之间的关系。

4. 对于气相化学反应 $aA+bB \longrightarrow gG+hH$，质量作用定律的表达式为________，反应级数为__________。

5. 基元反应是指从反应物到产物__________。

6. 对于________，单分子反应也是一级反应，双分子反应也是二级反应；但对于________，两种分类方法就不一致了。

7. 阿仑尼乌斯（Arrhenius）活化能是指______________________；活化能越小，反应速率常数越_____。活化能越大，活化分子越_____，反应速率越______。温度越高，活化分子数越_______。

8. 阿仑尼乌斯（Arrhenius）定律给出了反应速率常数与温度之间的关系，即______________。

9. 反应速率常数与________和温度有关，而与_________无关。

10. 范德霍夫规则指出，在不大的温度范围内和不高的温度时（在室温附近），温度每升高10℃，反应速率增大________倍。

11. 链反应可分为________和________两种，它们一般包括三个步骤，即______、______和________。

12. 诱发反应物分子断裂产生自由基的因素有______、______、______等。

13. 直链反应是指链传播过程中，每消耗一个自由基发生基元反应的同时，______________。

14. 支链反应是指链传播过程中，每消耗一个自由基发生基元反应的同时，______________。

15. 提高反应速率的途径有：①________，②________，③________，④________。

16. 可燃物的着火方式有两种：一种是________着火，另一种是__________。自燃着火机理可分为___________和___________两种。

17. 化学反应加速无非两种原因，一种是__________，另一种是_________________。

18. 放热曲线与散热直线之间有相交、相切和无交点三种关系，相交的情况________发生着火，相切的情况是__________，无交点的状态__________着火。

19. 影响热自燃着火的因素有：①________，②________，③________，④_________，⑤__________，⑥__________。

20. 对于链反应，自由基产生的反应速率常数通常用_____表示，它受温度的影响_____，温度升高，其值_____；链终止的反应速率常数常用______表示，它受温度的影响_____。

21. $\varphi=f-g$，$\varphi<0$ 时，反应速率________，即自由基数目________，系统________。$\varphi>0$ 时，反应速率呈________，系统________。$\varphi=0$ 时，反应速率随时间增加呈________，系统处于__________。

二、多项选择题

1. 下列说法正确的是（　　）。

A. 温度越高，反应速率常数越大

B. 压力越高，反应速率常数越大

C. 反应物浓度越大，反应速率常数越大

D. 反应物活化能越高，反应速率常数越大

2. 下列说法正确的是（　　）。

根据范德霍夫规则，在不大的温度范围内和不高的温度时（在室温附近），温度升高100℃，则，

A. 反应速率增大约 2 倍　　B. 反应速率增大约 10 倍

C. 反应速率增大约 100 倍　　D. 反应速率增大约 1000 倍以上

3. 下列说法中错误的是（　　）。

A. 热量供给量越大，物质越容易自燃

B. 环境温度越高，物质越容易自燃

C. 热量供给量相同，物质表面积与体积之比越大，物质越容易自燃

D. 热量供给量相同，受热面积越小，物质越容易自燃

4. 下列说法正确的是（　　）。

A. 散热条件越好，物质越容易自燃

B. 物质导热系数越小，越容易自燃

C. 气体压力越低，越容易自燃

D. 物质中加入自燃点更低的物质，越容易自燃

5. 下列说法正确的是（　　）。

A. 点火能量越大，物质越容易被点燃　　B. 物质自燃点越低，越容易被点燃

C. 固体颗粒越小，越不易被点燃　　D. 物质密度越大，越容易被点燃

6. 根据链式反应理论，要实现对已着火的系统灭火，应该（　　）

A. 改善系统的散热条件　　B. 降低环境温度

C. 增大自由基消毁速度　　D. 增大自由基产生速度

4 火灾烟气

内容提要：主要讲解燃烧过程中所需要的氧气量、空气量以及燃烧产物量、燃烧烟气组成及密度和燃烧温度的计算方法，介绍烟气的特性及其危害，分析室内发生火灾时的压力分布以及烟气在走廊和在竖井中的蔓延规律，讨论火焰通过窗口向上层蔓延的影响因素。

学习要求：(1) 掌握燃烧过程的计算方法；(2) 了解烟气的特性；(3) 熟悉烟气的危害；(4) 掌握火焰高度的计算方法；(5) 熟悉室内发生火灾时的压力分布；(6) 熟悉烟囱内外的压力分布；(7) 掌握烟囱效应对火灾烟气蔓延的作用，熟悉烟气在竖井中的蔓延规律；(8) 了解火焰通过窗口向上层蔓延的规律。

4.1 燃烧所需空气量的计算

燃料的燃烧就是燃料在燃点温度以上发生的剧烈氧化反应，氧气是理想的助燃气体。然而，由于氧气难于提取，且费用较高，所以通常使用空气作为助燃气体。

若把空气的摩尔组成视为氧气占 21%（y_{O_2}），氮气占 79%（y_{N_2}），则需 1kmol 氧气时必然带入$\frac{79}{21}\approx3.76$kmol 的氮气，即需要$\frac{100}{21}\approx4.76$kmol 的空气作为助燃气体。空气中氧气所占的质量分数为 $x_{O_2}=\frac{y_{O_2}M_{O_2}}{y_{O_2}M_{O_2}+y_{N_2}M_{N_2}}=\frac{21\times32}{21\times32+79\times28}=\frac{168}{721}=23.3\%$，氮气所占的质量分数为 $x_{N_2}=76.7\%$，即需要 1kg 氧气时必然带入$\frac{553}{168}=\frac{76.7}{23.3}=3.29$（kg）的氮气，也就是需要 4.29kg 的空气。

一般燃料的可燃成分是 C、H、S，可能含有助燃成分 O，也可能还含有惰性成分 N、W（水）等，其中惰性成分不影响对助燃气体量的需求。这样，只要弄清 C、H、S 对氧气的需求量，即可计算出对空气的需求量。C、H、S 的燃烧反应方程及对氧气的需求可用以下方程表示

$$C+O_2 = CO_2 \tag{4-1}$$

	C	O_2	CO_2
摩尔比	1	1	1
质量比	1	$\frac{8}{3}$	$\frac{11}{3}$

$$H_2+\frac{1}{2}O_2 = H_2O \tag{4-2}$$

摩尔比	1	$\frac{1}{2}$	1
质量比	1	8	9

$$S+O_2 = SO_2 \tag{4-3}$$

摩尔比	1	1	1
质量比	1	1	2

ⅰ. 如果已知燃料分子式为 $C_iH_jS_kO_l$，按完全燃烧时的化学反应方程计算所需的空气量，则 1kmol 燃料燃烧所需的理论氧气千摩尔数为

$$n_{O_2}=\left(i+\frac{1}{4}j+k-\frac{1}{2}l\right) \tag{4-4}$$

1kmol 燃料燃烧所需的理论空气千摩尔数为

$$n_a=4.76\left(i+\frac{1}{4}j+k-\frac{1}{2}l\right) \tag{4-5}$$

1kmol 燃料燃烧所需的理论空气立方米数（标准状态）为

$$V_a=22.4n_a \tag{4-6}$$

若燃料的分子量为 M，空气分子量为 $M_a=29$，则 1kg 燃料所需的理论空气千克数为

$$m_a=\frac{n_aM_a}{M}\approx\frac{138}{M}\left(i+\frac{1}{4}j+k-\frac{1}{2}l\right) \tag{4-7}$$

ⅱ. 如果已知燃料中 C、H_2、S、O_2 的摩尔组成分别为 y_C、y_{H_2}、y_S、y_{O_2}，则式(4-4)～式(4-7) 仍然适用，只是需要将 i、$\frac{1}{4}j$、k、$\frac{1}{2}l$ 分别替换为 y_C、$\frac{1}{2}y_{H_2}$、y_S、y_{O_2} 即可。

ⅲ. 如果已知燃料中 C、H_2、S、O_2 的质量分数分别为 x_C、x_{H_2}、x_S、x_{O_2}，则 1kg 燃料需的理论空气量为

$$m_a=4.29\left(\frac{8}{3}x_C+8x_{H_2}+x_S-x_{O_2}\right) \tag{4-8}$$

$$V_a=22.4\frac{m_a}{M_a}=22.4\times\frac{4.29}{29}\left(\frac{8}{3}x_C+8x_{H_2}+x_S-x_{O_2}\right) \tag{4-9}$$

ⅳ. 如果只知道燃料混合物（例如气体混合物）中每种物质的含量，而不是 C、H、O、S 的含量，则有两种方法：一种是把物质的含量转换为 C、H_2、O_2、S 的含量；另一种是按照式(4-1)～式(4-3) 的方式分别列出燃烧方程，推导出所需要的理论氧气量和理论空气量。

应该指出，上述理论空气量是指干空气量，实际中的空气都含有水分，因此实际空气需求量应为干空气量与其所含水分量之和。

燃烧过程中或发生火灾时，实际空气量可能大于理论空气量，也可能小于理论空气量。若定义二者的比值为 α，称为空气过量系数，则 $\alpha>1$ 时为空气过量，$\alpha<1$ 时为空气不足。α 过小，燃烧不完全，α 过大，则使燃烧产生的热量加热过量的助燃空气，降低燃烧温度。

【例 4-1】 试计算 5kg 乙醇（分子式 C_5H_6O）燃烧所需要的理论空气量。

解 依据式(4-7)，$i=5$，$j=6$，$k=0$，$l=1$，故

$$m_a=m\frac{138}{M}\left(i+\frac{1}{4}j+k-\frac{1}{2}l\right)=5\times\frac{138}{82}\times\left(5+\frac{1}{4}\times6+0-\frac{1}{2}\times1\right)=50.49\ (\text{kg})$$

$$V_a = 22.4\frac{m_a}{M_a} = 22.4\times\frac{50.49}{29} = 39\ (m^3)$$

【例 4-2】 试求 10kg 木材燃烧所需要的理论空气量。已知木材的质量组成为：$w_C=43\%$，$w_H=7\%$，$w_O=41\%$，$w_N=2\%$，$w_{H_2O}=6\%$，w_A（空气）$=1\%$。

解 N、H_2O 不参与燃烧反应，不影响空气量需求，只是转移到烟气中去，增加烟气量，吸收燃烧热量，降低燃烧温度。A 为空气，直接减少空气需求量。

$x_C=43\%$，$x_{H_2}=7\%$，$x_{O_2}=41\%$，$x_{N_2}=2\%$，$x_{H_2O}=6\%$，$x_A=1\%$

代入式(4-8)、式(4-9) 得

$$m_a = 10\times4.29\left(\frac{8}{3}x_C+8x_{H_2}+x_S-x_{O_2}\right)-10x_A$$

$$=10\times4.29\times\left(\frac{8}{3}\times43\%+8\times7\%+0-0.41\right)-10\times1\%=55.53\ (kg)$$

或

$$m_a = 10\times4.29\left(\frac{8}{3}x_C+8x_{H_2}+x_S-x_{O_2}-23.3\%x_A\right)$$

$$=10\times4.29\times\left(\frac{8}{3}\times43\%+8\times7\%+0-0.41-0.233\times1\%\right)=55.53\ (kg)$$

$$V_a = 10\times3.31\left(\frac{8}{3}x_C+8x_{H_2}+x_S-x_{O_2}-0.233\%x_A\right)$$

$$=10\times3.31\times\left(\frac{8}{3}\times43\%+8\times7\%+0-0.41-0.233\times1\%\right)=42.84\ (m^3)$$

【例 4-3】 试求 5m³ 焦炉煤气燃烧所需要的理论空气量。已知体积组成为：$\phi_{CO}=6.8\%$，$\phi_{H_2}=57\%$，$\phi_{CH_4}=22.5\%$，$\phi_{N_2}=4.7\%$，$\phi_{C_2H_4}=3.7\%$，$\phi_{CO_2}=2.3\%$，$\phi_{H_2O}=3\%$。

解 首先列出可燃气体的燃烧方程及其需要量

$$CO+0.5O_2 = CO_2$$
$$1\quad 0.5\quad 1$$

$$H_2+0.5O_2 = H_2O$$
$$1\quad 0.5\quad 1$$

$$CH_4+2O_2 = CO_2+2H_2O$$
$$1\quad 2\quad 1\quad 2$$

$$C_2H_4+3O_2 = 2CO_2+2H_2O$$
$$1\quad 3\quad 2\quad 2$$

$y_{CO}=6.8\%$，$y_{H_2}=57\%$，$y_{CH_4}=22.5\%$，$y_{C_2H_4}=3.7\%$。

参照式(4-5) 有

$$V_a = V\times4.76(0.5y_{CO}+0.5y_{H_2}+2y_{CH_4}+3y_{C_2H_4})$$
$$=5\times4.76\times(0.5\times6.8\%+0.5\times57\%+2\times22.5\%+3\times3.7\%)$$
$$=20.94\ (m^3)$$

4.2 燃烧产物量的计算

燃烧产物的生成量是根据燃烧反应的物质平衡计算的。可燃组分燃烧后产物的量仍然符合式(4-1)～式(4-3) 所示的关系。燃料完全燃烧后生成的燃烧产物包括 3 部分：一是可燃

成分燃烧生成的产物，即CO_2、SO_2和H_2O；二是燃烧所需空气中携带的N_2；三是燃料中含有不燃烧成分，如N_2、H_2O、CO_2等。当空气含量不足时含有未燃烧的燃料，空气过量时含有剩余的O_2和随其带入的N_2。

ⅰ. 如果已知燃料分子式为$C_iH_jS_kO_l$，1kmol$C_iH_jS_kO_l$燃料所产生的理论烟气量为燃料与氧化合的产物再加上带入的不参与燃烧反应的氮气量。根据式(4-1)～式(4-5)，1kmol燃料完全燃烧所产生的理论烟气千摩尔数为

$$\begin{aligned} n_P &= (i+0.5j+k)+3.76n_{O_2}=(i+0.5j+k)+0.79n_a \\ &= (i+0.5j+k)+3.76\left(i+\frac{1}{4}j+k-\frac{1}{2}l\right) \\ &= 4.76i+1.44j+4.76k-1.88l \end{aligned} \tag{4-10}$$

$$V_P=22.4n_P \tag{4-11}$$

ⅱ. 如果已知燃料中C、H_2、O_2、S的摩尔组成分别为y_C、y_{H_2}、y_{O_2}、y_S，则1kmol燃料完全燃烧所产生的理论烟气千摩尔数为

$$\begin{aligned} n_P &= (y_C+y_{H_2}+y_S)+3.76n_{O_2}=(y_C+y_{H_2}+y_S)+0.79n_a \\ &= (y_C+y_{H_2}+y_S)+3.76(y_C+0.5y_{H_2}+y_S-y_{O_2}) \\ &= 4.76y_C+2.88y_{H_2}+4.76y_S-3.76y_{O_2} \end{aligned} \tag{4-12}$$

ⅲ. 如果已知燃料中C、H_2、O_2、S的质量分数分别为x_C、x_{H_2}、x_{O_2}、x_S，则1kg燃料燃烧产生的烟气质量千克数为

$$\begin{aligned} m_P &= \left(\frac{11}{3}x_C+9x_{H_2}+2x_S\right)+3.29m_{O_2}=\left(\frac{11}{3}x_C+9x_{H_2}+2x_S\right)+0.767m_a \\ &= \left(\frac{11}{3}x_C+9x_{H_2}+2x_S\right)+3.29\left(\frac{8}{3}x_C+8x_{H_2}+x_S-x_{O_2}\right) \\ &= 12.44x_C+35.32x_{H_2}+5.29x_S-3.29x_{O_2} \end{aligned} \tag{4-13}$$

$$\begin{aligned} V_P &= 22.4\left[\left(\frac{11}{3\times M_{CO_2}}x_C+\frac{9}{M_{H_2O}}x_{H_2}+\frac{2}{M_{SO_2}}x_S\right)\right]+22.4\left[\frac{3.29}{M_{N_2}}\left(\frac{8}{3}x_C+8x_{H_2}+x_S+x_{O_2}\right)\right] \\ &= 22.4\left[\left(\frac{11}{3\times 44}x_C+\frac{9}{18}x_{H_2}+\frac{2}{64}x_S\right)+\frac{3.29}{28}\left(\frac{8}{3}x_C+8x_{H_2}+x_S-x_{O_2}\right)\right] \\ &= 22.4(0.40x_C+1.44x_{H_2}+0.15x_S-0.12x_{O_2}) \end{aligned} \tag{4-14}$$

或

$$m_P=\left(\frac{784}{63}x_C+\frac{742}{21}x_{H_2}+\frac{889}{168}x_S-\frac{553}{168}x_{O_2}\right)\text{kg} \tag{4-13a}$$

$$V_P=22.4\times\left(\frac{100}{252}x_C+\frac{121}{84}x_{H_2}+\frac{100}{672}x_S-\frac{79}{672}x_{O_2}\right)\text{m}^3 \tag{4-14a}$$

ⅳ. 如果只知道燃料混合物（例如气体混合物）中每种物质的含量，而不是C、H_2、O_2、S的含量，则有两种方法：一是把物质的含量转换为C、H_2、O_2、S的含量，另一种是按着式(4-1)～式(4-4)的方式分别列出燃烧方程，推导出所产生的烟气量。

应该指出，如果燃料中含有惰性气体，也要转移到烟气中去，因此烟气量还要加上燃料所含的惰性气体量。

燃烧产物随助燃气量的不同而变化。助燃气体量不足时，因氧和氢的结合比氧和碳的结合有更大的亲和力，故优先将H氧化为H_2O，使C氧化为CO，剩余燃料以原始形式转移到产物中去；再增加助燃气体量，会使CO氧化为CO_2；若助燃气体过量，则剩余助燃气体量以原始形式转移到产物中去。例如不同氧气量时乙烯反应分别为

$$C_2H_4+O_2 = CO+H_2O+0.5C_2H_4$$
$$C_2H_4+2O_2 = 2CO+2H_2O$$
$$C_2H_4+2.5O_2 = CO+CO_2+2H_2O$$
$$C_2H_4+3O_2 = 2CO_2+2H_2O$$
$$C_2H_4+4O_2 = 2CO_2+2H_2O+O_2$$

助燃气体不足时的烟气量应按反应方程进行推导。助燃气体过量时的烟气量为

$$V_{P实}=V_P+(\alpha-1)V_\alpha \tag{4-15}$$

【例 4-4】 试计算例 1 燃烧过程的烟气量。

解 $i=5$，$j=6$，$k=0$，$l=1$，代入式(4-10) 和式(4-14) 有

$$n_P=\frac{m}{M}\times(4.76i+1.44j+4.76k-1.88l)$$
$$=\frac{5}{82}\times(4.76\times5+1.44\times6-1.88\times1)=1.86\ (\text{kmol})$$
$$V_P=22.4n_P=22.4\times1.86=41.66\ (\text{m}^3)$$

【例 4-5】 试计算例 2 燃烧过程的烟气量。

解 $x_C=43\%$，$x_{H_2}=7\%$，$x_{O_2}=41\%$，$x_{N_2}=2\%$，$x_{H_2O}=6\%$，$x_A=1\%$，其中 H_2O 在高温下要转移到烟气中去，N_2 也要转移到烟气中去，代入式(4-13) 和式(4-14) 有

$$m_P=m(12.44x_C+35.32x_{H_2}+5.29x_S-3.29x_{O_2}+x_{N_2}+x_{H_2O})$$
$$=10\times[12.44\times43\%+35.32\times7\%-3.29\times(41\%+0.233\times1\%)+2\%+6\%]$$
$$=65.45\ (\text{kg})$$

$$V_P=22.4m\left(0.40x_C+1.44x_{H_2}+0.15x_S-0.12x_{O_2}+\frac{x_{N_2}}{28}+\frac{x_{H_2O}}{18}\right)$$
$$=22.4\times10\times\left(0.4\times0.43+1.44\times0.07-0.12\times0.41+\frac{0.02}{28}+\frac{0.06}{18}\right)$$
$$=50.99\ (\text{m}^3)$$

【例 4-6】 试计算例 3 燃烧过程的烟气量。

解 $y_{CO}=6.8\%$，$y_{H_2}=57\%$，$y_{CH_4}=22.5\%$，$y_{C_2H_4}=3.7\%$，$y_{N_2}=4.7\%$，$y_{CO_2}=2.3\%$，$y_{H_2O}=3\%$。根据例 3 的反应方程可得

$$V_P=V(y_{CO}+y_{H_2}+3y_{CH_4}+4y_{C_2H_4}+y_{N_2}+y_{CO_2}+y_{H_2O})+79\%V_a$$
$$=5\times(6.8\%+57\%+3\times22.5\%+4\times3.7\%+4.7\%+2.3\%+3\%)+0.79\times20.94$$
$$=24.34\ (\text{m}^3)$$

【例 4-7】 某水煤气（干基）的体积组成如下：$\phi_{H_2S}=0.3\%$，$\phi_{CO_2}=6.5\%$，$\phi_{O_2}=0.2\%$，$\phi_{CO}=37\%$，$\phi_{H_2}=50\%$，$\phi_{CH_4}=0.5\%$，$\phi_{N_2}=5.5\%$，求 1m³ 干基水煤气所需的理论空气量 V_a。若 $\alpha=1.15$，实际空气量为多少？烟气量为多少？

解 写出各可燃成分的化学反应式

ⅰ. $H_2S+1.5O_2 = H_2O+SO_2$

体积比 1　1.5　1　1

ⅱ. $CO+0.5O_2 = CO_2$

体积比 1　0.5　1

ⅲ. $H_2+0.5O_2 = H_2O$

体积比 1　0.5　1

ⅳ. $$CH_4+2O_2 = CO_2+2H_2O$$

体积比　　1　　2　　1　　2

理论氧气量为

$$\begin{aligned}V_{O_2}&=(1.5y_{H_2S}+0.5y_{CO}+0.5y_{H_2}+2y_{CH_4}-y_{O_2})\\&=1.5\times0.003+0.5\times0.370+0.5\times0.500+2\times0.005-0.002\\&=0.4475\ (m^3)\end{aligned}$$

理论空气量为

$$V_a=\frac{100}{21}V_{O_2}=4.762\times0.4475=2.131\ (m^3)$$

实际空气量为

$$V_{a实}=\alpha V_a=1.15\times2.131=2.4506\ (m^3)$$

理论烟气量为

$$\begin{aligned}V_P&=V_a-V_{O_2}+(2y_{H_2S}+y_{CO}+y_{H_2}+3y_{CH_4}+y_{CO_2}+y_{N_2})\\&=2.131-0.4475+(2\times0.003+0.37+0.5+3\times0.005+0.065+0.055)\\&=2.6945\ (m^3)\end{aligned}$$

实际烟气量为

$$V_{P实}=(\alpha-1)V_a+V_P=0.15\times2.131+2.6945=3.0141\ (m^3)$$

4.3 燃烧烟气组成和密度的计算

燃烧产物的组成需根据反应方程进行计算。根据可燃物质的组成分别列出反应方程，并根据可燃组分的量分别计算出对应的产物的量，然后计算同一产物的总量，每种产物的量与产物总量之比就是各组分的成分。

【例 4-8】 试计算例 6 燃烧烟气的组成。

解 首先计算 H_2S 燃烧产生的 H_2O 和 SO_2 的量。根据反应方程式有

$$V_{P1H_2O}=y_{H_2S}=0.003m^3$$

$$V_{P1SO_2}=y_{H_2S}=0.003m^3$$

同理，CO 燃烧产生的 CO_2 量为　　$V_{P1CO_2}=y_{CO}=0.37m^3$

H_2 燃烧产生的 H_2O 量为　　$V_{P2H_2O}=y_{H_2}=0.5m^3$

CH_4 燃烧产生的 CO_2 和 H_2O 量分别为

$$V_{P3H_2O}=2y_{CH_4}=2\times0.005=0.01m^3,\ V_{P2CO_2}=y_{CH_4}=0.005m^3$$

燃烧所需空气带入的 N_2 量为　　$V_{P1N_2}=3.76V_{O_2}=3.76\times0.4475=1.6826\ (m^3)$

燃料中含 N_2 量为　　$V_{P2N_2}=0.055m^3$

燃料中含 CO_2 量为　　$V_{P3CO_2}=0.065m^3$

$$V_{PH_2O}=0.003+0.5+0.01=0.513\ (m^3)$$

$$V_{PCO_2}=0.37+0.005+0.065=0.44\ (m^3)$$

$$V_{PSO_2}=0.003m^3$$

$$V_{PN_2}=1.683+0.055=1.738\ (m^3)$$

$$V_P=0.513+0.44+0.003+1.738=2.694\ (m^3)$$

$$y_{PH_2O}=\frac{0.513}{2.694}=19.04\%$$

$$y_{PCO_2}=\frac{0.44}{2.694}=16.33\%$$

$$y_{PSO_2}=\frac{0.003}{2.694}=0.11\%$$

$$y_{PN_2}=\frac{1.738}{2.694}=64.51\%$$

产物摩尔组成与质量组成之间的关系为

$$x_i=\frac{y_iM_i}{\sum(y_iM_i)}, \quad y_i=\frac{x_i/M_i}{\sum(x_i/M_i)} \tag{4-16}$$

产物组分确定后，即可依此计算烟气的平均分子量 M_P 和烟气密度 ρ_P

$$M_P=\frac{m_P}{n_P}=\sum(y_iM_i)=1/\sum(x_i/M_i) \tag{4-17}$$

$$\rho_P=\frac{m_P}{V_P}=\frac{n_PM_P}{V_P} \tag{4-18}$$

4.4 燃烧火焰温度

燃烧火焰温度是指燃烧产物吸收燃烧放出的热量后所能达到的温度。计算火焰温度是个能量平衡问题。平衡关系如图 4-1 所示。

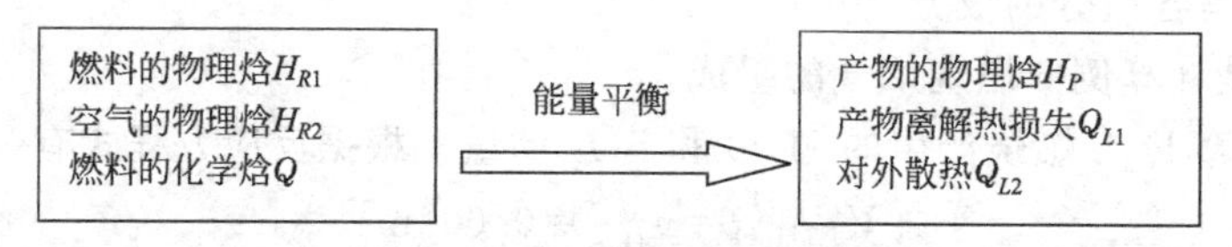

图 4-1　燃烧过程能量平衡示意图

能量平衡方程为

$$H_{R1}+H_{R2}+Q=H_P+Q_{L1}+Q_{L2} \tag{4-19}$$

当燃料、空气及其初始温度确定后，等式左边的各项均为已知项，离解和散热损失也都可根据具体条件确定，这样即可求出 H_P，进而求出火焰温度。离解反应、化学平衡和散热损失的火焰温度称为实际火焰温度。

4.4.1 理论燃烧火焰温度

由于燃烧火焰温度与燃烧条件有关，燃料特性、混合比、散热条件、约束条件等都有重要影响，所以一般采用绝热燃烧温度来衡量燃烧特性。如果燃烧反应所放出的热量未传到外界，而全部用来加热燃烧产物，使其温度升高，则这种燃烧称为绝热燃烧。在不计散热损失及离解作用的条件下，绝热燃烧时所能达到的温度最高，称为理论燃烧火焰温度。若绝热燃烧是在定压条件下进行的，则燃烧火焰温度称为定压理论火焰温度，若绝热燃烧是在定容条件下进行的，则燃烧火焰温度称为定容理论火焰温度。

根据热力学第一定律，若绝热燃烧时不做非体积功，则定压燃烧火焰温度可用下式计算

$$Q_p = H_{PT2} - H_{RT1} = \sum_P n_i h_i - \sum_R n_i h_i \tag{4-20}$$

式中，Q_p、H_{PT2}、H_{RT1}分别是定压反应热、产物总焓和反应物总焓；n_i、h_i 分别为物质摩尔数和焓值。显然，若已知反应物的成分、初始温度和反应方程，则只有 T_2 是未知数。求解方法可采用试算法，或利用计算机进行迭代求解。常见的可燃气体混合物最高火焰温度在 2400K 左右，表 4-1 列出了几种可燃气的实测火焰温度值。

表 4-1　几种可燃气的实测火焰温度值

燃料名称	燃料浓度/%	火焰温度/K
甲烷	10.0	2230
乙烯	6.5	2380
乙炔	7.7	2600
丙烷	4.0	2250
丁二烯	3.5	2380

定容燃烧火焰温度的计算方法与定压燃烧火焰温度的计算方法相似。在定容条件下绝热燃烧，燃烧产物的压力将提高。依热力学第一定律，

$$Q_V = U_{PT_2} - U_{RT_1} = \sum_P n_i u_i - \sum_R n_i u_i = 0 \tag{4-21}$$

$$\left(\sum_P n_i h_i - p_2 V\right) - \left(\sum_R n_i h_i - p_1 V\right) = 0 \tag{4-22}$$

$$\left(\sum_P n_i h_i - n_P R_m T_2\right) - \left(\sum_R n_i h_i - n_R R_m T_1\right) = 0 \tag{4-23}$$

可见，上式中也只有 T_2 为未知数，可以求解。

4.4.2　影响燃烧火焰温度的主要因素

（1）可燃物质的组成和性质

不同的物质具有不同的燃烧热，反应热越大，用于加热产物的热量就越多，燃烧火焰温度就可能越高；参与燃烧的氧化剂的配比不同，反应热也就不同，产物的比热容也不同，反应热越大，产物比热容越小，火焰温度越高。

（2）烟气量

烟气量越大，尤其是惰性气体含量越大，其吸热量就越多，火焰温度就越低。燃料与氧气混合燃烧的火焰温度远远大于与空气混合燃烧的火焰温度；过量空气系数越大，火焰温度就越低；燃料中所含的惰性气体越多，火焰温度就越低。

（3）空气预热温度

空气初始温度越高，其带入的焓值就越大，火焰温度也越高。尤其是对高热值燃料，预热空气对提高火焰温度的作用更加明显，因为它们需要的空气量更多。对于煤气，空气温度每提高 100℃，火焰温度可提高 50℃左右；对于天然气、重油等，空气温度每提高 100℃，火焰温度可提高 80℃左右。

（4）化学平衡与高温离解

任何反应都存在化学平衡，即燃烧不完全，因而放热量减少，火焰温度降低。在温度较低时，化学计量比混合物或者贫燃料混合物燃烧后的产物应该只有 CO_2 和 H_2O，然而这些产物在高温下就会离解，离解是吸热反应，所以火焰温度也相应地被减小了。

(5) 散热

在实际中，火焰的热量除了加热产物外，还有一部分以热辐射和对流的方式损失掉了，所以实际中的火焰温度都低于绝热火焰温度。燃烧的持续时间不同，燃烧温度也不同。随着火灾延续的时间的增长，燃烧温度也随之增高。据测定，起火后 10min，火焰温度为 700℃左右；20min 内为 800℃左右；30min 内为 840℃左右；1h 内为 925℃左右；1.5h 内为 970℃左右；3h 内为 1050℃；4h 内为 1090℃左右。

(6) 持续时间

火灾延续的时间愈长，被辐射的物体接受的热辐射越多，被烤燃蔓延的可能性也愈大。

4.4.3 燃烧温度的直观判断

(1) 火焰温度与熔化特征

根据某些物质熔化的特征，可大致判定燃烧温度。如钢结构在 300～400℃时强度急剧下降，600℃时失去承载力，因而没有保护层的钢结构是不耐火的。玻璃在 700～800℃软化，900～950℃熔化。普通玻璃在热气温度约 500℃时就会被烤碎；但在火灾时，由于变形，大多在 250℃左右便自行破碎。

(2) 火焰温度与火焰颜色

火焰温度与火焰颜色的对应关系列于表 4-2。

表 4-2 火焰温度与火焰颜色的对应关系

火焰颜色	火焰温度/℃
最低可见红色	475
最低可见红色到深红色	475～650
深红色到樱桃红色	650～750
樱桃红色到发亮樱桃红色	750～825
发亮樱桃红色到橙色	825～900
橙色到黄色	900～1090
黄色到浅黄色	1090～1320
浅黄色到白色	1320～1540
白色到耀眼白色	1540

4.5 烟气的构成

由燃烧或热解作用所产生的悬浮在气相中的固体和液体微粒称为烟或烟粒子，含有烟粒子的气体称为烟气。发生火灾时，都会产生大量高温与有毒的烟气。统计结果表明，火灾死亡者人数中的 2/3 以上都是吸入烟尘和有毒气体所致。因此，迅速排除火灾过程的烟气、降低烟气的浓度、减少烟气的毒性、防止烟气蔓延均是防灾减灾的关键。

火灾过程中会产生大量的烟气，由于燃烧物质品种繁多、燃烧反应过程复杂、燃烧环境各异，所以烟气成分非常复杂。产生烟气的燃烧状况，如明火燃烧、热解、阴燃等，影响烟气的生成量、成分和特性。明火燃烧时可产生炭黑，以微小固相颗粒的形式分布在火焰和烟气中。在火焰的高温作用下，可燃物可发生热解，放出可燃蒸气，如聚合物单体、部分氧化产物、聚合链等。在其析出过程中，部分组成可凝聚成液相颗粒，形成白色烟雾。阴燃是无

明火燃烧，生成的烟气中含有大量的可燃气体和液体颗粒。从宏观上看，烟气主要由三类物质组成，第一类是气相燃烧产物，包括未燃烧的可燃气体、惰性气体、气体产物，如水蒸气、二氧化碳、一氧化碳、二氧化硫、氮氧化物等；第二类是处于悬浮状态的未完全燃烧的液、固相分解物和冷凝物颗粒；第三类是由于火焰卷吸进入烟气中的空气。火灾烟气中含有众多有毒、有害、腐蚀性成分以及颗粒物等，加之火灾环境高温缺氧，必然对生命财产和生态环境都造成很大危害。火灾过程中产生的高温烟气不但加速了火灾的蔓延，而且由于其本身具有毒性，可造成人员伤亡，并且降低了火场的能见度，影响了人员逃生。因此对火灾烟气特性及其危害的认识是火灾防治的重要基础之一。

4.6 烟气的特性

烟气的特性，例如烟气浓度、烟尘颗粒尺寸及其分布、烟气光密度、火场能见度等，与可燃物种类和火灾条件密切相关。例如木材及其制品，当温度超过 300℃时，烟气量就较少了，发烟速度也很小，而高分子材料产生的烟气量和发烟速度都很大。

4.6.1 烟尘颗粒的大小及粒径分布

烟气中颗粒的大小可用颗粒平均直径表示，通常采用几何平均直径 d_{gn} 表示颗粒的平均直径

$$\lg d_{gn}=\sum_{i=1}^{n}\frac{N_i \lg d_i}{N} \tag{4-24}$$

式中，N 为总的颗粒数目；N_i 是第 i 个颗粒直径间隔范围内颗粒的数目；d_i 为颗粒直径。采用标准差来表示颗粒尺寸分布范围内的宽度 σ_g

$$\lg\sigma_g=\left[\sum_{i=1}^{n}\frac{(\lg d_i-\lg d_{gn})^2 N_i}{N}\right]^{1/2} \tag{4-25}$$

如果所有颗粒直径都相同，则 $\sigma_g=1$。如果颗粒直径分布为对数正态分布，则占总颗粒数 68.8%的颗粒，其直径处于 $\lg d_{gn}\pm\lg\sigma_g$ 之间的范围内。σ_g 越大则表示颗粒直径的分布范围越大。表 4-3 给出了部分木材和塑料火灾烟气的颗粒直径和标准差。

表 4-3 部分木材和塑料火灾烟气的颗粒直径和标准差

可燃物	$d_{gn}/\mu m$	σ_N	燃烧状态
杉木	0.5～0.9	2.0	热解
杉木	0.43	2.4	明火燃烧
聚氯乙烯(PVC)	0.9～1.4	1.8	热解
聚氯乙烯(PVC)	0.4	2.2	明火燃烧
软质聚氨酯塑料(PU)	0.8～1.8	1.8	热解
硬质聚氨酯塑料(PU)	0.3～1.2	2.3	热解
硬质聚氨酯塑料(PU)	0.5	1.9	明火燃烧
绝热纤维	2～3	2.4	阴燃

4.6.2 烟气的浓度和光密度

当一束光通过烟气时，由于烟气对光的吸收和散射作用，使得只有一部分光能够通过烟

气，从而降低了火区的能见度，不利于火灾的扑救和火区人员疏散。烟气浓度越大该作用越强烈。根据 Lambert-Beer 定律，当一束波长为 λ 的光通过烟气时有

$$I_{\lambda}=I_{\lambda 0}\exp(-KL) \tag{4-26}$$

式中，I_{λ}、$I_{\lambda 0}$分别为入射光强和透过烟气的光强；L 为平均光路长度；K 为消光系数，它表征烟气消光能力，其大小与烟气的特性如浓度、烟尘颗粒的直径及分布有关，可进一步表示为

$$K=K_{m}M_{s} \tag{4-27}$$

式中，K_{m} 为比消光系数，即单位质量浓度的消光系数；M_{s} 为烟气质量浓度，即单位体积内烟的质量。

烟气浓度通常用光密度（或光学密度）D 来衡量

$$D=\ln\left(\frac{I_{\lambda 0}}{I_{\lambda}}\right) \tag{4-28}$$

将式(4-26) 和式(4-27) 代入式(4-28)

$$D=\frac{KL}{2.3}=\frac{K_{m}LM_{s}}{2.3} \tag{4-29}$$

这表明烟气的光密度与烟气质量浓度、平均光线行程长度和比消光系数成正比。为了比较烟气浓度，通常将单位平均光路长度上的光密度 D_{L} 作为描述烟气浓度的基本参数，即

$$D_{L}=\frac{D}{L}=\frac{K_{m}M_{s}}{2.3}=\frac{K}{2.3} \tag{4-30}$$

此外，在应用烟箱法研究和测试固体材料的发烟特性时，常引入比光密度 D_{s} 的概念，即单位面积的试样表面所产生的烟气在单位体积的烟箱内扩散条件下，单位光路长度的光密度为

$$D_{s}=\frac{V}{AL}D=\frac{V}{A}D_{L} \tag{4-31}$$

式中，V 为烟箱体积；A 为发烟试件的表面积。比光密度 D_{s} 越大，则烟气浓度越大。表 4-4 给出了试件垂直放置、面积为 0.055m^2 条件下部分可燃物发烟的比光密度。

表 4-4 部分可燃物发烟的比光学密度

可燃物	最大 D_s	燃烧状况	试件厚度/cm
硬纸板	6.7×10^1	明火燃烧	0.6
硬纸板	6.0×10^2	热解	0.6
胶合板	1.1×10^2	明火燃烧	0.6
胶合板	2.9×10^2	热解	0.6
聚苯乙烯(PS)	>660	明火燃烧	0.6
聚苯乙烯(PS)	3.7×10^2	热解	0.6
聚氯乙烯(PVC)	>660	明火燃烧	0.6
聚氯乙烯(PVC)	3.0×10^2	热解	0.6
聚氨酯泡沫塑料(PUF)	2.0×10^1	明火燃烧	1.3
聚氨酯泡沫塑料(PUF)	1.6×10^1	热解	1.3
有机玻璃(PMMA)	7.2×10^2	热解	0.6
聚丙烯(PP)	4.0×10^2	明火燃烧(水平放置)	0.4
聚乙烯(PE)	2.9×10^2	明火燃烧(水平放置)	0.4

4.6.3 烟气的减光性

由于烟气中存在悬浮的固体和液体颗粒，对光有散射和吸收作用，从而使得火场能见度大大下降，这就是烟气的减光性。烟气浓度越大，能见度越小。烟气的减光性通常用减光系数（或消光系数）来衡量。在光源强度和受光物体与光源的距离 L 相同条件下，受光物体处在有烟气条件下光线强度 I 与无烟气条件下的光线强度 I_0 之间的关系为

$$I=I_0\exp(-C_sL) \tag{4-32}$$

式中，C_s 称为减光系数。经过大量的测试和研究，建立了火场能见距离 S（m）与烟气的减光系数 C_s（m^{-1}）之间的关系

对于发光物体 $$C_sS=5\sim10 \tag{4-33}$$

对于反光物体 $$C_sS=2\sim4 \tag{4-34}$$

为了保证安全疏散，火场能见度（对反光物体而言）必须达到5～30m，即减光系数应为0.1～0.6m^{-1}。实践表明，当能见距离小于3m时，逃离火场极其困难。因此，稀释烟气对人员逃生很重要。

4.7 烟气危害

火灾烟气造成的严重危害主要表现在缺氧、窒息、毒性、腐蚀、高温气体的热损伤和能见距离下降。

4.7.1 窒息

正常情况下，空气中的二氧化碳含量是0.06%；氧气含量约为21%。发生火灾时，二氧化碳增加到13%以上；一氧化碳可增加到1%～2%；氧气的含量下降到19%～16%，火势猛烈时氧气含量下降到7%～6%。表4-5给出了氧浓度下降对身体的危害。

表 4-5 氧浓度下降对身体的危害

氧浓度/%	对身体的危害情况
16～12	呼吸和脉搏加快，引起头痛
14～9	判断力下降，全身虚脱
10～6	意识不清，引起痉挛，6～8min死亡
6	5min致死浓度

据试验，火灾发生后11～13min内房间二氧化碳浓度在顶部约为9%；在中部约为5%，在地面约为2%。一氧化碳比二氧化碳要轻，大部分集中在房间中部，相当于人呼吸的部位，顶部浓度约为0.8%，中间为1%，地面为0.4%。在烟雾弥漫的房间里蹲下或匍匐的位置所吸入的二氧化碳和一氧化碳均较少。表4-6给出了不同浓度 CO_2 对身体的影响。

表 4-6 不同浓度 CO_2 对身体的影响

CO_2/%	对身体的危害情况
3	刺激，呼吸、脉搏加快，血压升高
4	头痛，眩晕、耳鸣、心悸
5	呼吸困难，30min产生中毒症状
7～10	数分钟意识不清，出现紫斑，死亡

4.7.2 中毒

可燃物燃烧时产生的烟气中含有毒性气体，如 CO、CO_2、HCN、NO_x、SO_2、H_2S 等，高分子材料燃烧时还会产生 HCl、HF、丙烯醛、异氰酸酯等有害物质。不同的材料燃烧时产生的有害气体成分和浓度是不相同的，因而其烟气和毒性也不相同。火灾过程产生的一氧化碳为不完全燃烧产物。无色、无味、有强烈毒性，难溶于水，相对密度为 0.97。空气中一氧化碳含量为 0.5%时，人呼吸半小时有死亡危险；为 1%时，吸气数次，便会失去知觉，1～2min 便可致人死亡。表 4-7 给出了不同浓度 CO 对身体的影响。二氧化硫为无色、有刺激性气体，相对密度为 2.2。它能刺激眼睛的角膜和呼吸道黏膜。当空气中二氧化硫含量为 0.05%时，人在短时间内有生命危险。氯化氢是有刺激性气体，它是金属和非金属含氯化物遇水分解产物。如含氯的树脂及其塑料制品，在燃烧时，会产生氯化氢气体。它具有酸性，对皮肤和黏膜有刺激性和腐蚀性，引起人的上呼吸道发炎和下呼吸道水肿。硫化氢有强烈的臭蛋味、无色、可燃。长时间接触具有毒害细胞的作用。当空气中硫化氢含量为 0.02%时，强烈刺激眼睛、鼻孔和气管；为 0.1%～0.3%时，人吸入时中毒死亡。氮的氧化物主要是硝酚、硝酚盐类分解，硝化纤维燃烧后产生的一氧化氮和二氧化氮。它们有毒，在空气中其含量为 0.1%～0.48%时，短时间接触可刺激人的气管，长时间有生命危险。

表 4-7 不同浓度 CO 对身体的影响

空气中一氧化碳含量/%	对人体的影响程度
0.01	数小时对人体影响不大
0.05	1h 内对人体影响不大
0.1	1h 后头痛，不舒服，呕吐
0.5	引起剧烈头晕，经 20～30min 有死亡危险
1.0	呼吸数次失去知觉，经 1～2min 即可能死亡

如果燃烧的是塑料、化纤等还会产生光气（碳酰氯 $COCl_2$）、氯气和氰化氢，虽然浓度有限，但危害却极大。氯气含量达 0.1‰时，吸入后便会发生痉挛和严重的眼损害，并导致肺炎、肺气肿和肺出血；当其含量超过 2.5‰时，可立即使人窒息而死。氰化氢含量达到 0.027‰，光气含量达到 0.005‰时，可立即置人于死地。氰化物是氮、碳两元素的化合物，无色气体，剧毒，当人体吸入大量氰化物后会引起急性中毒，重者立即昏迷，在 1～2min 内呼吸停止；轻者先有昏厥、昏迷、呕吐，之后有心悸，呼吸困难、惊厥、昏迷，最后呼吸停止。有统计表明：英国在 1985 年发生的 6.2 万起火灾中，有 700 余人丧生，其中有 500 多人（占死亡人数的 70%以上）是被氰化物毒烟熏死的。美国近几年发生的火灾中，有 80%的死难者也是被氰化物毒烟所害。表 4-8 给出了氢氰酸（HCN）在空气中的浓度与致死时间，表 4-9 给出了 HCl 对人体的危害，表 4-10 给出了疏散时有毒气体允许浓度，表4-11 给出了部分有毒气体危害人体生理的浓度，表 4-12 给出了部分材料燃烧烟气的相对毒性。

表 4-8 氢氰酸（HCN）在空气中的浓度与死亡时间

浓度/(mg/L)	18～36	45～54	110～135	135	181	270
致死时间	数小时尚无显著影响	30min～1h	30min～1h 内	30min 内	10min 内	立即死亡

表 4-9 HCl 对人体的危害

浓度/(mg/L)	0.5～1	5	10	35	500～1000	1000～2000	>2000
危害情况	轻微刺激感	鼻子有刺激，令人不快	有强烈刺激，难以忍受 30min	只能支持短暂时间	无法作业，难以忍受	短时间即十分危险	数分钟死亡

表 4-10 疏散时有毒气体允许浓度

毒气种类	允许浓度/%
一氧化碳(CO)	0.2
二氧化碳(CO_2)	3.0
氯化氢(HCl)	0.1
光气($COCl_2$)	0.0025
氮(NH_3)	0.3
氢化氰(HCN)	0.02

表 4-11 部分有毒气体危害人体生理的浓度

分类	单纯窒息性		化学窒息性		黏膜刺激性	
气体	O_2	CO_2	CO($\times10^{-6}$)	HCN($\times10^{-6}$)	H_2S($\times10^{-6}$)	HCl($\times10^{-6}$)
毒的作用	因对机体组织供氧量降低而造成精神、肌肉活动能力降低，呼吸困难，窒息	吸气中O_2的分压力降低，引起缺氧症，呼吸困难，弱刺激，窒息	阻碍血液的输氧能力，头痛，肌肉调节障碍，虚脱，意识不清	细胞呼吸停止，头晕，虚脱，意识不清	高浓度时呼吸中枢麻痹，低浓度时刺激眼、上呼吸道黏膜	刺激眼、上呼吸道黏膜，因上呼吸道破坏而形成机械性窒息
一天8h，一周40h的劳动环境中的容许浓度		5000	50	10	10	5
闻到臭味					10	35
刺激咽喉		4%			100	35
刺激眼		4%				
咳嗽					100	
接触数小时安全		1.1%～1.7%	100	20	20	10
接触1h安全		3%～4%	400～500	45～54	170～300	50～100
接触30min～1h危险		5%～6.7%	1500～2000	110～135	400～700	1000～2000
接触30min致死			4000	135		
接触短时间致死	6%	20%	13000	270	1000～2000	1300～2000
火灾时的疏散条件	14%	3%	2000	200	1000	3000

分类	黏膜刺激性					
气体	NH_3($\times10^{-6}$)	HF($\times10^{-6}$)	SO_2($\times10^{-6}$)	Cl_2($\times10^{-6}$)	$COCl_2$($\times10^{-6}$)	NO_2($\times10^{-6}$)
毒的作用	刺激眼、上呼吸道黏膜，肺水肿	刺激眼、上呼吸道黏膜，腐蚀作用	刺激眼、上呼吸道支气管黏膜，肺、声门水肿，因呼吸道闭塞的机械性窒息	刺激眼、上呼吸道、肺组织，流泪、喷嚏、咳嗽，由于肺水肿呼吸困难，窒息	刺激支气管、肺细胞，由于肺水肿呼吸困难，窒息	刺激支气管、肺细胞，由于肺水肿呼吸困难，窒息
一天8h，一周40h的劳动环境中的容许浓度	50	3	5	1	0.1	5

续表

分类	黏膜刺激性					
气体	NH_3(×10^{-6})	HF(×10^{-6})	SO_2(×10^{-6})	Cl_2(×10^{-6})	$COCl_2$(×10^{-6})	NO_2(×10^{-6})
闻到臭味	53		3～5	3.5	5.6	5
刺激咽喉	408		8～12	1.5	3.1	62
刺激眼	698		20		4.0	
咳嗽	1620		20	30	4.8	
接触数小时安全	100		10	0.35～1.0	1.0	10～40
接触1h安全	300～500	1.5～3.0		4		
接触30min～1h危险	2500～4500	10	50～100	40～60	25	117～154
接触30min致死		50～250				
接触短时间致死	5000～1000		400～500	1000	50	240～775
火灾时的疏散条件					25	

表 4-12 部分材料燃烧烟气的相对毒性

材料	死亡时间/min	停止活动时间/min
变性聚丙烯腈纤维	4.54±1.00	3.74±0.23
羊毛	7.64±2.90	5.45±1.77
丝	8.94±0.01	5.84±0.12
皮革	10.22±1.72	8.16±0.69
红栎木	11.50±0.71	9.09±10.9
聚丙烯	12.98±0.52	10.75±0.18
聚氨酯(硬泡沫)	15.05±0.60	11.23±0.50
ABS	14.48±1.59	10.58±1.32
棉	15.10±3.03	9.18±3.61
PMMA	15.58±0.23	12.61±0.06
尼龙—66	16.34±0.85	14.01±0.13
PVC	16.84±0.93	12.69±2.84
酚醛树脂	18.81±4.84	12.92±3.22
聚乙烯	19.84±0.29	8.86±0.80
聚苯乙烯	26.13±0.12	19.04±0.39

4.7.3 刺激和腐蚀

火灾过程中还常常产生氮氧化物（NO_x），包括 NO_2、NO、N_2O、N_2O_4、N_2O_3。其中最主要的是 NO_2 和 NO，由于氮氧化物在水中溶解度很小，故对上呼吸道和眼黏膜作用较小，到达深呼吸道后与黏膜水分作用，生成硝酸、亚硝酸及其盐类，对肺组织产生刺激及腐蚀作用。高浓度的 NO 亦可使血液中氧合血红蛋白变为高铁血红蛋白，引起组织缺氧。尽管烟气中 NO 含量不高，但也应引起高度重视。烟气中含有对人体有刺激性作用的气体如

SO_2、H_2S、HCl、Cl_2、NO_2、NH_3 等，使人眼流泪，不易睁开，从而进一步影响人的视觉，影响撤离火场的速度。

4.7.4 烟气高温的危害

火灾烟气具有较高的温度，这对人也是一个很大的危害。皮肤的热损伤程度与热源温度和热源接触皮肤的时间有密切关系。正常皮肤可耐受 2.4 热点［1 热点＝10 焦耳×时间(分)/平方厘米］。皮肤的温度超过 43℃，就可能产生损伤。1000℃以上的电弧火花温度虽高，但接触皮肤时间短暂，一般只会引起浅度损害。而较低的温度长时间地接触皮肤，却可引起深度烧伤，即热源的温度、接触的时间与皮肤的损害程度成正比。按接触 1min 计算，当热源温度为 47℃时，人体皮肤就有痛感；温度大于 55℃时，就会形成水泡；倘若达到 60℃，就可以发生蛋白质凝固，造成不可逆的皮肤损害。人体在 71℃环境中，能坚持 1h；在 82℃时，能坚持 49min；在 93℃时，能坚持 33min；在 104℃时，则仅仅能坚持 26min；116℃环境是人体尚能呼吸的最高温度。高温烟气也有窒息作用，这是因为吸入高温烟气后，引起口腔、喉头肿胀，导致呼吸道阻塞的缘故。

4.7.5 对疏散危害

在火灾区域以及疏散通道中，常有相当数量含 CO 及各种燃烧成分的热烟或烟雾弥漫，给疏散工作带来极大困难。

烟气中的 SO_2、NO、NO_2 等刺激性气体，会导致视力下降、呼吸困难。此外，浓烟会给疏散人员造成极为紧张的恐惧心理状态，使人们失去行动能力或采取异常行为。

当疏散通道上部充满烟气时，逃生人员必须弯腰摸索行走，其速度缓慢又不易找到安全出口。在大部分被烟气充满的疏散通道中，人们停留 1～2min 就可能昏倒，停留 4～5min 以上就可致死。所以，疏散通道必须设置防排烟设施。实际检测表明，疏散通道中的烟气浓度，当有防排烟设施时，一般为火灾室内烟气浓度的 1/300～1/100。为保证人员疏散安全，必须保持疏散时人们的能见距离不得小于某一数值，即疏散极限视距 $D_{\min}$。对于住宅楼、教学楼、生产车间火灾，因内部人员固定和对疏散路线熟悉，取 $D_{\min}=5\text{m}$；对于各类旅馆、百货大楼、商场火灾，因大多数人员为非固定，对疏散路线安全出口不太熟悉，取 $D_{\min}=30\text{m}$。

4.7.6 对扑救危害

消防队伍在参与灭火救援工作时，同样受到烟气威胁，包括中毒、窒息，严重妨碍作业。同时，弥漫烟雾影响视线、起火点难以找到、辨不清火势发展方向等，导致灭火工作难以有效开展。另外烟气扩展蔓延，还会促使形成新的火区。

4.8 室内可燃物的燃烧过程

4.8.1 火焰高度

室内可燃物着火之后，在可燃物上方形成气相火焰，这种火焰可分为三个区域，最下面的是连续火焰区，中间是间断火焰区，最上面的是无火焰热烟气区。间断火焰区呈间歇式振荡燃烧，是火羽流与周围空气之间边界层的不稳定性造成的。无火焰热烟气区由完全燃烧产物（如 CO_2 和水）、不完全燃烧产物（如 CO、气态及液态碳氢化合物、炭粒等）和卷吸的空气所组成。

可燃物表面上可见的火焰即为燃烧化学反应区。火焰高度定义为某一高度位置上存在的时间分数，在持续火焰区内其值为 1，随着高度的增加进入间断火焰区，其值逐渐减小，最终趋于零。平均火焰高度（L）一般定义为火焰间断性降至 50%的高度。研究结果表明，火焰高度与火区直径及燃烧速率密切相关。目前已有多种关于平均火焰高度的表达式，其中较为简单并普遍应用的为

$$\frac{L}{D}=-1.02+15.6N^{\frac{1}{5}} \tag{4-35}$$

式中，D 为可燃物直径或折算直径（即$\frac{1}{4}\pi D^2=$可燃物表面积），N 为量纲为 1 的参数，其定义为

$$N=\frac{c_pT_\infty}{g\rho_\infty^2\left(\frac{\Delta H_T}{k_a}\right)}\frac{Q_A^2}{D^5} \tag{4-36}$$

式中，c_p 为空气质量热容；T_∞ 和 ρ_∞ 分别为环境温度和环境空气密度；g 为重力加速度；ΔH_T 为可燃物燃烧热；k_a 为空气对燃料质量化学计量比；Q_A 为燃烧热释放速率。上述表达式不适用于 N 大于 10^5 时所对应的大动量射流的情况。它仅适用于液体燃料池火和其他水平固体表面火，但不包括存在内部燃烧的燃料垛火。如果燃料垛内释放出的大部分可燃挥发分（如 2/3 以上）在燃料垛外与空气混合燃烧，而仅少于 1/3 的可燃挥发分在燃料垛内被渗入的空气氧化，则可认为该燃料垛不存在内部燃烧。对于大部分排放较密的木垛，可以认为不存在内部燃烧。

令

$$\xi=15.6\left[\frac{c_pT_\infty}{g\rho_\infty^2\left(\frac{\Delta H_T}{k_a}\right)^2}\right]^{1/5} \tag{4-37}$$

则

$$L=-1.02D+\xi Q_A^{2/5} \tag{4-38}$$

由于燃烧单位质量空气所放出的热量$\left(\frac{\Delta H_T}{k_a}\right)$对于不同可燃物变化不大。对于大部分气体、液体和固体燃料，其$\frac{\Delta H_T}{k_a}$值大约保持在 2900～3200kJ/kg 的范围内。这样，在标准状态下（273K，101325Pa），ξ 值的变化范围为 0.240～0.266m・$kW^{-2/5}$，一般取 $\xi=0.235$ m・$kW^{-2/5}$，对于乙炔和氢气 $\xi=0.211$m・$kW^{-2/5}$，对于汽油 $\xi=0.200$m・$kW^{-2/5}$。

【例 4-9】 燃烧边长为 1m、排列紧密的木垛，其热释放速率为 2600kW。假设不存在内部燃烧情况，估算该木垛燃烧的平均火焰高度。

解 木垛的折算直径为

$$D=\left(\frac{4\times1^2}{\pi}\right)^{1/2}\approx1.13\text{（m）}$$

取系数 $\xi=0.235$m・$kW^{-2/5}$，由方程式(4-38) 可得

$$L=-1.02\times1.13+0.235\times2600^{2/5}\approx4.31\ (\text{m})$$

在火灾中火羽流上升撞击顶棚后，沿顶棚下表面水平运动，形成顶棚射流。设顶棚距可燃物表面的距离为 H_d，则在多数情况下顶棚射流的厚度为（5%～12%）H_d，而在顶棚射流内最高温度和速度出现在顶棚以下 1% H_d 处。这对于火灾探测器和灭火喷头的安装具有特殊意义，如果它们被安装在上述区域以外，则其实际感受到的烟气温度和速度就会低于预期值。顶棚射流的最高温度可按下式计算

$$T-T_{\infty}=\frac{16.9Q_A^{2/3}}{H_d^{5/3}},\quad \frac{r}{H_d}\leqslant0.18 \tag{4-39}$$

$$T-T_{\infty}=\frac{5.38\left(\dfrac{Q_A}{r}\right)^{2/3}}{H_d},\quad \frac{r}{H_d}>0.18 \tag{4-40}$$

式中，T 为最高温度，℃；r 为以羽流中心撞击点为中心的径向距离，m；Q_A 为火源释热速率，kW。式(4-39) 对应于撞击点附近烟气羽流转向的区域，在这一区域内，最高温度与径向距离无关。式(4-40) 对应于烟气转向后水平流动的区域，在这一区域内，最高温度与径向距离有关。

应该指出，这些表达式仅适用于刚着火后的一段时间，这段时间内顶棚射流可以被认为是非受限的，因为热烟气层尚未形成。

【例 4-10】 计算 10m 高顶棚下 1.0MW 火源正上方及与其相距 5m 处烟气顶棚射流的最高温度。假设环境温度为 20℃。

解 对于火源正上方，由方程式(4-39) 得

$$\Delta T=T-20=\frac{16.9\times1000^{2/3}}{10^{5/3}}\approx36.4\ (℃)$$

于是

$$T\approx56.4℃$$

对于 $r=5$m 处，由方程式(4-40) 得

$$\Delta T=T-20=\frac{5.38\times\left(\dfrac{1000}{5}\right)^{2/3}}{10}\approx18.4\ (℃)$$

于是

$$T\approx=38.4℃$$

由此可见，距火源正上方 5m 处气流最高温度降低了约 18℃。

一般室内的容积是有限的，在火灾中火羽流上升撞击顶棚后，形成顶棚射流，沿顶棚下表面水平运动。随着热烟气的不断产生，当水平运动的烟流受到墙壁的阻挡后，热烟气将很快充满整个室内上层空间。在充满整个上层空间后，随着热烟气的产生，热烟气层不断下降。当热烟气下降到门窗开口处上沿时，热烟气将向室外流动。随着热烟气的流出，可能引起其他室内可燃物的着火，造成火灾的蔓延。

4.8.2 着火房间内外的压力分布

如图 4-2 所示，室内外相应的气体温度为 t_s、t_o，密度为 ρ_s、ρ_o，房间的高度，即从地板面到顶棚面的垂直距离为 H，现以地面为基准面，分析沿高度方向室内外的压力分布情况。

令室内外地面上的静压力分别为 p_{1s}、p_{1o}，那么，在离地面垂直距离为 h 处室内外的静压力分别为

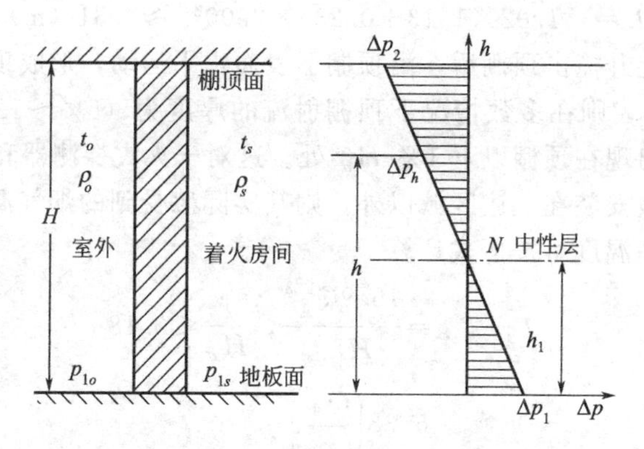

图 4-2 着火房间内外压力分布

室内 $$p_{hs}=p_{1s}-\rho_s gh \tag{4-41}$$

室外 $$p_{ho}=p_{1o}-\rho_o gh \tag{4-42}$$

在地面上，室内外的压力差为

$$\Delta p_1=p_{1s}-p_{1o} \tag{4-43}$$

在离地面 h 处，室内外压差为

$$\Delta p_h=\Delta p_1+(\rho_o-\rho_s)gh \tag{4-44}$$

在顶棚面上，即 $h=H$ 处，相应的室内外压差为

$$\Delta p_2=\Delta p_1+(\rho_o-\rho_s)gH \tag{4-45}$$

实验证明，在垂直地面的某一高度位置上，必将出现室内外压力差为零，即室内外压力相等的情况，通过该位置的水平面称为该着火房间的中性层，令中性层离地面的高度为 h_1，则

$$\Delta p_{h1}=\Delta p_1+(\rho_o-\rho_s)gh_1=0$$

由于发生火灾时，$t_s>t_o$，故 $\rho_s<\rho_o$，$(\rho_o-\rho_s)>0$，则

在中性层以下，即 $h<h_1$ 时

$$\Delta p_h=\Delta p_1+(\rho_o-\rho_s)gh<\Delta p_1+(\rho_o-\rho_s)gh_1，\Delta p_h<0$$

在中性层以上，即 $h>h_1$ 时

$$\Delta p_h=\Delta p_1+(\rho_o-\rho_s)gh>\Delta p_1+(\rho_o-\rho_s)gh_1，\Delta p_h>0$$

由此可见，在中性层以下，室外空气的压力总高于着火房间内气体的压力，空气将从室外流入室内；而在中性层以上，着火房间内气体的压力总高于室外空气的压力，烟气将从室内排至室外。

4.8.3 着火房间门窗开启时的气流状况

当着火房间通向非着火房间或室外的某些门窗开启时，由于着火房间内外气体的温差和门窗自身高度的存在，热压作用是十分明显的，中性层将出现在门窗孔洞的某一高度上。为了简化问题，下面以着火房间仅有一处窗开启的情况来分析。如图 4-3 所示，着火房间外墙有一开启的窗孔，其高度为 H_c，宽度为 B_c，室内外气体温度分别为 t_s、t_o，中性层 N 到窗孔上、下沿的垂直距离为 h_2、h_1。

在中性层以上距中性层垂直距离 h 处，室内外压力差为

$$\Delta p_h=(\rho_o-\rho_s)gh \tag{4-46}$$

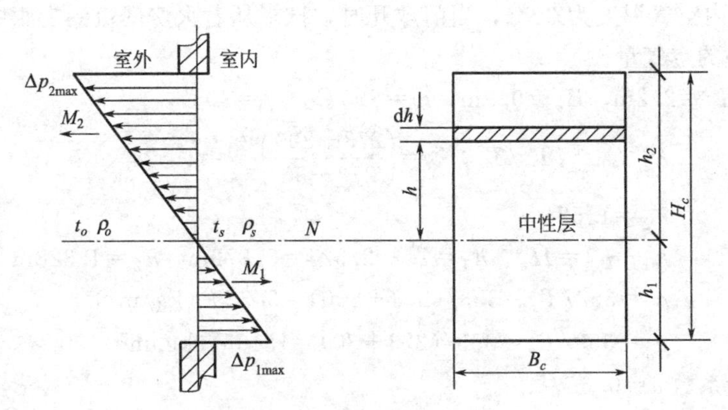

图 4-3　窗口处室内外压力分布

从 h 处起向上取微元高 dh，所构成的微元开口面积为 $dA=B_c dh$，那么，根据流量平方法则，通过该微元面积向外排出的气体质量流量为

$$dM_2=\alpha\sqrt{2\rho_s\Delta p_h}\,dA=\alpha B_c\sqrt{2\rho_s(\rho_o-\rho_s)gh}\,dh$$

从窗孔中性层至上缘之间的开口面积中排出的气体总质量流量为

$$M_2=\int_0^{h_2}dM_2=\int_0^{h_2}\alpha B_c\sqrt{2\rho_s(\rho_o-\rho_s)gh}\,dh$$

积分得

$$M_2=\frac{2}{3}\alpha B_c\sqrt{2g\rho_s(\rho_o-\rho_s)}\,h_2^{3/2} \tag{4-47}$$

同理，可以得到从窗孔中性层至下缘之间的开口面积中流进的空气总质量流量为

$$M_1=\frac{2}{3}\alpha B_c\sqrt{2g\rho_o(\rho_o-\rho_s)}\,h_1^{3/2} \tag{4-48}$$

式中，α 为窗孔的流量系数，可取为薄壁开口的值，$\alpha=0.6\sim0.7$。

可近似地认为 $M_2=M_1$，则存在以下关系

$$h_2/h_1=(\rho_o/\rho_s)^{1/3}=(T_s/T_o)^{1/3} \tag{4-49}$$

式中，T_s、T_o 分别为室内外气体的绝对温度。

由图 4-3 可以看出，窗孔上下缘处的室内外压力差最大，其绝对值分别为

上缘处
$$|\Delta p_2|=(\rho_o-\rho_s)gh_2 \tag{4-50}$$

下缘处
$$|\Delta p_1|=(\rho_o-\rho_s)gh_1 \tag{4-51}$$

将式(4-50)、式(4-51) 分别代入式(4-47)、式(4-48) 得

$$M_2=\frac{2}{3}\alpha B_c h_2\sqrt{2\rho_s|\Delta p_2|} \tag{4-52}$$

$$M_1=\frac{2}{3}\alpha B_c h_1\sqrt{2\rho_o|\Delta p_1|} \tag{4-53}$$

如果着火房间有几个窗孔同时打开，而这些窗孔本身的高度及布置高度完全相同，那么，这些窗孔中性层上下缘的垂直距离是相同的，在利用上述计算式时，只要把 B_c 代以所有开启窗孔的宽度之和即可。如果几个窗孔本身的高度不同，或布置高度不同，情况就比较复杂了。这时，首先确定中性层的位置，然后对各窗孔分别进行计算。通过开启的门洞的气流状况与通过开启窗孔的气流状况相似，上述计算公式对门洞的计算仍然适用。

【例 4-11】 着火房间与走廊之间的门洞尺寸为 2.2m×0.9m，若着火房间烟气平均温度

为800℃，走廊内空气温度为30℃，当门敞开时，试求从着火房间流到走廊中的烟气量和由走廊流入房间中的空气量。

解 已知 $H_c=2.2\text{m}$，$B_c=0.9\text{m}$，$t_s=800℃$，$t_o=30℃$，

因为 $$h_2/h_1=(T_s/T_o)^{1/3}=\left(\frac{273+800}{273+30}\right)^{1/3}=1.524$$

所以 $$h_2=1.524h_1$$

又 $$h_1+h_2=H_c,\ h_1=2.2/2.524=0.872\text{m},\ h_2=1.328\text{m}$$

$$\rho_s=353/T_s=353/(273+800)=0.329\ (\text{kg/m}^3)$$

$$\rho_o=353/T_o=353/(273+30)=1.165\ (\text{kg/m}^3)$$

取门洞流量系数 $\alpha=0.65$，

$$M_2=\frac{2}{3}\times0.65\times0.9\times\sqrt{2\times9.81\times1.165\times(1.165-0.329)}\times1.328^{3/2}$$
$$=1.386\ (\text{kg/s})$$

$$M_1=\frac{2}{3}\times0.65\times0.9\times\sqrt{2\times9.81\times1.165\times(1.165-0.329)}\times0.872^{3/2}$$
$$=1.388\ (\text{kg/s})$$

将上述质量流量换算为体积流量

$$Q_2=M_2/\rho_s=1.386\times3600/0.329=15167\ (\text{m}^3/\text{h})$$

$$Q_1=M_1/\rho_o=1.388\times3600/1.165=4289\ (\text{m}^3/\text{h})$$

4.9 烟气水平扩散

火灾时，由于可燃物不断燃烧，产生大量的烟和热，并形成炽热的烟气流。由于高温烟气和周围常温空气密度不同，产生浮力使烟气在室内处于流动状态。烟气体积与其受热温度有关，当起火房间温度达到800℃时，烟气体积将增大近4倍。从此可以看出支配烟气流动的能量主要来自燃烧产生的热量。发热量大，烟气温度就高，相应密度就小，自然在空气中产生的浮力就大，上升速度就快。

研究表明，烟气温度越高，烟气流动速度越快，和周围空气的混合作用减弱；温度越低，流动速度越慢，和周围空气的混合就会加剧。烟气的流动还和周围温度、流动的阻碍、通风和空调系统气流的干扰、建筑物本身的烟囱效应等因素有关。其流动速度，对于水平流动，阴燃阶段约为0.1m/s；起火阶段约为0.3m/s；火灾中期的旺盛阶段约为0.5～0.8m/s。建筑物一旦发生火灾，烟气将很快充满起火房间，迅速蔓延至走廊，所以掌握烟气水平扩散规律，对于采取控烟措施、优化防排烟设计与施工、保证人员安全疏散、限制火灾蔓延扩大具有重要的意义。

4.9.1 着火房间烟气向走廊扩散的烟气量计算

着火房间扩散到走廊中的烟量与着火房间门窗开闭状态有很大关系。门窗的开闭状态包括门窗全闭、窗开门闭、门开窗闭、门窗全开四种情况。显然，窗关门开时扩散到走廊上的烟气最多，是最不利的情况。其烟气质量流量可用经验式(4-54) 计算

$$M_s=0.468B_mH_m^{3/2} \tag{4-54}$$

式中，M_s 为扩散到走廊的烟气质量流量，kg/s；B_m 为着火房间与走廊连通门的宽度，m；H_m 为着火房间与走廊连通门的高度，m。其缺陷是未能反映各类可燃物对所生成烟气量的影响。

4.9.2 烟气在走廊中的扩散流动计算

火灾实验表明，烟气在走廊中的流动呈层流流动状态，这个流动过程有如下两个特点。一是烟气在上层流动，空气在下层流动。如果气流流动过程没有外部干扰，则分层流动状态能保持 40～50m 的流程，上下两个流体层之间的掺混很微弱。如果流动过程中受到干扰，如室外空气送进或排气设备排气时，则层流状态将变成湍流流动。二是烟气层的厚度在一定的流动距离内能维持不变，从着火房间排向走廊的烟气出口算起，通常可达 20～30m 左右；当烟气流过比较长的距离时，由于受到走廊顶棚及两侧墙壁面的冷却，两侧的烟气沿墙壁面开始下降，最后只在走廊断面的中部保留一个接近圆形的空气流截面，如图 4-4 所示。

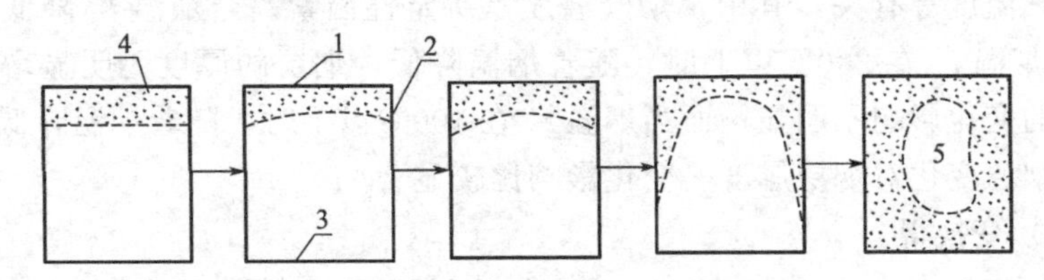

图 4-4 烟气在走廊流动过程中的下降状况

1—顶棚；2—墙壁；3—地板；4—烟气；5—空气

(1) 烟气的宽度、厚度和水平流动速度

根据流体的特性，在走廊中流动的烟气层的宽度一般等于走廊的宽度，如图 4-5 所示。走廊的宽度为 B，流动的烟层的厚度为 h_s，烟气水平流动速度为 W_s，根据流动的连续性方程可得

$$Q=Bh_sW_s \tag{4-55}$$

式中，Q 为走廊中的烟气在一定流程内的平均容积流量。

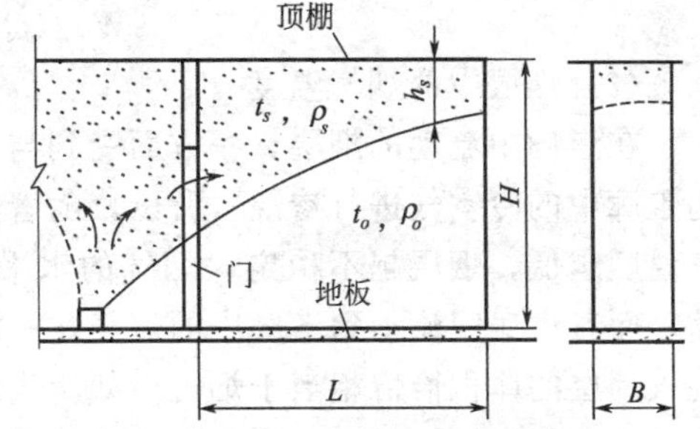

图 4-5 走廊中烟气的流通示意图

能量平衡方程为

$$(\rho_0-\rho_s)gh_s=\xi\rho_sW_s^2/2 \tag{4-56}$$

式中，ρ_0 为走廊中冷空气的密度；ρ_s 为走廊中烟气层的平均密度；ξ 为走廊中烟气层水平流动的总阻力系数。不难看出，式中左边为烟气层的上升浮力，右边为烟气层的流动阻力。烟气层的流动阻力的含义是当烟气受浮力作用上升到顶棚下方时必然要排挤走同样容积的烟气，使烟气沿水平方向流动而需要克服一定的阻力。

由连续方程得

$$W_s=Q/(Bh_s) \tag{4-57}$$

代入能量平衡方程得

$$(\rho_0-\rho_s)gh_s=\xi(\rho_s/2)[Q/(Bh_s)]^2$$

$$h_s^3=\xi/(2g)\times[\rho_s/(\rho_0-\rho_s)]\times(Q/B)^2$$

故有

$$h_s=[\xi/(2g)]^{1/3}\times[\rho_s/(\rho_0-\rho_s)]^{1/3}\times(Q/B)^{2/3} \tag{4-58}$$

因为

$$\rho_0=353/(273+t_0), \rho_s=353/(273+t_s)$$

代入式(4-58)，整理得

$$h_s=[\xi/(2g)]^{1/3}\times[(273+t_0)/(t_s-t_0)]^{1/3}\times(Q/B)^{2/3} \tag{4-59}$$

式中，t_0 为走廊中的冷空气温度，℃；t_s 为走廊中流动的烟层的平均温度，℃。

烟层流动的总阻力系数 ξ 与烟气流动距离长短、顶棚面与两侧墙壁面的结构特性以及烟气空气之间的相对速度等有关。1973 年日本火灾协会曾对 30m 长的坑道进行实验，得出

$$[\xi/(2g)]^{1/3}=0.9$$

这样，式(4-59) 就可简化为

$$h_s=0.9\times[(273+t_0)/(t_s-t_0)]^{1/3}\times(Q/B)^{2/3} \tag{4-60}$$

由上述分析可知，走廊中流动的烟气层的厚度与走廊的结构特性、烟气流动距离长短、烟气量以及烟气温度等有关，其中，烟气温度是决定性因素。当烟温 t_s 降低时，烟层厚度 h_s 增大，但当烟温 t_s 在 200℃以上时，随着烟温降低，烟层的厚度无明显增大，即烟温变化对烟层厚度的变化影响不明显；而当烟温 t_s 在 100℃以下时，随着烟温降低，烟层的厚度明显增大，即烟温变化对烟层厚度的变化影响比较显著。

由式(4-59) 变换得

$$h_s/(Q/B)^{2/3}=[\xi/(2g)]^{1/3}\times[(273+t_0)/(t_s-t_0)]^{1/3} \tag{4-61}$$

又把式(4-59) 代入式(4-57) 变换整理得

$$W_s/(Q/B)^{1/3}=[(2g)/\xi]^{1/3}\times[(t_s-t_0)/(273+t_0)]^{1/3} \tag{4-62}$$

在 ξ、t_0 一定时得到

$$h_s/(Q/B)^{2/3}=f_1(t_s) \tag{4-63}$$

$$W_s/(Q/B)^{1/3}=f_2(t_s) \tag{4-64}$$

(2) 烟层中的烟气温度

在走廊中流动的烟层，一方面受到与其接触的顶棚、墙壁等维护结构的冷却，另一方面与走廊中的冷空气进行掺混，所以，随着流动距离的增大，烟层中的烟气温度逐渐降低。烟气温度越低，烟层越不稳定，烟气的水平流动速度越低，流动越缓慢。烟气冷却，体积收缩，而着火房间流动到走廊中的烟气在一定流动距离内的烟层厚度却是恒定的，说明空气掺混入烟层的体积恰恰相当于烟气冷却所收缩的体积。

为简便起见，可以采用烟气的冷却系数来估算走廊中烟层的平均温度，即

$$t_{sb}=a_1 t_{sa} \tag{4-65}$$

式中，a_1 为烟气在走廊中的冷却系数，通常取 $a_1=0.7$；t_{sa} 为着火房间扩散到走廊中的烟气的初始温度，一般可取 500℃。

在确定了走廊中流动的烟层的平均温度后，便可以计算烟层的平均容积流量，即

$$Q_s=M_s(273+t_{sb})/353 \tag{4-66}$$

4.10 烟气垂直扩散

建筑物发生火灾后，垂直流动比水平流动更快，在楼梯间内约 3～4m/s；在较高的楼梯间或竖井内，由于烟囱效应，最大可达 6～8m/s。建筑物一旦发生火灾，烟气将很快充满起

火房间，迅速蔓延至走廊，进入楼梯、管道井等竖井后，数秒钟内即可由下而上蔓延至建筑物顶部，所以研究烟气垂直扩散规律更加重要。

4.10.1 烟囱内外的压力分布

(1) 仅顶端开口的烟囱

如图 4-6 所示，这是一座被温度为 t_s 的烟气充满的烟囱，仅顶部开口，高度为 H，周围大气温度为 t_o，ρ_s、ρ_o 分别为烟囱内部烟气和烟囱外部大气的密度。由于没有气体流动，在烟囱顶部开口处内外 B、D 两点压力相等，即 $p_D=p_B$，在烟囱外部离地面高度 h 处，大气压力为

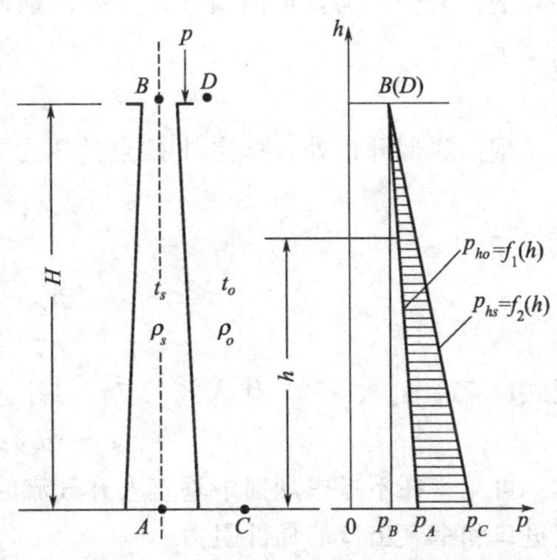

图 4-6 仅顶部开口的烟囱内外压力分布图

$$p_{ho}=p_D+\rho_o g(H-h)$$

在烟囱内部离地面高度 h 处，烟气柱和大气层共同作用的压力为

$$p_{hs}=p_D+\rho_s g(H-h)$$

那么，在距地面为 h 的任意高度上，烟囱内外的压差为

$$\Delta p_h=p_{hs}-p_{ho}=g(\rho_s-\rho_o)(H-h) \tag{4-67}$$

由于 $t_s>t_o$，所以 $\rho_s<\rho_o$，由式(4-67) 可以看出，$\Delta p_h<0$。这说明，烟囱内部各处的压力低于对应高度处烟囱外部的压力。在烟囱底部压差最大 $\Delta p_0=(\rho_s-\rho_o)gH$，在烟囱顶部压差为零，即 $\Delta p_h=0$。

(2) 仅底部开口烟囱

如果把图 4-6 所示的烟囱顶部堵死，下部开口，则 $p_A=p_C$，离开地平面高度 h 上方的某点压力为 p_s 为

$$p_{hs}=p_A-\rho_s gh \tag{4-68}$$

同理

$$p_{ho}=p_A-\rho_o hg \tag{4-69}$$

烟囱内外压力差为

$$\Delta p_h=(\rho_0-\rho_s)gh \tag{4-70}$$

当烟囱内部温度比外部高时，即 $t_s>t_0$ 时，$\rho_s<\rho_0$，则 $\Delta p_h>0$；即内部压力>外部压力。由于烟囱顶部没有开口，所以没有气流。

(3) 顶部和底部均开口烟囱

图 4-7 所示为烟囱顶部和底部均有开口的情况。由于热压作用的结果，烟气将从顶部开口流出进入大气中，而外部空气则从底部开孔流入烟囱中，形成自然对流。若空气和烟气在底部开口和顶部开口流入和流出的局部阻力分别为 Δp_1、Δp_2，那么，烟囱顶部、底部内外

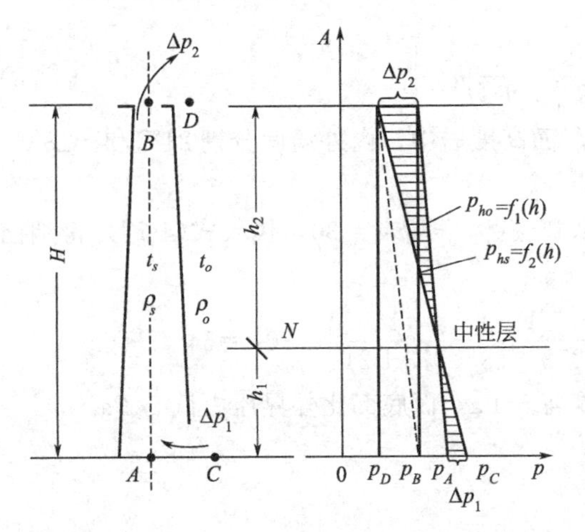

图 4-7 上下均开口的烟囱内外压力分布图

各处的压力分别为：烟囱顶部开口处，烟囱外 D 点的压力为 p_D，烟囱中心 B 点的压力为 p_B，则

$$p_B = p_D + \Delta p_2 \tag{4-71}$$

烟囱底部开口处，烟囱外 C 点的压力为 p_C，烟囱中心 A 点的压力为 p_A，则

$$p_A = p_C - \Delta p_1 \tag{4-72}$$

又由于

$$p_C = p_D + \rho_o gH \tag{4-73}$$

$$p_A = p_B + \rho_s gH \tag{4-74}$$

把式(4-71)～式(4-73) 代入式(4-74)，并进行整理得

$$(\rho_o - \rho_s)gH = \Delta p_1 + \Delta p_2 \tag{4-75}$$

可见，在不考虑烟囱中垂直上升气流的流动阻力情况下，烟囱所产生的浮力用于克服空气进口和烟气出口的局部阻力。

由式(4-71)、式(4-72) 可见，在烟囱顶部开口处，烟囱内部的压力比外部大气压力高出 Δp_2，而在烟囱底部开口处，烟囱内部的压力比外部大气压力低了 Δp_1。那么，在烟囱中部的某一水平面 N 处，必然存在烟囱内外压力相等的情况，N 为烟囱的中性面或中性层。中性层上部任一截面处，烟囱内部的压力高于烟囱外部的压力；而中性层下部任一截面处，烟囱内部的压力低于烟囱外部的压力。在距中性层上部或下部高度为 h_N 处，烟囱内外的压差绝对值为

$$\Delta p_h = |(\rho_o - \rho_s)gh_N| \tag{4-76}$$

将空气和烟气视为理想气体，则空气和烟气的密度分别为

$$\rho_o = \frac{p_o}{R_o T_o} \text{和} \rho_s = \frac{p_s}{R_s T_s}$$

式中，T_o、T_s 分别为烟囱外空气和烟囱内烟气的绝对温度。

烟囱内外气体的平均压力取当地大气压，即 $p_o = p_s \approx B$，空气和烟气的气体常数相近，可取为空气的气体常数，即 $R_o = R_s \approx R$，则式(4-76) 可以简化为

$$\Delta p_{h_N} = \left| \frac{Bg}{R}\left(\frac{1}{T_o} - \frac{1}{T_s}\right)h_N \right| \tag{4-77}$$

在标准大气压下，即 $B = 101325\text{Pa}$，$R = 287.1\text{J/(kg·K)}$，$g = 9.81\text{m/s}^2$ 代入式(4-77) 得

$$\Delta p_{h_N} = 3460\left| \left(\frac{1}{T_o} - \frac{1}{T_s}\right)h_N \right| \tag{4-78}$$

【例 4-12】 对于一栋 60m 高的建筑，中性层面高度居中，内外温度分别 21℃和－18℃，试计算烟囱内外产生的最大压差。

解 中性层位于中间，最大压差发生在顶部和底部，即 $h_N = 30$，代入式(4-77) 得烟囱内外产生的最大压差

$$\Delta p_{h_N} = 3460\left| \left(\frac{1}{T_o} - \frac{1}{T_s}\right)h_N \right| = 3460\left| \left(\frac{1}{273-18} - \frac{1}{273+21}\right)\times 30 \right| = 54\ (\text{Pa})$$

这意味着建筑物顶部竖井内部的压力比外界高 54Pa，而底部比外界压力低 54Pa。

4.10.2 正、逆向烟囱效应

当建筑物内部气温高于室外空气温度时，由于浮力的作用，在建筑物的各种竖直通道

中，如楼梯间、电梯间、管道井等，往往存在着一股上升气流，这种现象称为正向烟囱效应。当建筑物内外温差较大或者建筑物的高度较高时，正向烟囱效应是较大的。当然，正向烟囱效应也存在于单层的建筑中。

当建筑物内部气温低于室外空气温度时，在建筑物的各种竖井通道中，则往往存在着一股下降气流，这种现象称为逆向烟囱效应。一般反向烟囱效应发生在夏季，这时逆向烟囱效应是较明显的。在一些特别严密的建筑物中，当竖井靠墙外布置，而外界气温又较低时，可能出现靠外墙布置的竖井中的气温低于建筑物内部其他部位的气温的情况，这时竖井中也会出现下降的气流。

根据上述分析，正、逆向烟囱效应作用下高层建筑中各部分的气流状况如图 4-8 所示，可见正、逆向烟囱效应作用所形成的气流方向是完全相反的。

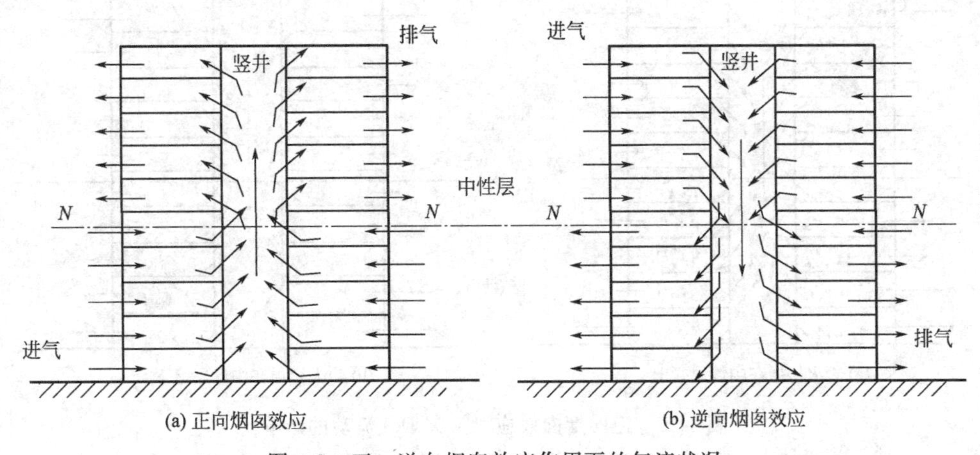

(a) 正向烟囱效应　　(b) 逆向烟囱效应

图 4-8　正、逆向烟囱效应作用下的气流状况

在正向烟囱效应作用下，如果火灾发生在中性层之下，烟气将随建筑物中的空气流入竖井。烟气进入竖井后使井内气温升高，产生的浮力作用增大，竖井内上升气流加强。当烟气在竖井内上升到达中性层以上时，烟气流出竖井进入建筑物上部各楼层。如果楼层上下之间无渗漏状况时，在中性层以下楼层中，除着火房间外，将不存在烟气；如果楼层上下之间存在渗漏，着火房间产生的烟气将向上渗漏，在中性层以下楼层进烟后，烟气将随空气流入竖井向上流动；在中性层以上楼层进烟后，烟气将随空气排出室外，如图 4-9(a) 所示。如果火灾发生在中性层上，着火房间的烟气将随着建筑物的气流通过外墙开口排至室外。当楼层

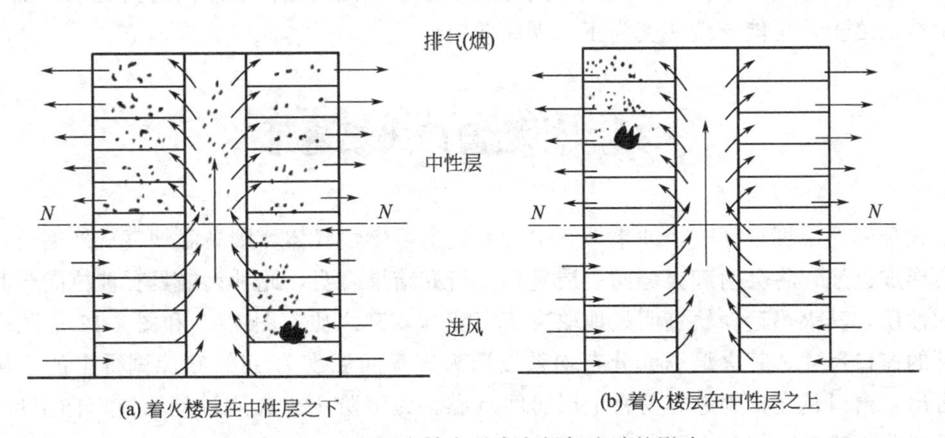

(a) 着火楼层在中性层之下　　(b) 着火楼层在中性层之上

图 4-9　正向烟囱效应对火灾烟气流动的影响

上下之间无渗漏状况时，除着火楼层之外，其余楼层将不存在烟气。但在楼层上下之间存在渗漏状况时，着火层产生的烟气将渗漏到其上部楼层中去，然后随气流通过各楼层的外墙开口排至室外，如图 4-9(b) 所示。

在逆向烟囱效应作用下，如果火灾发生在中性层之上，且烟气温度较低时，烟气将随建筑物中的空气流入竖井。烟气进入竖井后虽然使井内气温有所升高，但仍然低于外界空气温度，竖井中气流方向向下，烟气被带到中性层以下，然后随气流流入各楼层中。如果建筑物楼层上下无渗漏时，除着火层之外，中性层以上各楼层均无烟气侵入；但如果楼层上下之间存在有渗漏时，着火层中所产生的烟气将向上部楼层渗漏，然后随空气流入竖井，如图 4-10(a) 所示。

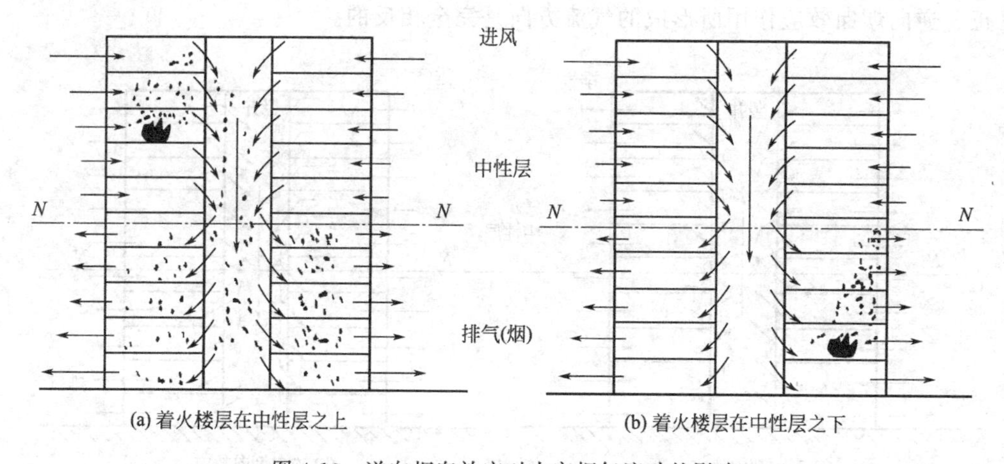

图 4-10　逆向烟囱效应对火灾烟气流动的影响

必须注意，如果火灾产生的烟气温度较高，烟气进入竖井后导致井内气温高于室外气温时，根据上述分析，逆向烟囱效应转变为火灾条件下的正向烟囱效应，烟气在竖井内逆向向上流动。

如果火灾发生在中性层以下，且烟气温度较低时，着火层中的烟气将随空气排至室外。当楼层上下之间无渗漏时，除着火层外，其余楼层均无烟气侵入；而当楼层上下之间存在渗漏时，着火层中产生的烟气可能渗透到其上部楼层中，并随空气排至室外，如图 4-10(b) 所示。

同样需要注意，如果火灾产生的烟气温度较高时，尤其是楼层渗漏的情况下，烟气会渗漏到中性层之上，可能导致转变为正向烟囱效应。

4.11　外墙窗口火焰蔓延

起火房间的温度很高时，如果烟气中含有过量可燃性气体，则高温烟气从外墙窗口排出后即会形成火焰，将会引起火势向上层蔓延。研究结果表明，此种火焰具有被拉向与其垂直墙面的性质，其火焰运动轨迹明显地取决于窗宽与窗高之比。图 4-11 和图 4-12 是现代建筑中常见的窗口尺寸，其火焰温度分布均系按照火灾房间温度为 1100℃ 计算得出的。从图中可以看出，窗口越宽，则越容易将上层房间点燃。为了防止火灾通过外墙窗口向上层蔓延，需要设置防火挑檐或加大上下层窗间墙的高度。

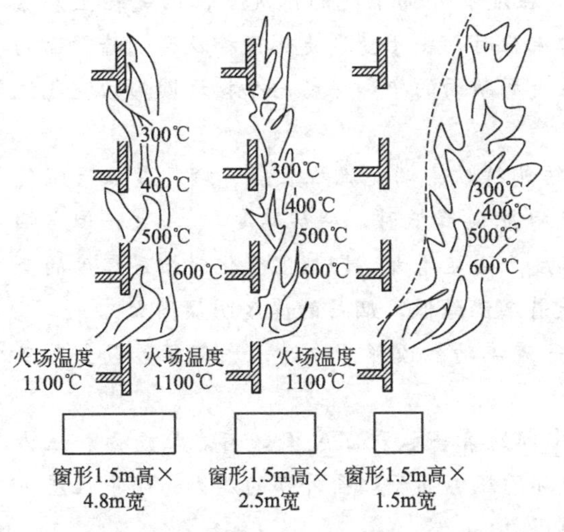

图 4-11 火灾房间窗口冒出的火焰高度
（窗高 1.5m）

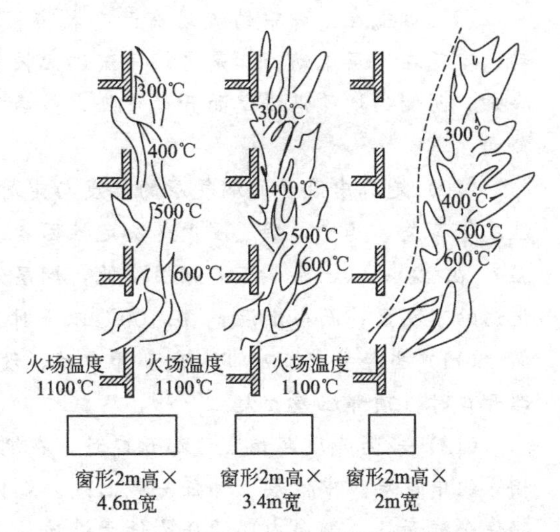

图 4-12 火灾房间窗口冒出的火焰高度
（窗高 2.0m）

小结

（1）燃烧过程的计算主要包括确定单位数量燃料燃烧所需要的氧化剂（空气或氧气）的数量、确定燃烧产物的数量、确定燃烧产物的成分、确定燃烧温度，甚至包括确定燃烧完全程度。在计算中，主要遵循以下原则：首先列出全部可燃成分的燃烧方程，然后根据反应物的量进行物料平衡计算，获得所需要的氧气量、空气量、产物量以及产物的组成和其他参数，最后根据能量（热量）平衡计算火焰温度。

（2）影响燃烧火焰温度的因素主要有可燃物质的组成和性质、烟气量、空气预热温度、化学平衡与高温离解、散热等。

（3）烟气主要由三类物质组成，即气相燃烧产物、处于悬浮状态的未完全燃烧的液相和固相分解物及冷凝物颗粒、卷吸进入烟气中的空气。

（4）描述烟气特性的指标主要有烟气中颗粒的大小、烟气的浓度和光密度、烟气的减光性和能见距离。

（5）火灾烟气造成的严重危害主要表现在缺氧、窒息、中毒、刺激性、腐蚀、高温气体的热损伤和能见距离下降，从而影响火灾扑救和人员疏散。

（6）火焰高度定义为某一高度位置上存在的时间分数，在持续火焰区内其值为 1，随着高度的增加进入间断火焰区，其值逐渐减小，最终趋于零。平均火焰高度（L）一般定义为火焰间断性降至 50％的高度。火焰高度与火区直径及燃烧速率密切相关。

（7）室内火灾在竖直方向存在中性层，即室内外压力平衡。如果有门窗开口，中性层将出现在门窗空洞的某一高度上。在中性层以下，室外空气的压力总高于着火房间内气体的压力，空气将从室外流入室内；而在中性层以上，着火房间内气体的压力总高于室外空气的压力，烟气将从室内排至室外。

（8）窗关门开时扩散到走廊上的烟气最多，是最不利的情况。其烟气质量可按经验公式计算。

(9) 烟气在走廊中的流动有两个特点：一是在没有外部干扰的情况下，烟气在上层流动，空气在下层流动；二是当烟气流过比较长的流程时，由于受到走廊顶棚及两侧墙壁面的冷却，两侧的烟气沿墙壁面开始下降，最后只在走廊断面的中部保留一个接近圆形的空气流截面。

(10) 走廊中流动的烟气层的厚度与走廊的结构特性、烟气流程长短、烟气量以及烟气温度等有关，其中，烟气温度是决定性因素。当烟温 t_s 降低时，烟层厚度 h_s 增大，但当烟温 t_s 在200℃以上时，随着烟温降低，烟层的厚度无明显增大，即烟温变化对烟层厚度的变化影响不明显；而当烟温 t_s 在100℃以下时，随着烟温降低，烟层的厚度明显增大。

(11) 当竖井只有底部或顶部开口时，没有气流流动。顶部开口时，底部压差最大；底部开口时，顶部压差最大。

(12) 当竖井顶部和底部都开口时，在烟囱中部的某一水平面 N 处，存在烟囱内外压力相等的中性层。中性层上部任一截面处，烟囱内部的压力高于烟囱外部的压力；而中性层下部任一截面处，烟囱内部的压力低于烟囱外部的压力。

(13) 当建筑物内部气温高于室外空气温度时，由于浮力的作用，在建筑物的各种竖直通道中，如楼梯间、电梯间、管道井等，往往存在着一股上升气流，这种现象称为正向烟囱效应。

(14) 在正向烟囱效应作用下，如果火灾发生在中性层之下，烟气将随建筑物中的空气流入竖井。当烟气在竖井内上升到达中性层以上时，烟气流出竖井进入建筑物上部各楼层；如果火灾发生在中性层上，着火房间的烟气将随着建筑物的气流通过外墙开口排至室外。

(15) 在逆向烟囱效应作用下，如果火灾发生在中性层之上，且烟气温度较低时，烟气将随建筑物中的空气流入竖井；如果火灾发生在中性层以下，且烟气温度较低时，着火层中的烟气将随空气排至室外。

(16) 火焰会通过窗口向上层蔓延。火焰运动轨迹取决于窗宽与层高之比。窗口越宽，层高越矮，则越容易将上层房间点燃。

思考题

1. 燃烧过程的计算主要包括哪些内容？写出计算步骤。
2. 影响燃烧火焰温度的主要因素有哪些？
3. 烟气的物质组成是什么？
4. 描述烟气特性的指标主要有哪些？
5. 火灾烟气造成的严重危害有哪些？
6. 什么是火焰高度？如何计算？
7. 室内火灾时室内外压力分布如何？
8. 最不利的烟气向走廊扩散量如何计算？
9. 烟气在走廊中的流动有什么特点？
10. 走廊中流动的烟气层的厚度与哪些因素有关？
11. 竖井内外的压力分布如何分析？有何规律？
12. 什么是烟囱效应？如何利用烟囱效应分析火灾烟气在竖井中的蔓延规律？

13. 火焰会通过窗口向上层蔓延的影响因素有哪些？

一、填空

1. 燃烧火焰温度的影响因素有________、________、________、________、________、________等。

2. 理论燃烧火焰温度是指在__________的条件下，绝热燃烧时所能达到的最高温度。

3. 钢结构在________℃时强度急剧下降，______℃时失去承载力；玻璃在______℃软化，______℃熔化。普通玻璃在热气温度约______℃时就会被烤碎；但在火灾时，由于变形，大多在________℃左右便自行破碎。

4. 从宏观上看，烟气主要由三类物质组成，第一类是__________，包括未燃烧的可燃气体、惰性气体、气体产物；第二类是____________未完全燃烧的液、固相分解物和冷凝物颗粒；第三类是由于火焰卷吸进入____________。

5. 烟气的特性包括____________、______________、____________、__________等。

6. 烟气的减光性通常用__________来衡量。火场能见距离 S（m）与烟气的减光系数 C_s（m^{-1}）之间的关系为：对于发光物体，____________；对于反光物体，__________。为了保证安全疏散，火场能见度（对反光物体而言）必须达到________m，即减光系数应为______m^{-1}。实践表明，当能见距离小于______m 时，逃离火场极其困难。

7. 火灾烟气造成的严重危害包括______、______、________、________和________等。

8. 室内可燃物着火之后，在可燃物上方形成气相火焰，这种火焰可分为三个区域，最下面的是__________，中间是__________，最上面的是_________。

9. 顶棚距可燃物表面的距离为 H_d，则在多数情况下顶棚射流的厚度为________H_d，而在顶棚射流内最高温度和速度出现的顶棚以下________H_d 处。

二、计算题

1. 甲烷气（CH_4）在空气中燃烧，当不计生成的水分时，生成物的“干”容积成分为 CO_2 占 9.7%，CO 占 0.5%，O_2 占 3.0%，试确定每千摩尔燃料所需空气的千摩尔数。

2. 试计算 5kg 甲烷燃烧所需要的理论氧气量、空气量、烟气量和烟气密度及平均分子量。

3. 试计算 5kg 木材燃烧所需要的理论氧气量、空气量、烟气量和烟气密度及平均分子量。已知木材的质量组成为：$w_C=48\%$，$w_H=2\%$，$w_O=38\%$，$w_N=5\%$，$w_{H_2O}=6\%$，w_A（空气）$=1\%$。

4. 试计算 $5m^3$ 焦炉煤气燃烧所需要的理论氧气量、空气量、烟气量和烟气密度及平均分子量。已知体积组成为：$\phi_{CO}=8\%$，$\phi_{H_2}=57\%$，$\phi_{CH_4}=20\%$，$\phi_A=10\%$，$\phi_{C_2H_4}=2\%$，$\phi_{CO_2}=2\%$，$\phi_{H_2O}=1\%$。

5. 某水煤气（干基）的体积组成为：$\phi_{H_2S}=0.5\%$，$\phi_{CO_2}=6.5\%$，$\phi_{O_2}=1\%$，$\phi_{CO}=37\%$，$\phi_{H_2}=50\%$，$\phi_{CH_4}=2\%$，$\phi_{N_2}=3\%$。求在标准状态下 $5m^3$ 干基水煤气所需的理论氧

气量、空气量、烟气量和烟气密度及平均分子量。

6. 试计算25℃下的甲烷绝热燃烧火焰温度。

7. 试计算25℃下的辛烷绝热燃烧火焰温度。

8. 试计算25℃下的甲烷在过量空气系数为1.2情况下的绝热燃烧火焰温度。

9. 液态辛烷与过量系数等于4的空气完全燃烧。若反应物在298K、0.1MPa下进入燃烧室，试计算理论火焰温度。

10. $C_2H_4(g)$ 初始温度为298K，与300%过量空气（温度为400K），在定压下完全燃烧，试求燃气可达到的最高温度。

11. 有一排列紧密的立方体木垛，边长为2m，其热释放速率为2500kW。假设不存在内部燃烧情况，估算该木垛燃烧的平均火焰高度。

12. 有一房间发生火灾，房间与走廊连接的门尺寸为高2m，宽1m，试计算流入走廊的最大烟气量。

13. 对于一栋30m高的竖井，中性层面位于10m处，内外温度分别30℃和10℃，试计算烟囱内外产生的最大压差。

14. 着火房间与走廊之间的门洞尺寸为2m×1m，若着火房间烟气平均温度为500℃，走廊内空气温度为20℃，当门敞开时，试求从着火房间流到走廊中的烟气量和由走廊流入房间中的空气量。

15. 计算3m高顶棚下0.5MW火源正上方及与其相距0.5m处烟气顶棚射流的最高温度。假设环境温度为25℃。

三、画图题

1. 试画出着火房间的内外压力分布示意图。

2. 试画出着火房间窗口处的内外压力分布示意图。

3. 试画出烟气在走廊流动过程中的变化示意图。

4. 试画出仅顶部开口时烟囱内外压力分布图。

5. 试画出仅底部开口时烟囱内外压力分布图。

6. 试画出顶部、底部均开口时烟囱内外压力分布图。

7. 试画出正向烟囱效应作用下各楼层和竖井的气流状况示意图。

8. 试画出逆向烟囱效应作用下各楼层和竖井的气流状况示意图。

9. 试画出正向烟囱效应作用下，中性层下方房间着火后，各楼层和竖井的气流状况示意图。

10. 试画出正向烟囱效应作用下，中性层上方房间着火后，各楼层和竖井的气流状况示意图。

11. 试画出逆向烟囱效应作用下，中性层下方房间着火后，各楼层和竖井的气流状况示意图。

12. 试画出逆向烟囱效应作用下，中性层上方房间着火后，各楼层和竖井的气流状况示意图。

5 火灾防控原理与技术

内容提要：从燃烧爆炸发生的要素出发阐述了火灾和爆炸的预防与控制原理，介绍了火灾分类及其扑救方法，讨论了基本灭火方法和目的，分析了各类灭火剂特点和选用，介绍了灭火器配置场所危险等级的划分、灭火级别的计算方法以及灭火器配置原则和标准，探讨了火场逃生和自救措施。

基本要求：(1) 了解火灾预防的基本方法；(2) 熟悉火灾预防原理和火灾扑救的基本方法与作用；(3) 熟悉火灾分类及相应灭火剂的选用；(4) 了解各类灭火剂的基本特性；(5) 了解灭火器配置场所危险等级的划分；(6) 掌握灭火器配置标准和原则；(7) 掌握灭火级别的计算方法；(8) 熟悉火场逃生和自救措施。

防治火灾爆炸灾害可分为两个层面，一是管理层面，即建立健全管理制度、制定操作程序、培训相关人员等；二是技术层面，即安全技术设计、安全技术装备等。这两个层面是相辅相成的。管理制度是以技术基础为依据的，没有好的技术基础，难以形成有效的管理制度；反过来，好的技术装备和措施也必须依靠好的管理制度才能有效地发挥作用。本章主要讨论技术层面的相关知识。

火灾与爆炸灾害防治技术可分为两类，一是预防技术，即在生产过程中防止出现燃烧与爆炸发生的条件；二是减灾技术，即尽量避免或减小爆炸发生后的灾害。前者是最根本、最有效的方法，后者是不可或缺的辅助方法。预防火灾，就是要控制燃烧三要素。预防爆炸，就要弄清爆炸发生的条件。如果爆炸发生在密闭空间（如容器内）或相对封闭的空间（如煤矿巷道）或压力波的传播受到阻碍就会显现出爆炸威力。从爆炸威力形成的角度出发，可以把工业介质发生爆炸的必要条件细化为5个因素，即可燃物质、助燃物质、两者以合适的比例混合（对于粉体来说，还必须是悬浮状态）、点火源、约束物体（相对封闭的空间或存在障碍物）。显然，如果控制住了这5个条件之一，就可以防止爆炸灾害的发生。常用的预防性技术措施有混合物浓度控制、助燃物质浓度控制、惰性气体保护等。要减轻爆炸灾害，就要弄清爆炸波传播机制，然后采取相应措施。减灾技术主要有灭火技术、阻燃技术、隔离技术、抑制技术、爆炸泄放技术、抗爆技术等。

5.1 火灾预防原理

火灾和爆炸灾害之间存在着密切的联系，常常相伴发生。它们的相同点是，都是可燃物质与助燃物质之间的氧化还原反应；主要区别是，火灾过程能量释放比较缓慢，爆炸过程能量瞬间释放。同一物质在某些条件下只能燃烧，而在另一条件下就会发生爆炸。例如，煤块只能燃烧，而煤粉就会爆炸。燃烧火焰在传播过程中遇到约束就会转化为爆炸，同时燃烧火焰又是爆炸事故的点火源；化学爆炸事故发生后会引发易燃物质燃烧，同时也会引发可燃气体喷出火泄漏，之后就会引发火灾。所以，防火防爆既有相同之处，也有各自的特殊性，在当今社会应该统筹考虑。

火灾预防技术包括以下几个方面。

(1) 设计与评估

包括对计划建设的建设及工程项目进行安全设计和对已有的建筑及工程可以进行危险性评估；对于建筑材料和结构可以进行阻燃处理；若发生火灾，要准确、及时地发现，并克服误报警；发现火灾之后，要合理配置资源，迅速、安全地进行扑救。

(2) 阻燃

高分子材料大部分是由碳氢元素组成的并且易燃，具有潜在的火灾危险性。采用高分子材料阻燃化技术可以克服或降低高分子材料的可燃性，减少火灾的发生及蔓延。高分子材料阻燃化技术主要通过阻燃剂使聚合物不容易着火或着火后燃烧速率变慢。阻燃剂按其使用方法可分为两种，即添加型和反应型。添加型阻燃剂包括有机阻燃剂和无机阻燃剂，它们和树脂进行机械混合后赋予树脂一定的阻燃性能，主要用于聚烯烃、聚氯乙烯、聚苯乙烯等树脂中。它的优点是使用方便、适应面广，但对聚合物的使用性能有较大的影响。反应型阻燃剂是作为一种反应单体参加反应，使聚合物本身含有阻燃成分。多用于缩聚反应，如聚氨酯、不饱和聚酯、环氧树脂、聚碳酸酯等。反应型阻燃剂具有赋予组成物或聚合物永久阻燃性的优点。理想的阻燃剂应当是无色，易于加入聚合物或组成物中，与其他组成相容性好，对热和光的反应稳定，且具有良好的阻燃性和非迁移性，对聚合物的物理性能没有明显的不利影响。另一方面，阻燃剂本身的毒性应较小，当加入到聚合物后不增加材料燃烧过程中的毒性。目前广泛使用的含卤材料具有优良的阻燃性。但是当火灾发生时，由于这些材料在分解和燃烧时会产生大量烟雾，并且起主要阻燃作用的卤化氢是有毒、腐蚀性的气体，从而妨碍救火和人员的疏散、腐蚀仪器和设备，造成“二次灾害”。因此，它将被逐渐淘汰，取而代之的是更为清洁、环保的综合性能优化的阻燃技术及其产品。

(3) 火灾探测原理与方法

烟气的浓度、温度、特殊产物的含量等都是探测火灾的常用参数。火灾探测报警系统的作用是及时将火灾迹象通知有关人员，以便他们尽早准备组织疏散或灭火，并通过联动系统启动其他消防设施，延长建筑物可供疏散的时间。火灾初期阶段，建筑物内会出现不少特殊现象，如发热、发光、发声，以及散发出烟尘、可燃气体、特殊气味等。这些现象为早期发现火灾、进行火灾探测提供了依据。按照探测元件与探测对象的关系，火灾探测原理可分为接触式和非接触式两种基本类型。接触式探测是利用某种装置直接接触烟气来实现火灾探测的，因此只有当烟气到达该装置所安装的位置时其感受元件方可发生响应。在普通建筑中使用最多的是点式探测器，当烟气所具有的浓度或温度达到所用元件的设定危险阈值时，它便发出报警。在某些特殊场合下，接触式探测器也可做成线型，如适宜在电缆沟内使用的缆线式感温探测器。非接触式探测是根据火焰或烟气的光学效果进行探测的。由于探测元件不必触及烟气，可以在离起火点较远的位置进行探测，故其探测速度较快，适宜探测那些发展较快的火灾。这类探测器主要有光束对射式、感光（火焰）式和图像式探测器。光束式探测器是将发光元件和受光元件分成两个部件，分别安装在建筑空间的两个位置。当有烟气从两者之间通过时，烟气浓度致使光路之间的减光量达到报警阈值时，便可发出火灾报警信号。利用光电效应探测火灾，主要探测火焰发出的紫外或红外光，而不用可见光波段，因为它不易有效地把火焰的辐射与周围环境的背景辐射区别开来。图像式探测法是利用摄像原理发现火

灾的。一旦发生火灾，火源及相关区域必然发出一定的红外辐射。在远处的摄像机发现这种信号后，便输入到计算机中进行综合分析，若判定确实是火灾信号则立即发出报警。由于它所给出的是图像信号，因此具有很强的可视和火源空间定位功能，有助于减少误报警和缩短火灾确认时间，增加人员疏散时间和实现早期灭火。

5.2 火灾分类

火灾是指在时间或空间上失去控制的燃烧所造成的灾害。过失起火成灾是指责任人麻痹大意、不负责任、违反防火安全管理制度或机械操作规程，致使物质引燃起火成灾，其特点是：可以预防而没有防止。故意纵火成灾是指敌对势力或破坏分子乘机放火成灾，其特点是：蓄意破坏、构成放火罪。自然火灾是指建筑物或可燃物遭受台风、地震、雷电等自然现象侵袭引发高热而起火成灾，其特点是：无法预防、不可抗拒、而无责任。

预防火灾的一切措施都是以防止燃烧的三个条件结合在一起为目的，其基本方法是：控制可燃物、隔绝助燃物、消除点火源和设置防火间距。控制可燃物的措施，如以难燃或非燃材料代替易燃材料，对具有火灾、爆炸危险场所采用加强通风、排气、排除或减少爆炸混合物的形成和数量；对可燃气体、易燃液体采用容器密闭，管道输送；对性质相互抵触的化学危险物品，采用分仓、分堆存放保管等。隔绝助燃物的措施，如容器真空排除空气中的氧，充入惰性气体等。消除点火源、隔离控制火源的措施，如严禁烟火、安置避雷针、静电接地等。设置防火间距可以有效避免火灾进一步扩大。

依我国国家标准（GB 4968）的规定，火灾的种类可分为 6 类。

A 类，即普通火灾，指由木材、纸张、棉、布、塑胶等固体物质所引起的火灾。

B 类，即油类火灾，指由引火性液体及固体油脂物体所引起的火灾，如汽油、石油、煤油等。

C 类，即气体火灾，指由气体燃烧、爆炸引起的火灾，如天然气、煤气等。

D 类，即金属火灾，指钾、钠、镁、锂及禁水物质引起的火灾。

E 类，即带电火灾，指由电器走火、漏电、打火引起的火灾，如发电机房、变压器室、配电间、仪器仪表间和电子计算机房等在燃烧时不能及时或不宜断电的电气设备带电燃烧的火灾。这类火灾是建筑灭火器配置设计的专用概念，主要是指发电机、变压器、配电盘、开关箱、仪器仪表和电子计算机等在燃烧时仍旧带电的火灾，必须用能达到电绝缘性能要求的灭火器来扑灭。对于那些仅有常规照明线路和普通照明灯具而且并无上述电气设备的普通建筑场所，可不按 E 类火灾的规定配置灭火器。

F 类，即烹饪物火灾，指烹饪器具内的烹饪物引起的火灾。

5.3 防火灭火原理

根据燃烧三要素，可有以下 4 种防火灭火方法，即控制可燃物质、控制助燃物质、控制点火源和设置防火间距。根据链式反应理论，要实现灭火，一是降低系统中的自由基增长速度。降低系统温度有助于减慢自由基增长速度，因为在链传递过程中由链分支而产生的自由基增长是一个分解过程，需吸收能量。温度高，自由基增长快；温度低，自由基增长慢。二是增加自由基在固相器壁的消毁速度。为增加自由基碰撞固相器壁的机会，可以在着火系统中加入惰性固体颗粒，如粉末灭火剂、砂子等。三是增加自由基在气相中的消毁速度。可在着火系统中喷洒卤代烷等灭火剂；或者在防火材料中加入卤代烷阻燃剂，如溴阻燃剂。

这样，防火灭火的一切措施都是为了破坏已经结合在一起的燃烧三个条件中一个或两个条件为依据的。基本方法主要有以下 4 种。

① 隔离法　将正在燃烧的物质与不燃烧的物质分开，中断可燃物质的供给，这样可使火源孤立，由于缺少可燃物而停止燃烧。如把火源附近的可燃、易燃、易爆和助燃物品搬走；关闭可燃气体、液体管道的阀门，以减少和阻止可燃物质进入燃烧区；设法阻拦流洒的易燃、可燃液体；拆除与火源相毗连的易燃建筑物，形成防止火势蔓延的空间地带等。

② 窒息法　阻止助燃的氧化剂进入，使可燃物质因缺乏氧化剂而停止燃烧。如用二氧化碳、氮气、水蒸气等灌入着火的容器中，笼罩起火物，封闭着火的建筑物的门窗和设备的孔洞；用湿棉被、沙土、水泥、湿麻袋、湿棉被等不燃或难燃物质覆盖燃烧物；喷洒雾状水、干粉、泡沫等灭火剂覆盖燃烧物；密闭起火建筑、设备和孔洞；把不燃的气体或不燃液体（如二氧化碳、氮气、四氯化碳等）喷洒到燃烧物区域内或燃烧物上等。将水蒸气、二氧化碳等引入着火区，使着火区空间氧浓度降低，当氧浓度低于 12%，或者水蒸气浓度高于 35%，或者二氧化碳浓度高于 30%～35%时，绝大多数燃烧就会熄灭。必须注意，因炸药不需外界供氧即能燃烧与爆炸，所以窒息法对炸药不起作用。

③ 冷却法　将灭火剂直接喷射到燃烧的物体上，以降低燃烧的温度于燃点之下，使燃烧停止。或者将灭火剂喷洒在火源附近的物质上，使其不因火焰热辐射作用而形成新的火点。冷却法是灭火的一种主要方法，常用水和二氧化碳作灭火剂冷却降温灭火。对灭火来说，降低氧浓度或者可燃气浓度比降低环境温度作用更大；相反，对防止着火来说，降低环境温度的作用大于降低氧浓度或者可燃气体浓度的作用。

④ 化学抑制法　让灭火剂参与燃烧的链式反应，使燃烧过程中产生的自由基消失，形成稳定分子，从而使燃烧反应停止。传统的哈龙灭火剂、干粉灭火剂，近年发展起来的 7501 灭火剂等均属于化学抑制法灭火剂之一，而且灭火效果较好，将被广泛地生产和使用。

在火场上，往往同时采用几种灭火法，以充分发挥各种灭火方法的效能，才能迅速有效地扑灭火灾。

灭火过程还要考虑次生灾害，如二次燃烧或爆炸、触电、环境污染等。

5.4　灭火剂选用

为了能迅速扑灭火灾，必须按照现代的防火技术、生产工艺过程的特点、着火物质的性质、灭火剂的性质等选择灭火剂。常用的灭火剂有水、泡沫灭火剂、干粉灭火剂、酸碱灭火剂、哈龙灭火剂（基本被淘汰）、哈龙替代品（包括卤代烷烃类、惰性气体类和气溶胶类灭火剂）、四氯化碳灭火剂、7501 灭火剂、气溶胶灭火剂等。

5.4.1　水

水是最常用的灭火剂，它资源丰富，取用方便。水的热容量大，能从燃烧物中吸收很多热量，使燃烧物的温度迅速下降，使燃烧终止。水在受热汽化时，体积增大 1700 多倍，当大量的水蒸气笼罩于燃烧物的周围时，可以阻止空气进入燃烧区，从而大大减少氧的含量，

使燃烧因缺氧而窒息熄灭。在用水灭火时，加压水能喷射到较远的地方，具有较大的冲击作用，能冲过燃烧表面而进入内部，从而使未着火的部分与燃烧区隔离开来，防止燃烧物继续分解燃烧。水能稀释或冲淡某些液体或气体，降低燃烧强度；能浸湿未燃烧的物质，使之难以燃烧；还能吸收某些气体、蒸气和烟雾，有助于灭火。

经水泵加压由直流水枪喷出的柱状水流（直流水）和由开花水枪喷出的滴状水流（开花水）可用于扑救一般固体物质的火灾（如煤炭、木制品、粮草、棉麻、橡胶、纸张等），还可扑救闪点大于120℃、常温下呈半凝固状态的重油火灾。由喷雾水枪喷出的雾状水可大大提高水与燃烧物或火焰的接触面积，降温快、灭火效率高。可用于扑灭可燃粉尘、纤维状物质、谷物堆囤等固体物质的火灾，也可用于电气设备火灾的扑救。与直流水相比，开花水和雾状水的射程均较近，不能远距离使用。

值得注意，水不能用于扑灭下列火灾。

ⅰ. 密度小于水和不溶于水的易燃液体的火灾，如汽油、煤油、柴油等油品。苯类、醇类、醚类、酮类、酯类及丙烯腈等大容量储罐，如用水扑救，则水会沉在液体下层，被加热后会引起爆沸，形成可燃液体的飞溅和溢流，使火势扩大。对于密度大于水的可燃液体，如二硫化碳，可以用喷雾水扑救，或用水封阻止火势的蔓延。

ⅱ. 遇水产生燃烧物的火灾，如金属钾、钠、碳化钙等，不能用水，而应用砂土灭火。

ⅲ. 硫酸、盐酸和硝酸引发的火灾，不能用水流冲击，因为强大的水流能使酸飞溅，流出后遇可燃物质，有引起爆炸的危险。酸溅在人身上，能灼伤人。

ⅳ. 电气火灾未切断电源前不能用水扑救，因为水是良导体，容易造成触电。

ⅴ. 高温状态下化工设备的火灾不能用水扑救，以防高温设备遇冷水后骤冷，引起形变或爆裂。

5.4.2 泡沫灭火剂

泡沫灭火剂是扑救可燃易燃液体的有效灭火剂，它主要是在液体表面生成凝聚的泡沫漂浮层，起窒息和冷却作用。泡沫灭火剂分为化学泡沫、空气泡沫、氟蛋白泡沫、水成膜泡沫和抗溶性泡沫等。

常用的化学泡沫灭火剂（MP）主要是由酸性盐（硫酸铝）和碱性盐（碳酸氢钠）与少量的发泡剂（植物水解蛋白质或甘草粉）、少量的稳定剂（三氯化铁）等混合后相互作用而生成的，其反应方程式为

$$6NaHCO_3 + Al_2(SO_4)_3 \longrightarrow 2Al(OH)_3 + 3Na_2SO_4 + 6CO_2$$

化学泡沫灭火剂在发生作用后生成大量的二氧化碳气体，它与发泡剂作用便生成许多气泡。这种泡沫密度小，且有黏性，能覆盖在着火物的表面上隔绝空气。同时二氧化碳也不助燃。值得注意，化学泡沫灭火剂不能用来扑救忌水忌酸的化学物质和电气设备的火灾。

空气泡沫灭火剂（MPE）即普通蛋白质泡沫，是一定比例的泡沫液、水和空气经过机械作用相互混合后生成的膜状泡沫群。泡沫的相对密度为0.11～0.16，气泡中的气体是空气。泡沫液是动物或植物蛋白质类物质经水解而成的。空气泡沫灭火剂的作用是当其以一定厚度覆盖在可燃或易燃液体的表面后，可以阻挡易燃或可燃液体的蒸气进入火焰区，使空气与液面隔离，也防止火焰区的热量进入可燃或易燃液体表面。值得注意，在高温下空气泡沫灭火剂产生的气泡由于受热膨胀会迅速遭到破坏，所以不宜在高温下使用；构成泡沫的水溶液能溶解于酒精、丙酮和其他有机溶剂中，使泡沫遭到破坏，故空气泡沫不适用于扑救醇、酮、醚类等有机溶剂的火灾，对于忌水的化学物质也不适用。

抗溶性泡沫灭火剂（MPK）是在蛋白质水解液中添加有机酸金属络合盐。这种有机金属络合盐类与水接触，析出不溶于水的有机酸金属皂。当产生泡沫时，析出的有机酸金属皂在泡沫层上面形成连续的固体薄膜。这层薄膜能有效地防止水溶性有机溶剂吸收泡沫中的水分，使泡沫能持久地覆盖在溶剂液面上，从而起到灭火的作用。它不仅可以扑救一般液体烃类的火灾，还可以有效地扑灭水溶性有机溶剂的火灾。

氟蛋白泡沫灭火剂（MPF）是在空气泡沫液中加入氟碳表面活性剂，使之生成氟蛋白泡沫。氟碳表面活性剂具有良好的表面活性、较高的热稳定性、较好的浸润性和流动性。当该泡沫通过油层时，油不能向泡沫内扩散而被泡沫分隔成小油滴。这些小油滴被未污染的泡沫包裹，在油层表面形成一个包有小油滴的不燃烧的泡沫层，即使泡沫中含汽油量高达25%也不会燃烧，而普通空气泡沫层中含有10%的汽油时即开始燃烧。因此，这种氟蛋白泡沫灭火剂适用于较高温度下的油类灭火，并适用于液下喷射灭火。

水成膜泡沫灭火剂（MPQ）又称“轻水”泡沫灭火剂，或氟化学泡沫灭火剂。它由氟碳表面活性剂、无氟表面活性剂（碳氯表面活性剂或硅酮表面活性剂）和改进泡沫性能的添加剂（泡沫稳定剂、抗冻剂、助溶剂以及增稠剂等）及水组成。根据泡沫灭火剂溶液成泡后发泡倍数（膨胀率）的大小，泡沫灭火剂可以分为低倍数、中倍数和高倍数3种。发泡倍数（泡沫体积/溶液体积）在20倍以下称为低倍数；20～40倍的为中倍数；100倍以上的为高倍数。通常使用的泡沫灭火剂的发泡倍数为6～8倍，低于4倍的不宜再用。

5.4.3　干粉灭火剂

干粉灭火剂（MF）的主要成分是碳酸氢钠和少量的防潮剂硬脂酸镁及滑石粉等。用干燥的二氧化碳或氮气作动力，将干粉从容器中喷出，形成粉雾喷射到燃烧区，干粉中的碳酸氢钠受高温作用发生分解，其化学反应方程式为

$$2NaHCO_3 \longrightarrow Na_2CO_3 + H_2O + CO_2$$

该反应是吸热反应，反应放出大量的二氧化碳和水，水受热变成水蒸气并吸收大量的热能，起到一定的冷却和稀释可燃气体的作用。干粉灭火剂的种类很多，大致可分为以下3类：以碳酸氢钠（钾）为基料的干粉，用于扑灭易燃液体、气体和带电设备的火灾；以磷酸三铵、磷酸氢二铵、磷酸二氢铵及其混合物为基料的干粉，用于扑灭可燃固体、可燃液体、可燃气体及带电设备的火灾；以氯化钠、氯化钾、氯化钡、碳酸钠等为基料的干粉，用于扑灭轻金属火灾。应该指出，一些扩散性很强的易燃气体，如乙炔、氢气，干粉喷射后难以使整个范围内的气体稀释，灭火效果不佳。它也不宜用于精密机械、仪器、仪表的灭火，因为在灭火后留有残渣。此外，在使用干粉灭火时，要注意及时冷却降温，以免复燃。

5.4.4　酸碱灭火剂

酸碱灭火剂是用碳酸氢钠与硫酸相互作用，生成二氧化碳和水，其化学反应方程式为

$$2NaHCO_3 + H_2SO_4 \longrightarrow Na_2SO_4 + 2H_2O + 2CO_2$$

这种灭火剂用来扑救非忌水物质的火灾，它在低温下易结冰，天气寒冷的地区不适合使用。

5.4.5　哈龙灭火剂

哈龙灭火剂即卤代烷烃灭火剂（MY），它具有灭火效率高、不留痕迹、绝缘性能好、

腐蚀性小、久存不变质等优点，适用于扑救易燃液体、气体、电气火灾，特别适用于精密仪器、仪表及重要文献资料的灭火。卤代烷的灭火原理主要是抑制燃烧的链式反应，由于分子中含有1个或多个卤素原子，在接触火焰时，受热产生的卤素离子与燃烧产生的活性氢基化合，使燃烧的链式反应停止。此外，它们兼有一定的冷却、窒息作用。卤代烷灭火剂的灭火效率比二氧化碳和四氯化碳要高。目前，我国使用的卤代烷灭火剂主要有1211（二氟一氯一溴甲烷，CF_2ClBr）、1202（二氟二溴甲烷，CF_2Br_2）和1301（三氟一溴，CF_3Br）。值得注意，卤代烷灭火剂不宜扑灭自身能供氧的化学药品、化学活泼性大的金属、金属的氢化物和能自燃分解的化学药品的火灾。哈龙含有氯和溴，在大气中受到太阳光辐射后，分解出氯、溴的自由基，这些化学活性基团与臭氧结合夺去臭氧分子中的一个氧原子，引发破坏性链式反应，从而降低臭氧浓度，使臭氧层遭到破坏，产生臭氧空洞。哈龙在大气中的存活寿命长达数十年，它在平流层中对臭氧层的破坏作用将持续几十年甚至更长时间。因此哈龙对臭氧层的破坏作用是巨大的。衡量对臭氧层的破坏程度通常用臭氧消耗潜值（ozone depletion potential，简称ODP），用于考察气体散逸到大气中对臭氧破坏的潜在影响程度。规定以R11的臭氧破坏影响作为基准，取R11的ODP值为1，其他物质的ODP是与R11的ODP值的比值。

5.4.6 哈龙替代品

为了保护大气臭氧层，1985年3月，联合国环境规划署（UNEP）在奥地利首都维也纳召开了保护臭氧层外交大会，有21个国家的政府代表出席了会议。会议一致通过了“保护臭氧层维也纳公约”，并于1988年9月生效。要求各国采取法律、行政、技术等方面的措施保护人类健康和环境，减少对臭氧层的破坏。鼓励政府间开展相关合作。为促使各国采取有实质性的控制措施，UNEP又于1987年9月在加拿大蒙特利尔召开了大会，通过了“关于消耗臭氧物质的蒙特利尔议定书”，明确规定，发达国家淘汰哈龙灭火剂的时间为2000年1月1日，发展中国家淘汰哈龙灭火剂的时间为2010年1月1日。我国政府于1989年9月11日正式加入“保护臭氧层维也纳公约”，1991年加入了“关于消耗臭氧物质的蒙特利尔议定书”，并承诺自2006年1月1日起全部停止生产哈龙1211灭火剂，自2010年1月1日起全部停止生产哈龙1301灭火剂。

为了人类免受气候变暖的威胁，1992年6月4日在巴西里约热内卢举行的联合国环发大会（地球首脑会议）上通过了《联合国气候变化框架公约》（United Nations Framework Convention on Climate Change，简称《框架公约》，英文缩写UNFCCC），它是世界上第一个为全面控制二氧化碳等温室气体排放，以应对全球气候变暖给人类经济和社会带来不利影响的国际公约，也是国际社会在对付全球气候变化问题上进行国际合作的一个基本框架。1997年12月，《联合国气候变化框架公约》第三次缔约方大会在日本京都举行。149个国家和地区的代表通过了旨在限制发达国家温室气体排放量以抑制全球变暖的《京都议定书》。衡量温室效应的指标是温室效应值（global warming potential，简称GWP），指单位时间内（通常是100年）该温室气体对于温室效应的作用效果，以二氧化碳的GWP取1为基准，其他气体的GWP值是与二氧化碳的值的比值。

因此，在选用哈龙灭火剂替代物时，应满足以下基本要求。

ⅰ. 对环境（大气）无危害。不破坏臭氧层，要求ODP≤0.05，最好ODP=0。

ⅱ. 不产生温室效应或温室效应不明显，要求GWP≤0.1。

ⅲ. 对人体无毒害，或仅有轻微影响。要求哈龙替代品的设计灭火浓度小于或等于它的

NOAEL值（no observed adverse effect level，无毒性反应的最高浓度），且不得大于其LOAEL值（lowest observed adverse effect level，出现毒性反应的最低浓度），并能应用于有人场所。

ⅳ. 不可燃，灭火效能高，设计灭火浓度低。要求接近于哈龙1301，即设计灭火浓度为5%左右，且能在10s内灭火。

ⅴ. 喷射后能全部蒸发和汽化，在封闭空间内可迅速、均匀分布，无固、液相残留物，不导电，不击穿电子电器设备，不会污损、腐蚀、破坏被保护现场设备。

ⅵ. 应属可液化的气体或具有与液化气体相类似的物化特性，可液态储存。即沸点和临界温度较低、临界压力和蒸气压适中。

ⅶ. 存储稳定性（包括其耐热稳定性和化学稳定性）良好。

ⅷ. 与弹性密封元件的相容性良好。

ⅸ. 成本低，有利于广泛推广。

现在已经开发的哈龙替代品主要有三类：卤代烃类、惰性气体和气溶胶灭火剂。

(1) 卤代烃类灭火剂

卤代烃类灭火剂有氢氟碳类、卤化碳和氟碘烃类等。氢氟碳类灭火剂，如广泛使用的FM-200（七氟丙烷）。七氟丙烷气体灭火剂FM-200是美国大湖公司开发的，分子式为CF_3CHFCF_3，它无色无味，在一定的压强下呈液态储存。七氟丙烷的灭火机理与卤代烷系列灭火剂的灭火机理相似，以化学灭火为主。虽然七氟丙烷气体灭火剂不破坏臭氧层，但温室效应值GWP为0.6，大气存留时间为31年。由于这个缺陷，英美等国已将其列入受控使用计划之列，不宜长期作哈龙替代物。另外，七氟丙烷气体灭火剂密度较空气轻，扑灭表面火灾后，很快就向上漂浮，对深位火灾灭火效果不好。七氟丙烷气体灭火剂可用于扑救液体火灾或可熔化的固体火灾，灭火前能断气源的气体火灾，适用于有人占用场所，对电子仪器设备、磁带资料等不会造成损害。

卤化碳是由含溴烯烃、含碘烯烃组成的混合物，分子中至少有六个碳原子，含C═C双键或C—I键、一定量的氯或溴原子，组成并不固定。通过与氢氯氟烃、氢氟碳化物和全氟化碳等物质混合形成共沸物，从而改变其物理特性，以达到最佳灭火性能。该类灭火剂以化学灭火为主，多应用于封闭空间，采用全淹没方式。

氟碘烃（FICs）物质是指含有氟、碘的烃类物质，通过化学催化作用（惰化火焰中的高活性自由基）和物理吸热作用灭火，在我国使用的有三氟一碘甲烷（CF_3I）。氟碘烃（FICs）类物质具有灭火效率高、低毒、清洁、良好的热稳定性和材质相容性、对环境无不良影响等特点，但由于其黏度系数大，输送距离受限，只能采用单元独立系统和无管网装置，综合造价远大于1301、FM 200、SD E、气溶胶等，同时在喷放时形成“白雾”，在一定程度上会影响人员疏散。

(2) 惰性气体灭火剂、二氧化碳和SDE气体灭化剂

惰性气体灭火剂主要有IG-541、IG-55、IG-01和IG-100灭火剂，其中应用最为广泛的是IG-541灭火剂。IG-541也称为烟烙尽（Inergen），它由氮气、氩气、二氧化碳按照52∶40∶8的比例组合而成，该材料可以降低空气中的氧含量，并且释放的二氧化碳具有物理平衡作用。当氧含量降至12%时，火已经没有足够的氧气来维持燃烧。

二氧化碳在通常状态下是无色无味的气体，相对密度为1.529，比空气重，不燃烧也不助燃。将经过压缩液化的二氧化碳灌入钢瓶内，便制成二氧化碳灭火剂（MT）。从钢瓶里喷射出来的固体二氧化碳（干冰）温度可达－78.5℃，干冰汽化后，二氧化碳气体覆盖在燃

烧区内，除了窒息作用之外，还有一定的冷却作用，火焰就会熄灭。由于二氧化碳不含水、不导电，所以可以用来扑灭精密仪器和一般电气火灾。但是二氧化碳不宜用来扑灭金属钾、钠、镁、铝等及金属过氧化物（如过氧化钾、过氧化钠）、有机过氧化物、氯酸盐、硝酸盐、高锰酸盐、亚硝酸盐、重铬酸盐等氧化剂的火灾，因为当二氧化碳从灭火器中喷出时，温度降低，使环境空气中的水蒸气凝集成小水滴，上述物质遇水发生化学反应，释放大量的热量，抵制了冷却作用，同时放出氧气，使二氧化碳的窒息作用受到影响。

SDE气体灭火剂及灭火系统是由我国研制成功的一种新型气体灭火产品，灭火剂在常温常压下以固体形态储存，工作时经电子气化启动器激活催化剂启动灭火剂，并立即气化，气态组分约为CO_2占35%、N_2占25%、气态水占39%，雾化金属氧化物占1.2%。因不含F、Cl、Br、I等卤族元素，故其对臭氧层破坏指数ODP为0，且温室效应潜能值GWP≤0.35。是目前国内唯一拥有自主知识产权的一个气体灭火新产品。

(3) 气溶胶灭火剂

气溶胶灭火剂（pyrotechnically generated aerosols，简写为PGAs）是介于固体灭火剂和液体灭火剂之间的一类新型灭火剂。主要用于图书馆、档案馆、交通运输工具、机房等封闭场所。气溶胶灭火剂主要包括：热气溶胶灭火剂，冷气溶胶灭火剂和细水雾灭火剂。

热气溶胶灭火剂灭火装置中安装有智能型感烟探测器和感温探测器。火灾发生时，灭火装置可自动探测到火警并点燃气溶胶灭火药剂，燃烧产生大量的气溶胶烟雾迅速弥漫整个火灾空间，实施灭火。适合于扑灭A、B、C、E类火灾。热气溶胶灭火剂具有十分显著的优点：

ⅰ. 气溶胶的扩散没有方向性，无论喷射方向或喷口的位置如何，在很短的时间内能很快扩散到保护空间的各个部位，以全淹没的方式灭火，并可以绕过障碍物在火灾空间有较长的驻留时间；

ⅱ. 灭火所需时间短，灭火速度快；

ⅲ. 灭火装置为模块化组合，可在常温常压下存放（因为本身燃烧时可提供能量，所以不需要采用耐压装置），维护方便；

ⅳ. 气溶胶灭火剂储存期为5～10年，成本低廉；

ⅴ. 不损耗大气臭氧层。

然而气溶胶和其他灭火剂一样也存在着一些不足之处，主要表现在：

ⅰ. 热气溶胶灭火剂属于自反应性物质，反应后产生的高温容易引起二次灾害；

ⅱ. 热气溶胶灭火剂的配方中含有易吸湿的药品，对灭火剂药柱的储存和使用极为不利。

冷气溶胶灭火剂是在热气溶胶的基础上发展起来的，与热气溶胶不同的是，冷气溶胶是用物理方法将灭火剂的固体组分粉碎、研磨成微粒制成超细颗粒，再用压缩气体（如氮气）作为动力源及气体源，将固体微粒予以分散形成气溶胶。其灭火机理主要是在密闭空间内靠单位质量中80%的灭火组分微粒的化学抑制作用来达到灭火的目的，其中较小的微粒保证了在空间的停留时间，有效的与火焰中活性物质反应，抑制燃烧；较大的微粒保证了灭火剂组分穿过火焰的动量和密度，实现快速灭火。主要适合于扑灭A、B、C类火灾。

细水雾灭火剂一般指粒径在20～120μm之间的小水滴。由于细水雾雾滴直径很小，相对同样体积的水，其表面积剧增，从而加强了热交换的效能，起到了非常好的降温效果。细水雾吸收热量后迅速被汽化，使得体积急剧膨胀，通常达到1700多倍，从而降低了空气中的氧气浓度，抑制了燃烧中的氧化反应的速率，起到了窒息的作用。由此可见细水雾的灭火机理：一是降温效能，吸收热量；二是窒息作用，阻断氧化反应。此外，细水雾具有非常优越的阻断热辐射传递的效能，能有效地阻断强烈的热辐射。细水雾在冷却、窒息和隔绝热辐射的三重作用下达到控制火灾、抑制火灾和扑灭火灾的目的，细水雾灭火系统具有水喷淋和气体灭火的双重作用和优点，既有水喷淋系统的冷却作用，又有气体灭火系统的窒息作用，所以是一项非常值得推广的灭火技术。

5.4.7 四氯化碳灭火剂

四氯化碳是无色透明液体，不自燃、不助燃、不导电、沸点低（76.8℃）。当它落入火区时迅速蒸发，由于其蒸气密度大（约为空气的5.5倍），很快密集在火源周围，起到隔绝空气的作用。当空气中含有10%的四氯化碳蒸气时，火焰就将迅速熄灭，故它是一种很好的灭火剂，特别适用于电气设备的灭火。四氯化碳有一定的腐蚀性，对人体有毒害，在高温时能生成光气，所以近年来已日渐被卤代烷取代。

5.4.8 7501灭火剂

7501灭火剂是一种无色透明的液体，主要成分为三甲氧基硼氧烷，其化学式为$(CH_3O)_3B_2O_3$，是扑灭镁铝合金等忌水性物质火灾的有效灭火剂。当它以雾状被喷到炽热的烧着的轻金属上面时，会发生以下两种化学反应。

分解反应 $$(CH_3O)_3B_3O_3 \longrightarrow (CH_3O)_3B+B_2O_3$$

即三甲氧基硼氧烷分解为硼酸三甲酯和硼酐。此分解反应为可逆反应，反复生成硼酐，这也是高效灭火原因。

燃烧反应 $$2(CH_3O)_3B_3O_3+9O_2 \longrightarrow 3B_2O_3+9H_2O+6CO_2$$

以上两种反应所生成的硼酐在轻金属燃烧的高温下熔化为玻璃状液体，流散于金属表面及其缝隙中，在金属表面形成一层硼酐隔膜，使金属与大气（氧气）隔绝，从而使燃烧窒息。同时在7501发生燃烧反应时，还需消耗金属表面附近的大量氧气，这就能够降低轻金属的燃烧强度。在使用7501灭火剂时，燃烧物表面被硼酐所覆盖后，为了提高灭火效果，还可以喷射适量的雾状水或泡沫来冷却金属，使得灭火效果更佳。

5.4.9 烟雾灭火剂

烟雾灭火剂是在发烟火药基础上研制的一种特殊灭火剂，呈深灰色粉末状。烟雾灭火剂中的硝酸钾是氧化剂，木炭、硫黄和三聚氰胺是还原剂，它们在密闭系统中可维持燃烧而不需外部供氧。碳酸氢钠为缓燃剂，可降低发烟剂的燃烧速率，使其维持在适当的范围内不致引燃或爆炸。烟雾灭火剂85%以上的燃烧产物为二氧化碳和氮气等不燃气体。

5.4.10 灭火器选用

不同种类的火灾选用不同的灭火器。A、B、C类火灾扑救灭火器选用见表5-1。

扑救A类火灾：应选用水型、泡沫、磷酸铵盐干粉、卤代烷型灭火器。对于布、纸等应尽量减少水浸所造成的损失；对珍贵图书，档案资料等应使用二氧化碳、卤代烷以及干粉灭火剂进行灭火。

表 5-1 灭火器选用

灭火机理 \ 灭火器类型 / 火灾种类	水型		干粉型		泡沫型	卤代烷型		二氧化碳
	清水	酸碱	磷酸铵盐	碳酸氢钠	化学泡沫	1211	1301	
A类火灾 系指含碳固体可燃物燃烧的火灾,如木材、棉、毛、麻、纸张等	适用:水能冷却,并穿透燃烧物而灭火,可有效防止复燃		适用:粉剂能附着在燃烧物的表面层,起到窒息火焰作用,隔绝空气,防止复燃	不适用:碳酸氢钠对固体可燃物无粘附作用,只能控火不能灭火	适用:具有冷却和覆盖燃烧物表面,与空气隔绝的作用	适用:目前世界各国均认为它具有扑灭A类火灾的能力,经过试验也证明了这一点		不适用:灭火器喷出的二氧化碳量少,无液滴,全是气体,对A类火基本无效
B类火灾 系指甲、乙、丙类液体燃烧的火灾。如汽油、煤油、柴油、甲醇、乙醚、丙酮等	不适用:水流冲击油面,会激溅油火,致使火势蔓延,灭火困难		适用:干粉灭火剂能快速窒息火焰,还有中断燃烧过程的链反应的化学活性		半适用:覆盖燃烧物表面,使燃烧物表面与空气隔绝,可有效灭火。由于极性溶剂破坏泡沫,故不适用	透用:卤代烷灭火剂能快速窒息火焰,抑制燃烧链反应,而中止燃烧。灭火不留残渍、不污染、不损坏设备		适用:二氧化碳靠气体堆积在燃料表面,稀释并隔绝空气
C类火灾 系指可燃气体燃烧的火灾。如煤气、天然气、甲烷、丙烷、乙炔、氢气	不适用:灭火器喷出的细小水流对立体型的气体火灾作用很小,基本无效		适用:喷射干粉灭火剂能快速扑灭气体火焰,具有中断燃烧过程的链反应的化学活性		不适用:泡沫对平面火灭火有效,但灭立体型气体火基本无效	适用:卤代烷灭火剂能抑制燃烧链反应,而中止燃烧。灭火不留残渍,不污染、不损坏设备		适用:二氧化碳窒息灭火,不留残渍,不损坏设备

扑救B类火灾：应选用干粉、泡沫、卤代烷、二氧化碳型灭火器，同时用水冷却容器壁，以减慢液体蒸发速度；关闭阀门，切断可燃液体来源，并把燃烧区域内容器中的可燃液体通过管道抽至安全地区；要采取措施，防止燃烧区内的可燃液体在地上流散；在扑救原油油罐火灾时，若出现火焰增大、发亮、变白、烟色由浓变淡，金属原油罐壁发生颤抖并伴有强烈的噪声等喷溅苗头时，应及时将人员撤离火灾现场，以避免不必要的人员牺牲。

扑救C类火灾：因气体燃烧速率快，极易造成爆炸，一旦发现可燃气体着火，应立即关闭阀门，切断可燃气体来源，同时使用应选用干粉、卤代烷、二氧化碳型灭火器将气体燃烧火焰扑灭。

扑救D类火灾：钠、钾等燃烧时温度很高，水及其他普通灭火剂在高温下会因发生分解而失去作用，应使用特殊灭火剂。少量金属燃烧时，可用干砂、干食盐等扑救。

扑救E类带电火灾：火灾现场若有电器设备，在进行火灾扑救时，应首先切断电源，但对于商场、影剧院等人员密集的场所，照明线路则应在人们撤离之后再切断。

5.4.11 灭火器配备

灭火器的正确选型是建筑灭火器配置设计规范的关键，必须严格依据有关标准（我国国家标准为 GB 50140—2005《建筑灭火器配置设计规范》）进行配备。一般建议按照下面几个因素来选配适用类型、规格、型式的灭火器。

根据灭火器配置场所的火灾种类，可判断出应选哪一种类型的灭火器。如果选择不合适的灭火器不仅不能灭火，而且还有可能致使火灾扩大，甚至会发生爆炸伤人事故。

根据灭火器配置场所的危险等级和火灾种类等因素，可确定灭火器的保护距离和配置基准，这是进行建筑灭火器配置设计和计算的首要步骤。在选择建筑灭火器时应考虑灭火器的灭火效能和通用性。

为了保护贵重物资与设备免受不必要的污渍损失，建筑灭火器配置设计规范的选择应考虑其对被保护物品的污损程度。水型灭火器和泡沫灭火器均有污损作用。而选用气体灭火器，灭火后不仅没有任何残迹，而且对贵重、精密设备也没有污损、腐蚀作用。

灭火器设置点的环境温度对灭火器的喷射性能和安全性能均有明显影响。灭火器设置点的环境温度应在灭火器使用温度范围之内。若环境温度过低则灭火器的喷射性能显著降低，若环境温度过高则灭火器的内压剧增，灭火器则会有爆炸伤人的危险。

灭火器是靠人来操作的，建筑灭火器配置设计规范尤为重要，应对该场所中人员的体能进行分析，然后正确地选择灭火器的类型、规格、型式。通常不同的民用建筑场所内，中、小规格的手提式灭火器应用较广；而在工业建筑场所的大车间和古建筑场的大殿内，则可考虑选用大、中规格的手提式灭火器或推车式灭火器。

(1) 灭火器配置场所火灾危险等级

灭火器配置场所系指生产、使用、储存可燃物并要求配置灭火器的房间或部位，如油漆间、配电间、仪表控制室、办公室、实验室、库房、舞台、堆垛等。根据其生产、使用、储存物品的火灾危险性、可燃物数量、火灾蔓延速度、扑救难易程度等因素，工业建筑灭火器配置场所的危险等级划分为轻危险级、中危险级、严重危险级三个等级。

轻危险级场所是火灾危险性较小，可燃物较少，起火后蔓延较缓慢，扑救较易的场所，主要指建筑高度为24m及以下的旅馆、办公楼；仅在走道设置闭式系统的建筑等。

中危险级场所是火灾危险性较大，可燃物较多，起火后蔓延较迅速，扑救较难的场所，再细分成2个级别。

Ⅰ级包括：①高层民用建筑，包括旅馆、办公楼、综合楼、邮政楼、金融电信楼、指挥调度楼、广播电视楼（塔）等；ⅱ公共建筑（含单、多高层），包括医院、疗养院；图书馆（书库除外）、档案馆、展览馆（厅）；影剧院、音乐厅和礼堂（舞台除外）及其他娱乐场所；火车站和飞机场及码头的建筑；总建筑面积小于5000m^2的商场、总建筑面积小于1000m^2的地下商场等；ⅲ文化遗产建筑，包括木结构古建筑、国家文物保护单位等；ⅳ工业建筑，包括食品、家用电器、玻璃制品等工厂的备料与生产车间等；冷藏库、钢屋架等建筑构件。

Ⅱ级包括：①民用建筑，包括书库、舞台（“葡萄架”除外）、汽车停车场、总建筑面积为5000m^2及以上的商场、总建筑面积为1000m^2及以上的地下商场等；ⅱ工业建筑，包括棉毛麻丝及化纤的纺织、织物及制品、木材木器及胶合板、谷物加工、烟草及制品、饮用酒（啤酒除外）、皮革及制品、造纸及纸制品、制药等工厂的备料与生产车间。

严重危险级是火灾危险性大，可燃物多，起火后蔓延迅速，扑救困难，容易造成重大财产损失的场所，再分成2个级别。

Ⅰ级是指印刷厂、酒精制品、可燃液体制品等工厂的备料与车间等。

Ⅱ级是指易燃液体喷雾操作区域、固体易燃物品、可燃的气溶胶制品、溶剂、油漆、沥青制品等工厂的备料及生产车间、摄影棚、舞台“葡萄架”下部。

根据其使用性质、人员密集程度、用电用火情况、可燃物数量、火灾蔓延速度、扑救难易程度等因素，民用建筑灭火器配置场所的危险等级划分为以下三级。

① 严重危险级　使用性质重要，人员密集，用电用火多，可燃物多，起火后蔓延迅速，

扑救困难，容易造成重大财产损失或人员群死群伤的场所。

② 中危险级　使用性质较重要，人员较密集，用电用火较多，可燃物较多，起火后蔓延较迅速，扑救较难的场所。

③ 轻危险级　使用性质一般，人员不密集，用电用火较少，可燃物较少，起火后蔓延较缓慢，扑救较易的场所。

（2）配备标准

灭火器的配备应考虑下列因素：ⅰ灭火器配置场所的火灾种类；ⅱ灭火器配置场所的危险等级；ⅲ灭火器的灭火效能和通用性；ⅳ灭火剂对保护物品的污损程度；ⅴ灭火器设置点的环境温度；ⅵ使用灭火器人员的体能。在同一灭火器配置场所，宜选用相同类型和操作方法的灭火器。当同一灭火器配置场所存在不同火灾种类时，应选用通用型灭火器。

A 类和 B、C 类火灾场所灭火器的配置基准应分别符合表 5-2 和表 5-3 的规定。地下建筑灭火器配置数量应按其相应的地面建筑的规定增加 30%。设有消火栓、灭火系统的灭火器配置场所，可按下列规定减少灭火器配置数量：设有消火栓的，可相应减少 30%；设有灭火系统的，可相应减少 50%；设有消火栓和灭火系统的，可相应减少 70%。D 类火灾场所的灭火器最低配置基准应根据金属的种类、物态及其特性等研究确定。E 类火灾场所的灭火器最低配置基准不应低于该场所内 A 类（或 B 类）火灾的规定。

表 5-2　A 类火灾场所灭火器的配置基准

危险等级	严重危险级	中危险级	轻危险级
单具灭火器最小配置灭火级别	3A	2A	1A
单位灭火级别最大保护面积/(m^2/A)	50	75	100

表 5-3　B、C 类火灾场所灭火器的配置基准

危险等级	严重危险级	中危险级	轻危险级
单具灭火器最小配置灭火级别	89B	55B	21B
单位灭火级别最大保护面积/(m^2/B)	0.5	1.0	1.5

灭火器扑救火灾的能力是用灭火级别表示的，如 3A、5B 等。灭火级别本身由数字和字母组成，其中数字表示级别数，级别数越大灭火能力就越大；字母表示所能扑救的火灾种类。不同重量和充装不同灭火剂的灭火器灭火级别数和能扑救的火灾种类都是不尽相同的。这些具体指标可在灭火器的铭牌上看到。表 5-4 给出了手提式灭火器类型、规格和灭火级别。计算单元保护面积是指建筑物的建筑面积或可燃物露天堆场、甲、乙、丙类液体储罐区、可燃气体储罐区应按堆垛、储罐的占地面积。

表 5-4　手提式灭火器类型、规格和灭火级别

<table>
<tr><th rowspan="2">灭火器类型</th><th colspan="2">灭火器充装量(规格)</th><th rowspan="2">灭火器类型规格代码
(型号)</th><th colspan="2">灭火级别</th></tr>
<tr><th>L</th><th>kg</th><th>A类</th><th>B类</th></tr>
<tr><td rowspan="6">水型</td><td rowspan="2">3</td><td rowspan="2">—</td><td>MS/Q3</td><td rowspan="2">1A</td><td>—</td></tr>
<tr><td>MS/T3</td><td>55B</td></tr>
<tr><td rowspan="2">6</td><td rowspan="2">—</td><td>MS/Q6</td><td rowspan="2">1A</td><td>—</td></tr>
<tr><td>MS/T6</td><td>55B</td></tr>
<tr><td rowspan="2">9</td><td rowspan="2">—</td><td>MS/Q9</td><td rowspan="2">2A</td><td>—</td></tr>
<tr><td>MS/T9</td><td>89B</td></tr>
</table>

续表

灭火器类型	灭火器充装量(规格)		灭火器类型规格代码(型号)	灭火级别	
	L	kg		A类	B类
泡沫	3		MP3、MP/AR3	1A	55B
	4		MP4、MP/AR4	1A	55B
	6		MP6、MP/AR6	1A	55B
	9		MP9、MP/AR9	2A	89B
干粉（碳酸氢钠）	—	1	MF1	—	21B
	—	2	MF2	—	21B
	—	3	MF3	—	34B
	—	4	MF4	—	55B
	—	5	MF5	—	89B
	—	6	MF6	—	89B
	—	8	MF8	—	144B
	—	10	MF10	—	144B
干粉（碳酸铵盐）	—	1	MF/ABC1	1A	21B
	—	2	MF/ABC2	1A	21B
	—	3	MF/ABC3	2A	34B
	—	4	MF/ABC4	2A	55B
	—	5	MF/ABC5	3A	89B
	—	6	MF/ABC6	3A	89B
	—	8	MF/ABC8	4A	144B
	—	10	MF/ABC10	6A	144B
卤代烷(1211)	—	1	MY1	—	21B
	—	2	MY2	0.5A	21B
	—	3	MY3	0.5A	34B
	—	4	MY4	1A	34B
	—	6	MY6	1A	55B
二氧化碳	—	2	MT2	—	21B
	—	3	MT3	—	21B
	—	5	MT5	—	34B
	—	7	MT7	—	55B

(3) 灭火器的设置要求

ⅰ. 灭火器应设置在明显和便于取用的地点，且不得影响安全疏散。

ⅱ. 灭火器应设置稳固，其铭牌必须朝外。

ⅲ. 手提式灭火器宜设置在挂钩、托架上或灭火器箱内，其顶部离地面高度应小于1.50m，底部离地面高度宜小于0.08m。

ⅳ. 灭火器不应设置在潮湿或强腐蚀性的地点，如必须设置时，应有相应的保护措施。

ⅴ. 设置在室外的灭火器，应有保护措施。

ⅵ. 灭火器不得设置在超出其使用温度范围的地点。

(4) 灭火器的保护距离

保护距离是指灭火器配置场所内任一着火点到最近灭火器设置点的行走距离。表 5-5 和表 5-6 分别给出了 A 类和 B、C 类火灾配置场所灭火器最大保护距离。

表 5-5 A 类火灾配置场所灭火器最大保护距离 m

危险等级	手提式灭火器	推车式灭火器
严重危险级	15	30
中危险级	20	40
轻危险级	25	50

表 5-6 B、C 类火灾配置场所灭火器最大保护距离 m

危险等级	手提式灭火器	推车式灭火器
严重危险级	9	18
中危险级	12	24
轻危险级	15	30

D 类火灾场所的灭火器，其最大保护距离应根据具体情况研究确定。E 类火灾场所的灭火器，其最大保护距离不应低于该场所内 A 类或 B 类火灾的规定。设置在可燃物露天堆垛，甲、乙、丙类液体储罐，可燃气体储罐的灭火器配置场所的灭火器，其最大保护距离应按国家现行有关标准规范的规定执行。

(5) 配备原则

灭火器配置的设计与计算应按计算单元进行。计算单元是灭火器配置的计算区域。具体是指在进行灭火器配置设计过程中，考虑了火灾种类、危险等级和是否相邻等因素后，为便于设计而进行的区域划分。一个计算单元可以是只含有一个灭火器配置场所，也可以是含有若干个灭火器配置场所，但此时应将该若干个灭火器配置场所作为一个整体来考虑保护面积、保护距离和灭火器配置数量等。对于不相邻的灭火器配置场所，应分别作为一个计算单元进行灭火器的配置设计计算。对于危险等级和火灾种类都相同的相邻配置场所，可将一个楼层或一个防火分区作为一个计算单元；灭火器配置场所的危险或火灾种类不相同的场所，应分别作为一个计算单元。灭火器配置应遵循以下原则：

ⅰ. 同一配置场所，应当选用两种以上类型的灭火器；

ⅱ. 同一配置场所，同一类型的灭火器，宜选用操作方法相同的灭火器；

ⅲ. 一个灭火器配置计算单元内的灭火器不应少于 2 具。每个设置点的灭火器不宜多于 5 具。

(6) 配备设计计算

灭火器配置场所所需灭火级别按下式计算：

$$Q=K\frac{S}{U}$$

式中，Q 为灭火器配置场所所需灭火级别，A 或 B；S 为灭火器配置场所的保护面积，m^2；U 为 A 类火灾或 B 类火灾的灭火器配置场所相应危险等级的灭火器配置基准，m^2/A 或 m^2/B；K 为修正系数，按表 5-7 取值。

表 5-7 修正系数 K

计算单元	K
未设室内消火栓系统和灭火系统	1.0
设有室内消火栓系统	0.9
设有灭火系统	0.7
设有室内消火栓系统和灭火系统	0.5
可燃物露天堆场 甲、乙、丙类液体储罐区 可燃气体储罐区	0.3

地下建筑灭火器配置场所所需灭火级别应按下式计算

$$Q=1.3K\frac{S}{U}$$

火器配置场所每个设置点的灭火级别应按下式计算

$$Q_e=K\frac{S}{N}$$

式中，Q_e 为灭火器配置场所每个设置点的灭火级别，为 A 或 B；N 为灭火器配置场所中设置点的数量。

灭火器配置场所和设置点实际配置的所有灭火器的灭火级别均不得小于计算值。

【例 6-1】 有一个中危险级的 A 类配置场所，其保护面积为 40m×18m，且无消火栓和灭火系统，试计算该配置场所所需的灭火级别、设置点数量和灭火器数量。

解：(1) 查表 5-2 知，A 类固体物质火灾，其保护场所的单具灭火器最小配置级别为 2A，手提式单个灭火器最大保护面积为 $U=75\text{m}^2/\text{A}$。

(2) 计算单元最小需配灭火级别

保护面积为 $S=40\times18=720$ (m^2)。查表 5-7 得 $K=1.0$，则

$$Q=K\frac{S}{U}=1\times\frac{720}{75}=9.6$$

向上取整，即该配置场所所需的灭火级别是 10A。

(3) 根据该层房间布局和灭火器最大保护距离确定灭火器设置点数量

查表 5-5 知，单个最大保护距离为 20m。按照被保护尺寸 40m×18m 可知，可设置 1 个或 2 个设置点。

(4) 计算每个设置点的灭火级别

如果设置 1 个设置点，则灭火器级别为 10A。

每种灭火器的灭火级别是不一样的，可在灭火器标签左下方查到，按单个灭火器灭火级别为 2A 计算，需要设置 5 个灭火器。

如果设置 2 个设置点，则每个设置点的灭火器级别为

$$10/2=5\text{A}$$

按单个灭火器灭火级别为 2A 计算，可得每个设置点应配置的灭火器数量为 5/2=2.5，取整应为 3 个；即每个设置点设置 3 个 2A 级灭火器，共设置 6 个 2A 级灭火器。实际中，如果这样配备不方便，也可以设置 3 个放置点，每个设置点放置 2 个灭火器。

【例 6-2】 有一个严重危险级的 B 类配置场所，其保护面积为 18m×18m，设有消火栓但无灭火系统，试计算该配置场所所需的灭火级别、设置点数量和灭火器数量。

解：(1) 查表5-3知，B类火灾，其保护场所的单具灭火器最小配置级别为89B，手提式单个灭火器最大保护面积为$U=0.5\text{m}^2/\text{B}$。

(2) 计算单元最小需配灭火级别

保护面积为$S=18\times18=324$ (m^2)。查表5-7得$K=0.9$，则

$$Q=K\frac{S}{U}=0.9\times\frac{324}{0.5}=583.2$$

向上取整，即该配置场所所需的灭火级别是584B。

(3) 根据该层房间布局和灭火器最大保护距离确定灭火器设置点数量

查表5-6知，单个最大保护距离为9m。按照被保护尺寸18m×18m可知，可设置1个设置点。

(4) 计算每个设置点灭火级别

设置1个设置点，其灭火器级别为584B。

每种灭火器的灭火级别是不一样的，可在灭火器标签左下方查到，按单个灭火器灭火级别为89B计算，需要设置584/89=6.57，取8个灭火器。

如果这样设置不方便，可设置4个设置点，则每个设置点的灭火级别为

$$584/4=146\text{B}$$

按单个灭火器灭火级别为89B计算，可得每个设置点应配置数量146/89=1.6，取整应为2个；即每个设置点设置2个89B级灭火器，共设置8个89B级灭火器。

灭火器配置设计计算应按下述程序进行：

ⅰ. 确定各灭火器配置场所的火灾种类和危险等级；

ⅱ. 划分计算单元，计算各计算单元的保护面积；

ⅲ. 计算各计算单元的最小需配灭火级别；

ⅳ. 确定各计算单元中的灭火器设置点的位置和数量；

ⅴ. 计算每个灭火器设置点的最小需配灭火级别；

ⅵ. 确定每个设置点灭火器的类型、规格与数量；

ⅶ. 确定每具灭火器的设置方式和要求；

ⅷ. 在工程设计图上用灭火器图例和文字标明灭火器的型号、数量与设置位置。

5.5 火灾逃生

5.5.1 建筑火灾逃生方法

发生火灾时，人们往往不知所措，容易产生以下几种行为：

ⅰ. 习惯地向经常使用的出入口或楼梯跑，以期在那里脱险逃生；

ⅱ. 在失火停电后，一片漆黑，人们会本能地以有光亮的地方为目标向那里逃去；

ⅲ. 在火灾发生中，人们面对火焰，非常恐惧，即使没有什么危险，也会向相反的方向逃去；

ⅳ. 人们面临火灾危险时，常常为慌乱所惑，逃向狭窄的地方躲避，如蹲在房间一角，躲在厕所或钻进壁柜里；

ⅴ. 火灾中越是慌乱，越容易失去理智，不加思考，哪里人多向哪里逃，发生拥挤伤亡

事故；

ⅵ. 在慌乱中，人们以逃生为主，不惜摔伤从楼上跳下。

那么身陷火窟时应当怎样做呢？首先要考虑的是起火点在哪里？要认清火场、查看火焰或火光所在位置、弄清黑烟或空气流动的方向，再来判断逃生的方向。简单的判别方法有：

ⅰ. 黑烟冒过来的地方，或空气沿着地面流动的方向就是起火点；

ⅱ. 用手电筒照射一下，黑烟流动过来的方向即是起火点；

ⅲ. 用两个手指头，沾上口水向上举，以手指头较凉的一方即是新鲜空气的来处；

ⅳ. 逃生过程中，应用湿毛巾捂住脸部，用毛毯裹住头部，防止或减少吸入有毒烟气，匍匐前进；

ⅴ. 高层建筑中遇到火灾时，根据起火点的不同，采取不同的逃生方法；起火地点在上方时，迅速沿着太平梯往下跑；

ⅵ. 起火地点在下方，而太平梯又被大火封死时，往上跑。

如果火已烧到自己的房间而无法逃生时，只好从窗口往下逃生，应找一条绳索或将床单撕开连成长条，一头固定在门窗上，顺着滑下，也可沿雨水管下滑。如绳索长度不足以到达地面时，只要利用绳索下降到尚未起火的楼层，踢破玻璃进入安全房间也可逃生。

假如发现起火时，火势已经很大，应立即采取隔离避险措施。

假如烟雾浓烈，只听到救护人员的声音而救护人员不知道您在何处时，应敲打水管或暖气管等，用手电向外面照射，还可将鲜艳的东西伸向窗外，向外投掷东西，以引起消防救援人员的注意。

发生火灾时，应想方设法迅速脱离火区，不要乱躲乱藏，尤其不能趴在床下、桌下或壁橱里，这样即使不被火烧死，也会被烟雾熏呛中毒致死，而且不容易被前来救援的消防人员发现。

楼内如有载客电梯，当逃离火灾现场时，请顺楼梯跑，千万不要乘电梯，以免被困在电梯内。

如果前方的路线是一片火海又别无选择，请沿着墙根爬过去。

如果衣服着火了，赶快停下来在地上打几个滚；如果有人衣服着火在奔跑，因惊恐而告诫不起作用时，应像水中救人那样，先把他打倒，然后令其滚动一直到衣服上的火熄灭为止。

下面这些方法对火中逃生是很有帮助。

ⅰ. 把公共场所的出口列一个清单。哪里会着火不是事先所能确定的，当主要出口被大火封锁时还可以有别的选择。

ⅱ. 保证每一个卧室能有两个出口。这意味着当不能从门逃出时，可转而从窗户或阳台逃出。可保证每一个家庭成员特别是小孩能够打开窗户爬上窗台。

ⅲ. 高层住宅应当准备绳子，并确保需要时能及时找到。

ⅳ. 高层建筑以楼梯道口的窗户为出口时，可用消防窗里的消防水带作为逃生的工具。

ⅴ. 每年应该进行两次演习。只有多次重复，才能保证以最快的速度逃离火海。

ⅵ. 不要把时间浪费在穿衣和抢贵重东西上面，要知道，生命比任何东西都重要。

5.5.2 被火烧伤后的自救方法

火灾时，如果身上着火，千万不能奔跑！尽量先把身上着火的衣帽脱掉，也可卧倒在地

上打滚，或跳进附近的池塘、小河，把身上的火苗压（熄）灭。可用湿麻袋、毯子等把身上着火的人裹起来，或者向着火的人身上浇水，或帮助将燃烧的衣物脱掉或撕掉。在任何情况下，都不能用手往下撕扯，避免炽热的衣服灼烧皮肤。

切忌用灭火器直接向着火人身上喷射。

衣服脱下后，用清洁的干纱布将烧伤的创面盖起来，并服用止痛药。

烧伤程度较轻时，可以先用清洁的冷水冲洗伤处，然后再多抹些酒精或花露水。稍停片刻，在烧伤的皮肤上贴几片干净的白菜片或大头菜的叶子。对于小面积创伤不能立即涂抹植物油，因为油脂在创面上形成薄油膜，影响皮肤散热。

当烧伤程度较重时，切不可将创面上的水泡挑破，也不能涂抹任何药物。否则，将会发生感染，这时应立即送医院紧急处置。

5.5.3 烹饪时油锅起火

液化石油气因漏气着火，可将毛巾或抹布淋湿盖住火点，同时迅速关闭阀门。

如果油锅着火，千万不要用水扑救，更不能直接用手去端锅。应该立即拿起锅盖盖上油锅或将切好的菜放入锅内，锅里的油水隔绝了空气就会熄灭。迅速关闭煤气来源开关。

可用灭火器灭火。可盖上锅盖后再用湿毛巾覆盖，阻绝空气来灭火。不可以用水来灭火。

5.5.4 电视机着火

马上关掉总开关，然后用湿地毯或棉被等盖住电视机（这样既能阻止烟火蔓延，一旦爆炸，也可挡住荧光屏的玻璃碎片）。

切勿向失火电视机泼水，或使用任何灭火器，既使已关掉电源。因为温度突降会使炽热的显像管爆裂；电视机内仍有剩余电压，泼水可能引起触电。

切勿揭起覆盖物观看。灭火时，为防止显像管爆炸伤人，只能从侧面或后面接近电视机。

（1）火灾与爆炸灾害防治技术可分为两类，其一是预防技术，即在生产过程中防止出现爆炸发生的条件；其二是减灾技术，即尽量避免或减小火灾爆炸发生后的灾害。前者是最根本、最有效的方法，后者是不可缺少的辅助方法。

（2）火灾和爆炸灾害之间存在着密切联系，常常相伴发生或相互转化。它们之间的相同点是，都是可燃物质与助燃物质之间的氧化还原反应；他们的主要区别是，火灾过程能量释放比较缓慢，爆炸过程能量瞬间释放。同一物质在某些条件下只能燃烧，而在另一条件下就会发生爆炸。

（3）工业介质发生火灾的充要条件是可燃物质与助燃物质以合适的比例混合（对于粉体来说，还必须是悬浮状态）并遇上合适的点火源，而对于爆炸灾害来说，还应该有相对封闭的空间或障碍物。从原理上讲，预防火灾爆炸就是防止这些条件同时出现。在预防技术方面，必须加强安全设计、安全评估，强化阻燃材料、监测与报警的置的使用。

(4) 依我国国家标准（GB 4968）的规定，火灾的种类可分为6类，即固体火灾、油类火灾、气体火灾、金属火灾、带电火灾和烹饪物火灾。

(5) 防火灭火的基本方法有4个：隔离法、窒息法、冷却法和化学抑制法。不论什么方法，目的就是降低系统氧或者可燃气浓度、降低系统环境温度、改善系统的散热条件、抑制系统中的自由基增长速度。防火灭火过程要注意防范次生灾害。

(6) 常用的灭火剂有水、泡沫灭火剂、干粉灭火剂、酸碱灭火剂、哈龙灭火剂（基本被淘汰）、哈龙替代品（包括卤代烷烃类、惰性气体、二氧化碳和SDE气体和气溶胶灭火剂）、四氯化碳灭火剂、7501灭火剂、烟雾灭火剂等。各种灭火剂都有其适用火灾类型和条件，需要认真选用。

(7) A类火灾场所应选择水型灭火器、磷酸铵盐干粉灭火器、泡沫灭火器或卤代烷灭火器；B类火灾场所应选择泡沫灭火器、碳酸氢钠干粉灭火器、磷酸铵盐干粉灭火器、二氧化碳灭火器、灭B类火灾的水型灭火器或卤代烷灭火器；C类火灾场所应选择磷酸铵盐干粉灭火器、碳酸氢钠干粉灭火器、二氧化碳灭火器或卤代烷灭火器；D类火灾场所应选择扑灭金属火灾的专用灭火器；E类火灾场所应选择磷酸铵盐干粉灭火器、碳酸氢钠干粉灭火器、卤代烷灭火器或二氧化碳灭火器，但不得选用装有金属喇叭喷筒的二氧化碳灭火器。

(8) 灭火器的保护距离和配置基准需根据灭火器配置场所的危险等级和火灾种类等因素确定。为了保护贵重物资与设备免受不必要的污渍损失，建筑灭火器配置设计规范的选择应考虑其对被保护物品的污损程度。灭火器设置点的环境温度应在灭火器使用温度范围之内。若环境温度过低则灭火器的喷射性能显著降低，若环境温度过高则灭火器的内压剧增，灭火器则会有爆炸伤人的危险。

(9) 根据其生产、使用、储存物品的火灾危险性，可燃物数量、火灾蔓延速度、扑救难易程度等因素，工业建筑灭火器配置场所的危险等级划分为轻危险级、中危险级、严重危险级三个等级。根据其使用性质，人员密集程度，用电用火情况，可燃物数量，火灾蔓延速度，扑救难易程度等因素，民用建筑灭火器配置场所的危险等级也划分为轻危险级、中危险级、严重危险级三个等级。

(10) 灭火器的配备应考虑下列因素：ⅰ灭火器配置场所的火灾种类；ⅱ灭火器配置场所的危险等级；ⅲ灭火器的灭火效能和通用性；ⅳ灭火剂对保护物品的污损程度；ⅴ灭火器设置点的环境温度；ⅵ使用灭火器人员的体能。在同一灭火器配置场所，宜选用相同类型和操作方法的灭火器。当同一灭火器配置场所存在不同火灾种类时，应选用通用型灭火器。

(11) 灭火器应设置在明显和便于取用的地点，且不得影响安全疏散；灭火器应设置稳固，其铭牌必须朝外；手提式灭火器宜设置在挂钩、托架上或灭火器箱内，其顶部离地面高度应小于1.50m，底部离地面高度宜小于0.08m；灭火器不应设置在潮湿或强腐蚀性的地点，如必须设置时，应有相应的保护措施；设置在室外的灭火器，应有保护措施；灭火器不得设置在超出其使用温度范围的地点。

(12) 灭火器配置应遵循以下原则：同一配置场所，应当选用两种以上类型的灭火器；同一配置场所，同一类型的灭火器，宜选用操作方法相同的灭火器；一个灭火器配置计算单元内的灭火器不应少于2具。每个设置点的灭火器不宜多于5具。

(13) 发生火灾时，要摒弃习惯性错误行为，掌握科学逃生和自救方法。

1. 什么是预防技术？常用的预防技术有哪些？特点是什么？
2. 什么是减灾技术？常用的减灾技术有哪些？特点是什么？
3. 分析火灾预防原理。火灾预防在技术方面有哪些方法？
4. 火灾一般分为几类？灭火的基本方法有哪些？都起到哪些作用？
5. 简述隔离灭火方法。
6. 简述窒息灭火方法。
7. 简述冷却灭火方法。
8. 简述抑制灭火方法。
9. 简述水不能用于扑灭哪几类火灾？
10. 常用灭火剂有哪些？各有什么特点？如何选用？
11. 为什么要禁用哈龙灭火剂？有哪些替代产品？
12. 什么是ODP？什么是GWP？
13. 适用于扑救A、B、C、D、E类火灾的灭火器分别有哪些？
14. 什么是灭火器配置场所？其危险等级是如何划分的？
15. 灭火器配备应考虑哪些因素？配置标准和原则是什么？
16. 什么是灭火级别？如何表示？
17. 什么是保护面积？
18. 灭火器配置场所需要的灭火级别如何计算？
19. 发生建筑火灾如何逃生？
20. 被烧伤后如何自救？
21. 烹饪油锅起火如何扑救？
22. 电视机起火如何扑救？

一、填空

1. 火灾和爆炸灾害之间的相同点是________；主要区别是____________。

2. 火灾是指在______或______上失去控制的燃烧所造成的灾害。

3. 火灾与爆炸灾害防治技术可分为两类，其一是______，即在生产过程中防止出现燃烧与爆炸发生的条件；其二是________，即尽量避免或减小爆炸发生后的灾害。

4. 预防火灾的一切措施都是以防止燃烧的______结合在一起为目的，由此可提出______、______、______、______四种基本防火方法和______、______、______、______四种基本灭火方法。

5. 依我国国家标准（GB 4968）的规定，火灾的种类可分为6类：______、______、______、______、______、______。

6. 根据链式反应理论，________有助于减慢自由基增长速度，在着火系统中________有助于增加自由基在固相器壁消毁速度，在着火系统中__________有助于增加自由基在气相中的消毁速度。

7. 经水泵加压由直流水枪喷出的柱状水流称为________，由开花水枪喷出的滴状水流称为________，由喷雾水枪喷出水流称为__________。

8. 化学泡沫灭火剂不能用来扑救____________的化学物质和__________的火灾。

9. 空气泡沫不适用于扑救__________类等有机溶剂的火灾，也不适用于扑救______的化学物质火灾。

10. 氟蛋白泡沫灭火剂适用于较高温度下的__________灭火。

11. 干粉灭火剂适用于扑灭一般易燃液体、气体和带电设备的火灾，但不适用于扑灭____________的火灾。

12. 酸碱灭火剂不适用于扑救__________物质的火灾。

13. 臭氧消耗潜值（ODP）用于考察气体散逸到大气中对臭氧破坏的潜在影响程度，它取______的 ODP 值为 1，其他物质的 ODP 值是与这个物质的 ODP 值的比值。

14. 现在已经开发的哈龙替代品主要有三类：_________、_________、__________灭火剂。

15. 温室效应值（GWP），它是单位时间内（通常是 100 年）该温室气体对于温室效应的作用效果，它以________的 GWP 取 1 为基准，其他气体的 GWP 值是与这个物质的 GWP 值的比值。

16. 七氟丙烷气体灭火剂 FM-200 可用于扑救____________火灾，对电子仪器设备、磁带资料等________造成损害。但不适用于扑救________火灾，因为它的密度较空气______。它不宜长期作哈龙替代物，因为它的温室效应值 GWP 为________，大气存留时间为______年。由于这个缺陷，英美等国已将其列入受控使用计划之列。

17. SDE 气体灭火剂是目前国内唯一拥有自主知识产权的一个气体灭火新产品。它不含 F、Cl、Br、I 等卤族元素，故其对臭氧层破坏指数 ODP 为______，且温室效应潜能值 GWP≤________。

18. 热气溶胶灭火剂适合于扑灭__________、________、________、___________类火灾。冷气溶胶灭火剂主要适合于扑灭________、________、__________类火灾。

19. 细水雾的灭火机制包括________、________和________。

20. 7501 灭火剂是扑灭______物质火灾的有效灭火剂。

21. 工业建筑灭火器配置场所的危险等级划分为________、________、________三个等级，划分依据包括生产、使用、储存物品的________、__________、________、______等因素。

22. 民用建筑灭火器配置场所的危险等级划分为______、______、______三个等级，划分依据包括________、________、________、________、________、__________等。

二、计算题

1. 有一个中危险级的 A 类配置场所，其保护面积为 40m×40m，且无消火栓和灭火系统，试计算该配置场所所需的灭火级别、设置点数量和灭火器数量。

2. 有一个中危险级的 A 类配置场所，其保护面积为 40m×40m，设有消火栓和灭火系统，试计算该配置场所所需的灭火级别、设置点数量和灭火器数量。

3. 有一个中危险级的A类配置场所，其保护面积为40m×40m，设有消火栓但无灭火系统，试计算该配置场所所需的灭火级别、设置点数量和灭火器数量。

4. 有一个严重危险级的A类配置场所，其保护面积为40m×40m，设有消火栓但无灭火系统，试计算该配置场所所需的灭火级别、设置点数量和灭火器数量。

5. 有一个为轻危险级的A类配置场所，其保护面积为40m×40m，设有消火栓但无灭火系统，试计算该配置场所所需的灭火级别、设置点数量和灭火器数量。

6. 有一个严重危险级的B类配置场所，其保护面积为36m×18m，设有消火栓和灭火系统，试计算该配置场所所需的灭火级别、设置点数量和灭火器数量。

7. 有一个严重危险级的B类配置场所，其保护面积为36m×18m，设有消火栓但无灭火系统，试计算该配置场所所需的灭火级别、设置点数量和灭火器数量。

8. 有一个严重危险级的B类配置场所，其保护面积为36m×18m，无消火栓和灭火系统，试计算该配置场所所需的灭火级别、设置点数量和灭火器数量。

9. 有一个中危险级的B类配置场所，其保护面积为36m×18m，设有消火栓但无灭火系统，试计算该配置场所所需的灭火级别、设置点数量和灭火器数量。

10. 有一个轻危险级的B类配置场所，其保护面积为18m×18m，设有消火栓但无灭火系统，试计算该配置场所所需的灭火级别、设置点数量和灭火器数量。

6 火灾预防设计基础

内容提要：本章重点介绍不同功能建筑物的耐火等级；介绍防火分区与防烟分区的概念及其划分原则；介绍安全疏散的设计原则，详细分析疏散允许时间、疏散距离、出口及设施对安全疏散的影响。

基本要求：(1) 了解不同功能建筑物的耐火等级；(2) 掌握防火分区与防烟分区划分方法；(3) 掌握安全疏散设计的原则与方法。

为了预防火灾的发生，人们研究制订了多种防治对策，例如建立消防队伍和机构、设计制造防、灭火设施、制订与发布防火、用火法规和条例等，其中火灾预防设计是防止火灾发生、减少火灾损失的关键环节。火灾预防设计是一种工程行为，它指的是结合建筑物的火灾防治要求，采用一定的方法、按照一定的步骤确定建筑物防火措施的行为，主要包括防火、防烟分区的划分及安全疏散的设计等。

6.1 建筑物的耐火等级

耐火等级是衡量建筑物耐火程度的分级标准。规定建筑物的耐火等级是建筑防火设计技术措施中最基本的措施之一。建筑物耐火等级的高低，主要由建筑物的规模、高度、用途、重要程度和其在使用中的火灾危险性、火灾荷载等因素决定。

6.1.1 建筑物耐火等级的划分基准

建筑物耐火等级不是由一两个构件的耐火性能决定的，是由组成建筑物所有构件的耐火性能决定的，即是由组成建筑物的墙、柱、梁、楼板、屋顶承重构件和吊顶等主要建筑构件的燃烧性能和最低耐火极限决定的。

(1) 建筑构件的燃烧性能

建筑物是由诸如基础、墙壁、柱、梁、楼板、屋顶、楼梯等建筑构件组成的。建筑构件的燃烧性能，是由制成建筑构件材料的燃烧性能决定的，不同燃烧性能的建筑材料制成建筑构件后，其燃烧性能可分为以下三类。

① 不燃烧体　指用不燃材料制成的构件。这种构件在空气中受到火烧或高温作用时不起火、不微燃、不炭化。如砖墙、钢屋架、钢筋混凝土制成的梁、楼板、柱等构件都为不燃烧体。

② 难燃烧体　指用难燃烧材料制成的构件或用可燃材料制成而用不燃材料作阻燃处理的构件。这类构件在空气中受到火烧或高温作用时难起火、难微燃、难炭化，且当火源移开后燃烧和微燃立即停止。如阻燃胶合板吊顶、经阻燃处理的木质防火门、木龙骨板条抹灰隔

墙等。

③ 燃烧体　指用可燃材料制成的构件。这种构件在空气中受到火烧或高温作用时会立即起火或发生微燃，而且当火源移开后，仍继续保持燃烧或微燃。如木柱、木屋架、木梁、木楼板等构件。

(2) 建筑构件的耐火极限

建筑构件的耐火极限是指对建筑构件按时间-温度标准曲线进行耐火试验，从受到火的作用时起到失去承载能力或完整性被破坏或失去隔火作用时为止的这段时间，以小时（h）表示。时间-温度标准曲线是指按特定的加温方法，在标准的实验条件下，所表示的现场火灾发展情况的一条理想化的试验曲线。该曲线已被国际标准化组织采纳，目的是对建筑构件的极限耐火极限有一个统一的检验标准。我国采纳了国际标准 ISO834 的标准火灾升温曲线。该曲线公式为：

$$T-T_0=345\lg(8t+1) \tag{6-1}$$

式中，t 为时间，以“min”计；T 为当所用时间为 t 时，构件所承受的温度值，以“℃”计；T_0 为初始温度，以“℃”计，计算时设为20℃。图 6-1 是国际标准 ISO 834 的标准火灾升温曲线。

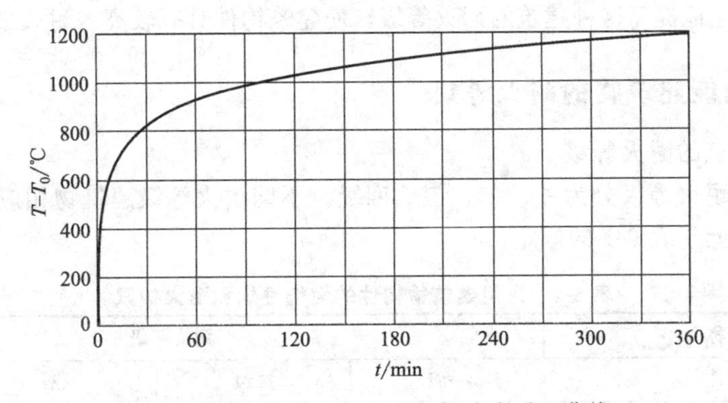

图 6-1　国际标准 ISO834 的标准火灾升温曲线

耐火极限的判定条件如下。

ⅰ. 失去完整性或完整性被破坏。当用标准规定的棉垫进行完整性测量时，如果棉垫被引燃则表明试件失去完整性。

ⅱ. 失去绝热性或失去隔火作用。如试件背面的平均温度超过试件表面初始温度 140℃，或任一测点最高温度超过初始温度 180℃时，表明试件失去绝热性。

ⅲ. 失去承载能力和抗变形能力。如果试件在试验中发生垮塌或变形量超过规定值，则表明其失去支持力。

建筑构件按其作用分为分隔构件、承重构件及具有承重和分隔双重作用的承重分隔构件。不同构件达到耐火极限的条件是不同的。耐火极限的判定条件是根据构件的作用确定的。对于分隔构件（如隔墙、吊顶等），当失去完整性或隔热性时，就说明其达到了耐火极限，也就是说，此类构件的耐火极限是由完整性、隔热性两个条件共同决定的；对于承重构件（如梁、柱、尾架等），不具备隔断火焰和隔绝过量热传导的功能，所以由是否失去稳定性这一条件来判定承重构件是否达到耐火极限；而对于承重分隔构件（如承重隔墙、楼板、屋面板等），具有承重兼分隔两种功能，所以当其失去稳定性、完整性或隔热性任何一条时，都认为其达到了耐火极限。门窗等建筑配件也具有一定的分隔功能，对具有特殊防火要求的门窗，其耐火极限也是根据其失去完整性或隔热性的时间来判定的。

6.1.2 影响耐火等级确定的因素

确定建筑物的耐火等级主要考虑以下几个因素。

① 建筑物的重要性　建筑物的重要程度是确定其耐火等级的重要因素。对于性质重要、功能复杂、规模大、建筑标准高的建筑，如国家机关重要的办公楼、中心通信枢纽大楼、中心广播电视大楼、大型影剧院、礼堂、大型商场、重要的科研楼、藏书楼、档案楼、高级宾馆等，应提高其耐火等级。由于这些建筑一旦发生火灾，往往经济损失大、人员伤亡大、政治影响大。

② 建筑物的火灾危险性　建筑物的火灾危险性大小对选定其耐火等级影响很大，特别是对工业建筑、火灾危险性高的建筑，应选定较高的耐火等级。

③ 建筑物的高度　建筑物越高，火灾时人员疏散和火灾扑救越困难，损失也越大。对高度较高的建筑物选定较高的耐火等级，提高其耐火能力，可以确保其在火灾条件下不发生倒塌破坏，给人员安全疏散和消防扑救创造有利条件。

④ 建筑物的火灾荷载　火灾荷载大的建筑物发生火灾后，火灾持续燃烧时间长，燃烧猛烈，火灾温度高，对建筑构件的破坏作用大。为了保证火灾荷载较大建筑物在发生火灾时建筑结构安全，应相应地提高这种建筑的耐火等级，使建筑构件具有较高的耐火极限。

6.1.3 不同功能建筑物的耐火等级

(1) 民用建筑的耐火等级

民用建筑的耐火等级分为一、二、三、四级。不同耐火等级建筑物相应构件的燃烧性能和耐火极限不应低于表 6-1 的规定。

表 6-1　民用建筑物构件的燃烧性能和耐火极限　　h

名称		耐火等级			
构件		一级	二级	三级	四级
墙	防火墙	不燃烧体 3.00	不燃烧体 3.00	不燃烧体 3.00	不燃烧体 3.00
	承重墙	不燃烧体 3.00	不燃烧体 2.50	不燃烧体 2.00	难燃烧体 0.50
	非承重外墙	不燃烧体 1.00	不燃烧体 1.00	不燃烧体 0.50	燃烧体
	楼梯间的墙 电梯井的墙 住宅单元之间的墙 住宅分户墙	不燃烧体 2.00	不燃烧体 2.00	不燃烧体 1.50	难燃烧体 0.50
	疏散走道两侧的隔墙	不燃烧体 1.00	不燃烧体 1.00	不燃烧体 0.50	难燃烧体 0.25
	房间隔墙	不燃烧体 0.75	不燃烧体 0.50	难燃烧体 0.50	难燃烧体 0.25
柱		不燃烧体 3.00	不燃烧体 2.50	不燃烧体 2.00	难燃烧体 0.50
梁		不燃烧体 2.00	不燃烧体 1.50	不燃烧体 1.00	难燃烧体 0.50
楼板		不燃烧体 1.50	不燃烧体 1.00	不燃烧体 0.50	燃烧体

续表

名 称	耐火等级			
构 件	一级	二级	三级	四级
屋顶承重构件	不燃烧体 1.50	不燃烧体 1.00	燃烧体	燃烧体
疏散楼梯	不燃烧体 1.50	不燃烧体 1.00	不燃烧体 0.50	燃烧体
吊顶(包括吊顶搁栅)	不燃烧体 0.25	难燃烧体 0.25	难燃烧体 0.15	燃烧体

根据《建筑设计防火规范 GB 50016—2006》的规定，在划分建筑物耐火等级时应注意以下特殊情况：

ⅰ. 以木柱承重且以不燃烧材料作为墙体的建筑物，其耐火等级应按四级确定；

ⅱ. 二级耐火等级建筑的吊顶采用不燃烧体时，其耐火极限不限；

ⅲ. 在二级耐火等级的建筑中，面积不超过 $100m^2$ 的房间隔墙，如执行表 6-1 的规定确有困难时，可采用耐火极限不低于 0.3h 的不燃烧体；

ⅳ. 一、二级耐火等级建筑疏散走道两侧的隔墙，如按表 6-1 规定执行确有困难时，可采用 0.75h 不燃烧体；

ⅴ. 二级耐火等级的建筑，当房间隔墙采用难燃烧体时，其耐火极限应提高 0.25h；

ⅵ. 一、二级耐火等级建筑的上人平屋顶，其屋面板的耐火极限分别不应低于 1.50h 和 1.00h；

ⅶ. 一、二级耐火等级建筑的屋面板应采用不燃烧材料，但其屋面防水层和绝热层可采用可燃材料；

ⅷ. 二级耐火等级住宅的楼板采用预应力钢筋混凝土楼板时，该楼板的耐火极限不应低于 0.75h；

ⅸ. 三级耐火等级的医院、疗养院、中小学校、老年人建筑及托儿所、幼儿园的儿童用房和儿童游乐厅等儿童活动场所、3 层及 3 层以上建筑中的门厅、走道或部位的吊顶，应采用不燃烧体或耐火极限不低于 0.25h 的难燃烧体；

ⅹ. 地下、半地下建筑（室）的耐火等级应为一级；重要公共建筑的耐火等级不应低于二级。

（2）高层民用建筑的耐火等级

高层建筑应根据其使用性质、火灾危险性、疏散和扑救难度等进行分类。并应符合表 6-2 的规定。

表 6-2 高层建筑分类

名 称	一 类	二 类
居住建筑	19 层及 19 层以上的住宅	10 层至 18 层的住宅
公共建筑	1. 医院 2. 高级旅馆 3. 建筑高度超过 50m 或 24m 以上部分的任一楼层的建筑面积超过 $1000m^2$ 的商业楼、展览楼、综合楼、电信楼、财贸金融楼 4. 建筑高度超过 50m 或 24m 以上部分的任一楼层的建筑面积超过 $1500m^2$ 的商住楼 5. 中央级和省级(含计划单列市)广播电视楼 6. 网局级和省级(含计划单列市)电力调度楼 7. 省级(含计划单列市)邮政楼、防灾指挥调度楼 8. 藏书超过 100 万册的图书馆、书库 9. 重要的办公楼、科研楼、档案楼 10. 建筑高度超过 50m 的教学楼和普通的旅馆、办公楼、科研楼、档案楼等	1. 除一类建筑以外的商业楼、展览楼、综合楼、电信楼、财贸金融楼、商住楼、图书馆、书库 2. 省级以下的邮政楼、防灾指挥调度楼、广播电视楼、电力调度楼 3. 建筑高度不超过 50m 的教学楼和普通的宾馆、办公楼、科研楼、档案楼等

高层建筑的耐火等级应分为一、二两级，其建筑构件的燃烧性能和耐火极限不应低于表6-3的规定。

表6-3　高层建筑物构件的燃烧性能和耐火极限

构件名称 \ 燃烧性能和耐火极限/h		耐火等级 一级	耐火等级 二级
墙	防火墙	不燃烧体 3.00	不燃烧体 3.00
	承重墙 楼梯间的墙 电梯井的墙 住宅单元之间的墙 住宅分户墙	不燃烧体 2.00	不燃烧体 2.00
	非承重外墙 疏散走道两侧的隔墙	不燃烧体 1.00	不燃烧体 1.00
	房间隔墙	不燃烧体 0.75	不燃烧体 0.50
柱		不燃烧体 3.00	不燃烧体 2.50
梁		不燃烧体 2.00	不燃烧体 1.50
楼板、疏散楼梯、屋顶承重构件		不燃烧体 1.50	不燃烧体 1.00
吊顶		不燃烧体 0.25	难燃烧体 0.25

根据《高层民用建筑设计防火规范 GB 50045—2005》规定，在划分高层建筑物耐火等级时应注意以下特殊情况。

ⅰ. 预制钢筋混凝土构件的节点缝隙或金属承重构件节点的外露部位，必须加设防火保护层，其耐火极限不应低于表6-3相应建筑构件的耐火极限。

ⅱ. 一类高层建筑的耐火等级应为一级，二类高层建筑的耐火等级不应低于二级；裙房的耐火等级不应低于二级；高层建筑地下室的耐火等级应为一级。

ⅲ. 二级耐火等级的高层建筑中，面积不超过100m^2的房间隔墙，可采用耐火极限不低于0.50h的难燃烧体或耐火极限不低于0.30h的不燃烧体。

ⅳ. 二级耐火等级高层建筑的裙房，当屋顶不上人时，屋顶的承重构件可采用耐火极限不低于0.50h的不燃烧体。

ⅴ. 高层建筑内存放可燃物的平均质量超过200kg/m^2的房间，当不设自动灭火系统时，其柱、梁、楼板和墙的耐火极限应按表6-3的规定提高0.50h。

ⅵ. 窗槛墙、窗间墙的填充材料应采用不燃烧材料，当外墙采用耐火极限不低于1.00h的不燃烧体时，其墙内填充材料可采用难燃烧材料；无窗槛墙或窗槛墙高度小于0.80m的建筑幕墙，应在每层楼板外沿设置耐火极限不低于1.00h、高度不低于0.80m的不燃烧体裙墙或防火玻璃裙墙；建筑幕墙与每层楼板、隔墙处的缝隙，应采用防火封堵材料封堵。

ⅶ. 高层建筑的室内装修，应按现行国家标准《建筑内部装修设计防火规范 GB 50222—1995》有关规定执行。

(3) 厂房（仓库）的耐火等级

厂房（仓库）的耐火等级可分为一、二、三、四级。其构件的燃烧性能和耐火极限除另有规定外，不应低于表6-4的规定。

表 6-4 厂房（仓库）建筑构件的燃烧性能和耐火极限

名称		耐火等级/h			
构件		一级	二级	三级	四级
墙	防火墙	不燃烧体 3.00	不燃烧体 3.00	不燃烧体 3.00	不燃烧体 3.00
	承重墙	不燃烧体 3.00	不燃烧体 2.50	不燃烧体 2.00	难燃烧体 0.50
	楼梯间和电梯井的墙	不燃烧体 2.00	不燃烧体 2.00	不燃烧体 1.50	难燃烧体 0.50
	疏散走道两侧的隔墙	不燃烧体 1.00	不燃烧体 1.00	不燃烧体 0.50	难燃烧体 0.25
	非承重外墙	不燃烧体 0.75	不燃烧体 0.50	难燃烧体 0.50	难燃烧体 0.25
	房间隔墙	不燃烧体 0.75	不燃烧体 0.50	难燃烧体 0.50	难燃烧体 0.25
柱		不燃烧体 3.00	不燃烧体 2.50	不燃烧体 2.00	难燃烧体 0.50
梁		不燃烧体 2.00	不燃烧体 1.50	不燃烧体 1.00	难燃烧体 0.50
楼板		不燃烧体 1.50	不燃烧体 1.00	不燃烧体 0.75	难燃烧体 0.50
屋顶承重构件		不燃烧体 1.50	不燃烧体 1.00	难燃烧体 0.50	燃烧体
疏散楼梯		不燃烧体 1.50	不燃烧体 1.00	不燃烧体 0.75	燃烧体
吊顶(包括吊顶搁栅)		不燃烧体 0.25	难燃烧体 0.25	难燃烧体 0.15	燃烧体

根据《建筑设计防火规范 GB 50016—2006》规定，在划分建筑物耐火等级时应注意以下特殊情况。

ⅰ. 二级耐火等级建筑的吊顶采用不燃烧体时，其耐火极限不限；甲、乙类厂房及甲、乙、丙类仓库的防火墙，其耐火极限应按表 6-4 的规定提高 1.00h。

ⅱ. 一、二级耐火等级的单层厂房（仓库）的柱，其耐火极限可按表 6-4 的规定降低 0.50h；二级耐火等级设置自动灭火系统的单层丙类厂房、丁、戊类厂房（仓库）的梁、柱可采用无防火保护的金属结构，其中能受到甲、乙、丙类液体或可燃气体火焰影响的部位，应采取外包敷不燃材料或其他防火隔热保护措施。

ⅲ. 一、二级耐火等级建筑的非承重外墙除甲、乙类仓库和高层仓库外，当非承重外墙采用不燃烧体时，其耐火极限不应低于 0.25h，当采用难燃烧体时，不应低于 0.50h；4 层及 4 层以下的丁、戊类地上厂房（仓库），当非承重外墙采用不燃烧体时，其耐火极限不限；当非承重外墙采用难燃烧体的轻质复合墙体时，其表面材料应为不燃材料，内填充材料的燃烧性能不应低于 B2 级。

B1、B2 级材料应符合现行国家标准《建筑材料及制品燃烧性能分级 GB 8624—2012》的有关要求。

ⅰ. 二级耐火等级厂房（仓库）中的房间隔墙，当采用难燃烧体时，其耐火极限应提高0.25h；二级耐火等级的多层厂房或多层仓库中的楼板，当采用预应力和预制钢筋混凝土楼板时，其耐火极限不应低于0.75h。

ⅱ. 二级耐火等级厂房（仓库）的上人平屋顶，其屋面板的耐火极限分别不应低于1.50h和1.00h；一级耐火等级的单层、多层厂房（仓库）中采用自动喷水灭火系统进行全面保护时，其屋顶承重构件的耐火极限不应低于1.00h；二级耐火等级厂房的屋顶承重构件可采用无保护层的金属构件，其中能受到甲、乙、丙类液体火焰影响的部位应采取防火隔热保护措施。

二级耐火等级厂房（仓库）的屋面板应采用不燃烧材料，但其屋面防水层和绝热层可采用可燃材料；当丁、戊类厂房（仓库）不超过4层时，其屋面可采用难燃烧体的轻质复合屋面板，但该板材的表面材料应为不燃烧材料，内填充材料的燃烧性能不应低于B2级。

ⅲ. 除表6-4规定者外，以木柱承重且以不燃烧材料作为墙体的厂房（仓库），其耐火等级应按四级确定。

ⅳ. 预制钢筋混凝土构件的节点外露部位，应采取防火保护措施，且该节点的耐火极限不应低于相应构件的规定。

6.2 防火分区

6.2.1 防火分区的概念

防火分区是指采用防火墙、耐火楼板及其他防火分隔物人为划分出的、能在一定时间内防止火灾向同一建筑的其余部分蔓延的局部区域。划分防火分区的目的在于有效地控制和防止火灾沿垂直方向或水平方向向同一建筑物的其他空间蔓延，减少火灾损失，同时能够为人员安全疏散、灭火扑救提供有利条件。防火分区按照防止火灾向防火分区以外扩大蔓延的功能可分为以下三类。

① 水平防火分区　采用具有一定耐火能力的墙体、门、窗等水平防火分隔物，按规定的建筑面积标准，将建筑物各层在水平方向上分隔为若干个防火区域。其作用是防止火灾在水平方向蔓延扩大。

② 竖向防火分区　为了把火灾控制在一定的楼层范围内，防止其从起火层向其他楼层垂直蔓延，应沿建筑高度划分防火分区；竖向防火分区是以每个楼层为基本防火区域，也称层间防火分区；竖向防火分区主要是采用具有一定耐火性能的钢筋混凝土楼板、上下楼层之间的窗间墙作分隔构件。

③ 特殊部位和重要房间的防火分区　特殊部位和重要房间包括：各种竖向井道，附设在建筑物内的消防控制室、固定灭火装置的设备室（如钢瓶间、泡沫间）、通风空调机房，设置贵重设备和储存贵重物品的房间，火灾危险性大的房间，避难间等。

6.2.2 防火分区的划分原则

划分防火分区除必须满足防火规范中规定的面积及构造要求外，还应满足下列要求：

ⅰ. 做避难通道使用的楼梯间、前室和某些有避难功能的走廊，必须受到安全保护，保证其不受火灾的侵害，并时刻保持畅通无阻；

ⅱ. 在同一个建筑物内，各危险区域之间、不同用户之间、办公用房和生产车间之间，应该进行防火分隔处理；

ⅲ. 高层建筑中的各种竖向井道，如电缆井、管道井、垃圾井等，其本身应是独立的防火单元，保证井道外部火灾不得传入井道内部，井道内部火灾也不得传到井道外部；

ⅳ. 有特殊防火要求的建筑，如医院等在防火分区之内应设置更小的防火区域；

ⅴ. 高层建筑在垂直方向应以每个楼层为单元划分防火分区；

ⅵ. 所有建筑的地下室，在垂直方向应以每个楼层为单元划分防火分区；

ⅶ. 为扑救火灾而设置的消防通道，其本身应受到良好的防火保护；

ⅷ. 设有自动喷水灭火设备的防火分区，其允许面积可以适当扩大。

6.2.3 不同功能建筑防火分区

(1) 民用建筑防火分区

民用建筑的耐火等级、最多允许层数和防火分区最大允许建筑面积应符合表 6-5 的规定。

表 6-5 民用建筑的耐火等级、最多允许层数和防火分区最大允许建筑面积

耐火等级	最多允许层数	防火分区的最大允许建筑面积/m²	备注
一、二级	按规范规定	2500	1. 体育馆、剧院的观众厅，展览建筑的展厅，其防火分区最大允许建筑面积可适当放宽 2. 托儿所、幼儿园的儿童用房和儿童游乐厅等儿童活动场所不应超过3层或设置在4层及4层以上楼层或地下、半地下建筑(室)内
三级	5层	1200	1. 托儿所、幼儿园的儿童用房和儿童游乐厅等儿童活动场所、老年人建筑和医院、疗养院的住院部分不应超过2层或设置在3层及3层以上楼层或地下、半地下建筑(室)内 2. 商店、学校、电影院、剧院、礼堂、食堂、菜市场不应超过2层或设置在3层及3层以上楼层
四级	2层	600	学校、食堂、菜市场、托儿所、幼儿园、老年人建筑、医院等不应设置在3层
地下、半地下建筑(室)		500	—

注：建筑内设置自动灭火系统时，该防火分区的最大允许建筑面积可按本表的规定增加1.0倍。局部设置时，增加面积可按该局部面积的1.0倍计算。

民用建筑划分防火分区时还应遵守以下规定。

ⅰ. 当多层建筑物内设置自动扶梯、敞开楼梯等上下层相连通的开口时，其防火分区面积应按上下层相连通的面积叠加计算；当其建筑面积之和大于表 6-5 的规定时，应划分防火分区。

ⅱ. 建筑物内设置中庭时，其防火分区面积应按上下层相连通的面积叠加计算；当超过一个防火分区最大允许建筑面积时，房间与中庭相通的开口部位应设置能自行关闭的甲级防火门窗；与中庭相通的过厅、通道等处应设置甲级防火门或防火卷帘，防火门或防火卷帘应能在火灾时自动关闭或降落，防火卷帘的设置应符合规范规定；中庭应按规范规定设置排烟设施。

ⅲ. 防火分区之间应采用防火墙分隔，当采用防火墙确有困难时，可采用防火卷帘等防火分隔设施分隔，采用防火卷帘时应符合规范规定。

ⅳ. 地上商店营业厅、展览建筑的展览厅设置在一、二级耐火等级的单层建筑内或多层建筑的首层、按规范规定设置有自动喷水灭火系统、排烟设施和火灾自动报警系统或内部装修设计符合现行国家标准《建筑内部装修设计防火规范 GB 50222—1995》的有关规定时，其每个防火分区的最大允许建筑面积不应大于 10000m^2。

ⅴ. 地下商店营业厅不应设置在地下 3 层及 3 层以下；不应经营和储存火灾危险性为甲、乙类储存物品属性的商品；当设有火灾自动报警系统和自动灭火系统，且建筑内部装修符合现行国家标准《建筑内部装修设计防火规范 GB 50222—1995》的有关规定时，其营业厅每个防火分区的最大允许建筑面积可增加到 2000m^2；应设置防烟与排烟设施；当地下商店总建筑面积大于 20000m^2 时，应采用不开设门窗洞口的防火墙分隔。相邻区域确需局部连通时，应选择采取下沉式广场等室外开敞空间、防火隔间、避难走道、防烟楼梯间进行防火分隔。

ⅵ. 歌舞厅、录像厅、夜总会、放映厅、卡拉 OK 厅（含具有卡拉 OK 功能的餐厅）、游艺厅（含电子游艺厅）、桑拿浴室（不包括洗浴部分）、网吧等歌舞娱乐放映游艺场所，宜设置在一、二级耐火等级建筑物内的首层、2 层或 3 层的靠外墙部位，不宜布置在袋形走道的两侧或尽端。

ⅶ. 当歌舞厅、录像厅、夜总会、放映厅、卡拉 OK 厅（含具有卡拉 OK 功能的餐厅）、游艺厅（含电子游艺厅）、桑拿浴室（不包括洗浴部分）、网吧等歌舞娱乐放映游艺场所必须布置在袋形走道的两侧或尽端时，最远房间的疏散门至最近安全出口的距离不应大于 9m。当必须布置在建筑物内首层、2 层或 3 层外的其他楼层时，不应布置在地下 2 层及 2 层以下。当布置在地下 1 层时，地下 1 层地面与室外出入口地坪的高差不应大于 10.0m；一个厅、室的建筑面积不应大于 200m^2，并应采用耐火极限不低于 2.00h 的不燃烧体隔墙和 1.00h 的不燃烧体楼板与其他部位隔开，厅、室的疏散门应设置乙级防火门；并应按规范规定设置防烟与排烟设施。

（2）高层民用建筑防火分区

高层建筑内应采用防火墙等划分防火分区，每个防火分区允许最大建筑面积，不应超过表 6-6 的规定。

表 6-6　每个防火分区的允许最大建筑面积

建筑类别	每个防火分区建筑面积/m^2
一类建筑	1000
二类建筑	1500
地下室	500

设有自动灭火系统的防火分区，其允许最大建筑面积可按表 6-6 增加 1.0 倍；当局部设置自动灭火系统时，增加面积可按该局部面积的 1.0 倍计算；一类建筑的电信楼，其防火分区允许最大建筑面积可按表 6-6 增加 50%。

高层民用建筑划分防火分区时还应遵守以下规定。

ⅰ. 高层建筑内的商业营业厅、展览厅等，当设有火灾自动报警系统和自动灭火系统，且采用不燃烧或难燃烧材料装修时，地上部分防火分区的允许最大建筑面积为 4000m^2；地下部分防火分区的允许最大建筑面积为 2000m^2。

ⅱ. 当高层建筑与其裙房之间设有防火墙等防火分隔设施时，其裙房的防火分区允许最大建筑面积不应大于 2500m^2，当设有自动喷水灭火系统时，防火分区允许最大建筑面积可

增加1.0倍。

ⅲ. 高层建筑内设有上下层相连通的走廊、敞开楼梯、自动扶梯、传送带等开口部位时，应按上下连通层作为一个防火分区，其允许最大建筑面积之和不应超过表6-6的规定；当上下开口部位设有耐火极限大于3.00h的防火卷帘或水幕等分隔设施时，其面积可不叠加计算。

ⅳ. 高层建筑中庭防火分区面积应按上下层连通的面积叠加计算，当超过一个防火分区面积时，房间与中庭回廊相通的门、窗，应设自行关闭的乙级防火门、窗；与中庭相通的过厅、通道等，应设乙级防火门或耐火极限大于3.00h的防火卷帘分隔；中庭每层回廊应设有自动喷水灭火系统；中庭每层回廊应设火灾自动报警系统。

ⅴ. 设置排烟设施的走道、净高不超过6.00m的房间，应采用挡烟垂壁、隔墙或从顶棚下突出不小于0.50m的梁划分防烟分区；每个防烟分区的建筑面积不宜超过500m^2，且防烟分区不应跨越防火分区。

(3) 厂房（仓库）防火分区

厂房的耐火等级、层数和每个防火分区的最大允许建筑面积应符合表6-7的规定。

表6-7　厂房的耐火等级、层数和每个防火分区的最大允许建筑面积

生产类别	厂房的耐火等级	最多允许层数	每个防火分区的最大允许建筑面积/m^2			
			单层厂房	多层厂房	高层厂房	地下、半地下厂房，厂房的地下室、半地下室
甲	一级	除生产必须采用多层者外，宜采用单层	4000	3000	—	—
	二级		3000	2000	—	—
乙	一级	不限	5000	4000	2000	—
	二级	6	4000	3000	1500	—
丙	一级	不限	不限	6000	3000	500
	二级	不限	8000	4000	2000	500
	三级	2	3000	2000	—	—
丁	一、二级	不限	不限	不限	4000	1000
	三级	3	4000	2000	—	—
	四级	1	1000	—	—	—
戊	一、二级	不限	不限	不限	6000	1000
	三级	3	5000	3000	—	—
	四级	1	1500	—	—	—

ⅰ. 防火分区之间应采用防火墙分隔。除甲类厂房外的一、二级耐火等级单层厂房，当其防火分区的建筑面积大于本表规定，且设置防火墙确有困难时，可采用防火卷帘或防火分隔水幕分隔；采用防火卷帘时应符合规范规定；采用防火分隔水幕时，应符合现行国家标准《自动喷水灭火系统设计规范GB 50084—2001》的有关规定。

ⅱ. 除麻纺厂房外，一级耐火等级的多层纺织厂房和二级耐火等级的单层、多层纺织厂房，其每个防火分区的最大允许建筑面积可按本表的规定增加0.5倍，但厂房内的原棉开包、清花车间均应采用防火墙分隔。

ⅲ. 一、二级耐火等级的单层、多层造纸生产联合厂房，其每个防火分区的最大允许建筑面积可按本表的规定增加1.5倍；一、二级耐火等级的湿式造纸联合厂房，当纸机烘缸罩内设置自动灭火系统，完成工段设置有效灭火设施保护时，其每个防火分区的最大允许建筑面积可按工艺要求确定。

ⅳ. 一、二级耐火等级的谷物筒仓工作塔，当每层工作人数不超过2人时，其层数不限。

Ⅴ. 一、二级耐火等级卷烟生产联合厂房内的原料、备料及成组配方、制丝、储丝和卷接包、辅料周转、成品暂存、二氧化碳膨胀烟丝等生产用房应划分独立的防火分隔单元，当工艺条件许可时，应采用防火墙进行分隔；其中制丝、储丝和卷接包车间可划分为一个防火分区，且每个防火分区的最大允许建筑面积可按工艺要求确定；但制丝、储丝及卷接包车间之间应采用耐火极限不低于 2.00h 的墙体和 1.00h 的楼板进行分隔；厂房内各水平和竖向分隔间的开口应采取防止火灾蔓延的措施。

厂房内设置自动灭火系统时，每个防火分区的最大允许建筑面积可按表 6-7 的规定增加 1.0 倍；当丁、戊类地上厂房内设置自动灭火系统时，每个防火分区的最大允许建筑面积不限；厂房内局部设置自动灭火系统时，其防火分区增加面积可按该局部面积的 1.0 倍计算。

仓库的耐火等级、层数和每个防火分区的最大允许建筑面积应符合表 6-8 的规定。

表 6-8　仓库的耐火等级、层数和每个防火分区的最大允许建筑面积

储存物品类别		仓库的耐火等级	最多允许层数	每座仓库的最大允许占地面积和每个防火分区的最大允许建筑面积/m^2						
				单层仓库		多层仓库		高层仓库		地下、半地下仓库或仓库的地下室、半地下室
				每座仓库	防火分区	每座仓库	防火分区	每座仓库	防火分区	防火分区
甲	3、4 项	一级	1	180	60	—	—	—	—	—
	1、2、5、6 项	一、二级	1	750	250	—	—	—	—	—
乙	1、3、4 项	一、二级	3	2000	500	900	300	—	—	—
		三级	1	500	250	—	—	—	—	—
	2、5、6 项	一、二级	5	2800	700	1500	500	—	—	—
		三级	1	900	300	—	—	—	—	—
丙	1 项	一、二级	5	4000	1000	2800	700	—	—	150
		三级	1	1200	400	—	—	—	—	—
	2 项	一、二级	不限	6000	1500	4800	1200	4000	1000	300
		三级	3	2100	700	1200	400	—	—	—
丁		一、二级	不限	不限	3000	不限	1500	4800	1200	500
		三级	3	3000	1000	1500	500	—	—	—
		四级	1	2100	700	—	—	—	—	—
戊		一、二级	不限	不限	不限	不限	2000	6000	1500	1000
		三级	3	3000	1000	2100	700	—	—	—
		四级	1	2100	700	—	—	—	—	—

ⅰ. 仓库中的防火分区之间必须采用防火墙分隔。

ⅱ. 石油库内桶装油品仓库应按现行国家标准《石油库设计规范 GB 50074—2002》的有关规定执行。

ⅲ. 一、二级耐火等级的煤均化库，每个防火分区的最大允许建筑面积不应大于 12000m^2。

ⅳ. 独立建造的硝酸铵仓库、电石仓库、聚乙烯等高分子制品仓库、尿素仓库、配煤仓库、造纸厂的独立成品仓库以及车站、码头、机场内的中转仓库，当建筑的耐火等级不低于二级时，每座仓库的最大允许占地面积和每个防火分区的最大允许建筑面积可按本表的规定增加 1.0 倍。

Ⅴ. 一、二级耐火等级粮食平房仓的最大允许占地面积不应大于 12000m^2，每个防火分区的最大允许建筑面积不应大于 3000m^2；三级耐火等级粮食平房仓的最大允许占地面积不应大于 3000m^2，每个防火分区的最大允许建筑面积不应大于 1000m^2。

ⅵ. 一、二级耐火等级冷库的最大允许占地面积和防火分区的最大允许建筑面积，应按现行国家标准《冷库设计规范 GB 50072—2010》的有关规定执行。

ⅶ. 酒精度为50%以上的白酒仓库不宜超过3层。

(4) 汽车库防火分区

汽车库的耐火等级应分为三级，并应设防火墙划分防火分区。每个防火分区的最大允许建筑面积应符合表6-9的规定。

表6-9　汽车库防火分区最大允许建筑面积　　m^2

耐火等级	单层汽车库	多层汽车库	地下汽车库或高层汽车库
一、二级	3000	2500	2000
三级	1000	—	—

敞开式、错层式、斜楼板式汽车库的上下连通层面积应叠加计算，其防火分区最大允许建筑面积可按本表规定值增加1.0倍；室内地坪低于室外地坪面高度超过该层汽车库净高1/3且不超过净高1/2的汽车库，或设在建筑物首层的汽车库的防火分区最大允许建筑面积不应超过25000m^2；复式汽车库的防火分区最大允许建筑面积应按本表规定值减少35%。

汽车库划分防火分区时还应遵守以下规定：

ⅰ. 汽车库内设有自动灭火系统时，其防火分区的最大允许建筑面积可按表6-9的规定增加1.0倍；

ⅱ. 机械式立体汽车车库的停车数超过50辆时，应设防火墙或防火隔墙进行分隔；

ⅲ. 甲、乙类物品运输车的汽车库，其防火分区最大允许建筑面积不应超过500m^2；

ⅳ. 汽车库贴邻其他建筑物时，必须采用防火墙隔开。

(5) 人防工程防火分区

人防工程内应采用防火墙划分防火分区应遵守以下规定。

ⅰ. 当采用防火墙确有困难时，可采用防火卷帘等防火分隔设施分隔，防火分区应在各安全出口处的防火门范围内划分；水泵房、污水泵房、水池、厕所、盥洗间等无可燃物的房间，其面积可不计入防火分区的面积之内；与柴油发电机房或锅炉房配套的水泵间、风机房、储油间等，应与柴油发电机房或锅炉房一起划分为一个防火分区；防火分区的划分宜与防护单元相结合；工程内设置有旅店、病房、员工宿舍时，不得设置在地下1层及以下层，并应划分为独立的防火分区，且疏散楼梯不得与其他防火分区的疏散楼梯共用。

ⅱ. 每个防火分区的允许最大建筑面积，不应大于500m^2；当设置有自动灭火系统时，允许最大建筑面积可增加1.0倍；局部设置时，增加的面积可按该局部面积的1.0倍计算。

ⅲ. 商业营业厅、展览厅、电影院和礼堂的观众厅、溜冰馆、游泳馆、射击馆、保龄球馆等划分防火分区时，当设置有火灾自动报警系统和自动灭火系统，且采用A级装修材料装修时，防火分区允许最大建筑面积不应大于2000m^2；电影院、礼堂的观众厅，防火分区允许最大建筑面积不应大于1000m^2；当设置有火灾自动报警系统和自动灭火系统时，其允许最大建筑面积也不得增加；溜冰馆的冰场、游泳馆的游泳池、射击馆的靶道区、保龄球馆的球道区等，其面积可不计入溜冰馆、游泳馆、射击馆、保龄球馆的防火分区面积内；溜冰馆的冰场、游泳馆的游泳池、射击馆的靶道区等，其装修材料应采用A级。

ⅳ. 丙、丁、戊类物品库房的防火分区允许最大建筑面积应符合表6-10的规定；当设置有火灾自动报警系统和自动灭火系统时，允许最大建筑面积可增加1.0倍；局部设置时，增加的面积可按该局部面积的1.0倍计算。

表 6-10 丙、丁、戊类物品库房防火分区允许最大建筑面积 m^2

储存物品类别		防火分区最大允许建筑面积
丙	闪点≥60℃的可燃液体	150
	可燃固体	300
丁		500
戊		1000

ⅴ. 人防工程内设置有内挑台、走马廊、开敞楼梯和自动扶梯等上下连通层时，其防火分区面积应按上下层相连通的面积计算，其建筑面积之和应符合规范的有关规定，且连通的层数不宜大于 2 层。

ⅵ. 当人防工程地面建有建筑物，且与地下 1、2 层有中庭相通或地下 1、2 层有中庭相通时，防火分区面积应按上下多层相连通的面积叠加计算；当超过规范规定的防火分区最大允许建筑面积时，房间与中庭相通的开口部位应设置火灾时能自行关闭的甲级防火门窗；与中庭相通的过厅、通道等处，应设置甲级防火门或耐火极限不低于 3h 的防火卷帘；防火门或防火卷帘应能在火灾时自动关闭或降落；中庭应按规定设置排烟设施。

6.3 防烟分区

6.3.1 防烟分区的概念

为有利于建筑物内人员安全疏散与有组织排烟，而采取的技术措施。利用防烟分区，使烟气集于设定空间，通过排烟设施将烟气排至室外。防烟分区范围是指以屋顶挡烟隔板、挡烟垂壁或从顶棚向下突出不小于 500mm 的梁为界，从地板到屋顶或吊顶之间的规定空间。

屋顶挡烟隔板是指设在屋顶内，能对烟和热气的横向流动造成障碍的垂直分隔体。挡烟垂壁是指用不燃烧材料制成，从顶棚下垂不小于 500mm 的固定或活动的挡烟设施。活动挡烟垂壁系指火灾时因感温、感烟或其他控制设备的作用，自动下垂的挡烟垂壁。

大量资料表明，火灾现场人员伤亡的主要原因是烟气毒害所致。发生火灾时首要任务是把火场中产生的高温烟气控制在一定的区域之内，并迅速排出室外。为此，在设定条件下必须划分防烟分区。设置防烟分区主要是保证在一定时间内，使火场上产生的高温烟气不致随意扩散，并进而加以排除，从而达到有利人员安全疏散，控制火势蔓延和减小火灾损失的目的。

6.3.2 防烟分区的设置原则

设置防烟分区时，如果面积过大，会使烟气波及面积扩大，增加受灾面，不利于安全疏散和火灾扑救；如果面积过小，不仅影响使用，还会提高工程造价。因此，防烟分区的设置应遵循以下原则。

ⅰ. 没设排烟设施的房间（包括地下室）和走道，不划分防烟分区；走道和房间（包括地下室）按规定需要设排烟设施时，可根据具体情况分设或合设排烟设施，并按分设或合设的情况划分防烟分区；一座建筑物的某几层需设排烟设施，且采用垂直排烟道（竖井）进行排烟时，其余按规定不需要设置排烟设施的各层，如投资增加不多，也可考虑扩大设置范围，各层也应划分防烟分区和设置排烟设施。

ⅱ. 每个防烟分区的面积，对于高层民用建筑和其他建筑（含地下建筑和人防工程），其建筑面积不宜大于500m^2；当顶棚（或顶板）高度在6m以上时，可不受此限。此外，需设排烟设施的走道、净高不超过6m的房间应采用挡烟垂壁、隔墙或从顶棚突出不小于500mm的梁划分防烟分区，梁或垂壁至室内地面的高度不应小于1.8m。

ⅲ. 防烟分区不应跨越防火分区。

ⅳ. 防烟分区不宜跨越楼层。有些情况下，如每层建筑面积过小，允许包括其他楼层，但以不超过三个楼层为宜。

ⅴ. 对有特殊用途的场所，如地下室、防烟楼梯间及其前室、消防电梯及其前室、避难层间等，应单独设置防烟分区。

6.3.3 防烟分区的划分方法

防烟分区之间常常是用隔墙、楼板、防火门及挡烟垂壁等加以分隔，根据建筑物种类和要求不同，防烟分区可按用途、面积、楼层划分。

(1) 按用途划分

对于建筑物的各个部分，按其不同的用途，如厨房、卫生间、起居室、客房及办公室等，来划分防烟分区比较合适，也较方便。国外常把高层建筑的各部分划分为居住或办公用房间、疏散通道、楼梯间、电梯间及其前室、停车库等防烟分区，还可以按不同的用途划分出如厨房、卫生间、起居室、客房及办公室等防烟分区。但按此种方法划分防烟分区时，应注意对通风空调管道、电气配管、给排水管道以及采暖气水管道等穿越墙壁和楼板处，应采取必要的措施，以确保防烟分区的严密性。在有些情况下，疏散走道也应单独划分防烟分区，这时，面向走道的房间与走道之间的分隔门必须是防火门。分隔走道与房间的门如果不是防火门而是普通门时，房间和走道实际上形成一体，走道就不成为单独的防烟分区了，因为在发生火灾时这种门板容易被烧毁而难以阻挡烟气的扩散。

(2) 按面积划分

在建筑物内按面积将其划分为若干个基准防烟分区，这些防烟分区在各个楼层，一般形状相同，尺寸相同，用途相同。不同形状和用途的防烟分区，其面积亦应尽可能一致。每个楼层的防烟分区可采用同一套防排烟设施。如所有防烟分区共用一套排烟设备时，排烟风机的容量应按最大防烟分区的面积计算。

(3) 按楼层划分

防烟分区还可分别按楼层划分（水平划分）。在高层建筑中，底层部分和上层部分的用途往往不太相同，如高层宾馆建筑，底层布置餐厅、接待室、商店、会计室、多功能厅等，上层部分多为客房。火灾统计资料表明，底层发生火灾的机会较多，火灾概率大，上部主体发生火灾的机会较小。因此，应尽可能根据房间的不同用途沿垂直方向按楼层划分防烟分区。

6.3.4 高层民用建筑防烟分区的划分

一类高层建筑和建筑高度超过32m的二类高层建筑的走道或房间，对无直接天然采光和自然通风、且长度超过20m的内走道或虽有直接采光和自然通风，但长度超过60m的内走道；面积超过100m^2且经常有人停留或可燃物较多的无窗房间，设固定窗扇的房间和地下室的房间均应设防烟和排烟设施。对设排烟设施的走道和需设排烟设施而净高不超过6m的房间，应采用挡烟垂壁、隔墙或挡烟梁划分防烟分区。防烟分区的划分应满足以下要求：

ⅰ. 每个防烟分区的面积不宜过大，一般不超过 $500m^2$；

ⅱ. 因防烟分区与防火分区在防火中所起的作用不同，要求防烟分区不能跨越防火分区；

ⅲ. 挡烟垂壁和挡烟梁，必须从顶棚下突出，突出部分不小于 0.50m。

6.4 安全疏散

6.4.1 安全疏散设计的基本原则

安全疏散是建筑物发生火灾后确保人员生命财产安全，避免室内人员因火烧、缺氧窒息、烟雾中毒和房屋倒塌造成伤亡，同时尽快抢救、转移室内的物资和财产，以减小火灾造成损失的重要措施。另外，消防人员赶到火灾现场进行灭火救援也必须借助于建筑物内的安全疏散设施来实现。

安全疏散设计是建筑防火设计的重要内容，应根据建筑物的使用性质、容纳人数、面积大小及人们在火灾时的生理和心理状态特点，合理地设置安全疏散设施。设置的基本原则如下：

ⅰ. 在建筑物内的任意一个部位，应同时有两个或两个以上的疏散方向可供疏散；

ⅱ. 疏散路线应力求短捷通畅、安全可靠，避免出现各种人流、物流相互交叉，杜绝出现逆流；

ⅲ. 在建筑物的屋顶及外墙上应设置可供人员临时避难使用的屋顶平台、室外疏散楼梯和阳台、凹廊等，因为这些部位与大气连通，燃烧产生的高温烟气不会在这里停留，这些部位基本可以保证人员的人身安全；

ⅳ. 疏散通道上的防火门，在发生火灾时必须保持自动关闭状态，防止高温烟气通过敞开的防火门向相邻防火分区蔓延，影响人员的安全疏散；

ⅴ. 在进行安全疏散设计时，应充分考虑人员在火灾条件下的心理状态及行为特点，并在此基础上采取相应的设计方案。

6.4.2 安全疏散允许时间

安全疏散允许时间，是指建筑物发生火灾时人员离开着火建筑物到达安全区域的时间。安全疏散允许时间，是确定安全疏散的距离、安全通道的宽度、安全出口数量的重要依据。在进行安全疏散设计时，实际疏散时间应小于或等于允许疏散时间，即

$$t=t_1+\frac{L_1}{v_1}+\frac{L_2}{v_2}\leqslant \text{允许疏散时间} \tag{6-2}$$

式中 t——建筑物内总疏散时间，min；

t_1——自房间内最远点到房间门的疏散时间，min；

L_1——从房间门到出口或到楼梯间的最大允许距离，m；

v_1——人员在走道上行走的速度，m/min；

L_2——最高层的人由楼梯下来行走的距离，m；

v_2——人员下楼梯的速度，为 15m/min。

如果建筑物为防烟楼梯，则楼梯上的疏散时间不予计算。安全疏散允许的时间，高层建筑，可按 5～7min 考虑；一般民用建筑，一、二级耐火等级应为 6min，三、四级耐火等级

可为 2～4min；人员密集的公共建筑，一、二级耐火等级应为 5min，三级耐火等级的建筑物不应超过 3min，其中疏散出观众厅的时间，一、二级耐火等级的建筑物不应超过 2min，三级耐火等级不应超过 1.5min。

6.4.3 安全疏散距离

(1) 民用建筑安全疏散距离

根据建筑物耐火等级、使用性质以及火灾时对人员造成的伤害等因素，从各类建筑实际疏散情况出发来确定安全疏散距离。直接通向疏散走道的房间疏散门至最近安全出口的距离应符合表 6-11 的要求。

表 6-11 直接通向疏散走道的房间疏散门至最近安全出口的最大距离 m

名称	位于两个安全出口之间的疏散门			位于袋形走道两侧或尽端的疏散门		
	耐火等级			耐火等级		
	一、二级	三级	四级	一、二级	三级	四级
托儿所、幼儿园	25.0	20.0	—	20.0	15.0	—
医院、疗养院	35.0	30.0	—	20.0	15.0	—
学校	35.0	30.0	—	22.0	20.0	—
其他民用建筑	40.0	35.0	25.0	22.0	20.0	15.0
建筑内的观众厅、展览厅、多功能厅、餐厅、营业厅和阅览室等，其室内任何一点至最近安全出口的直线距离不宜大于 30.0m。						

敞开式外廊建筑的房间疏散门至安全出口的最大距离可按表 6-11 增加 5.0m；建筑物内全部设置自动喷水灭火系统时，其安全疏散距离可按表 6-11 规定增加 25%；房间内任一点到该房间直接通向疏散走道的疏散门的距离计算：住宅应为最远房间内任一点到户门的距离，跃层式住宅内户内楼梯的距离可按其梯段总长度的水平投影尺寸计算。

同时，还应符合以下规定：

ⅰ. 直接通向疏散走道的房间疏散门至最近非封闭楼梯间的距离，当房间位于两个楼梯间之间时，应按表 6-11 的规定减少 5.0m；当房间位于袋形走道两侧或尽端时，应按表 6-11 的规定减少 2.0m；

ⅱ. 楼梯间的首层应设置直通室外的安全出口或在首层采用扩大封闭楼梯间。当层数不超过 4 层时，可将直通室外的安全出口设置在离楼梯间小于等于 15.0m 处；

ⅲ. 房间内任一点到该房间直接通向疏散走道的疏散门的距离，不应大于表 6-11 中规定的袋形走道两侧或尽端的疏散门至安全出口的最大距离。

(2) 高层民用建筑安全疏散距离

高层民用建筑安全疏散距离应符合表 6-12 的规定。

表 6-12 高层民用建筑安全疏散距离

高层建筑		房间门或住宅门至最近的外部出口或楼梯间的最大距离/m	
		位于两个安全出口之间的房间	位于袋形走道两侧或尽端的房间
医院	病房部分	24	12
	其他部分	30	15
旅馆、展览楼、教学楼		30	15
其他		40	20

同时，还应符合以下规定：

ⅰ.跃廊式住宅的安全疏散距离，应从户门算起，小楼梯的一段距离按其1.50倍水平投影计算；

ⅱ.高层建筑内的观众厅、展览厅、多功能厅、餐厅、营业厅和阅览室等，其室内任何一点至最近的疏散出口的直线距离，不宜超过30m；其他房间内最远一点至房门的直线距离不宜超过15m。

(3) 厂房安全疏散距离

厂房内任一点到最近安全出口的距离不应大于表6-13的规定。

表6-13 厂房内任一点到最近安全出口的距离 m

生产类别	耐火等级	单层厂房	多层厂房	高层厂房	地下、半地下厂房或厂房的地下室、半地下室
甲	一、二级	30.0	25.0	—	—
乙	一、二级	75.0	50.0	30.0	—
丙	一、二级 三　级	80.0 60.0	60.0 40.0	40.0 —	30.0 —
丁	一、二级 三　级 四　级	不限 60.0 50.0	不限 50.0 —	50.0 — —	45.0 — —
戊	一、二级 三　级 四　级	不限 100.0 60.0	不限 75.0 —	75.0 — —	60.0 — —

6.4.4 安全出口数量

(1) 民用建筑安全出口的数量

ⅰ.公共建筑内的每个防火分区、一个防火分区内的每个楼层，其安全出口的数量应经计算确定，且不应少于2个。除托儿所、幼儿园外，建筑面积小于等于200m^{2}且人数不超过50人的单层公共建筑和除医院、疗养院、老年人建筑及托儿所、幼儿园的儿童用房和儿童游乐厅等儿童活动场所等外，符合表6-14规定的2、3层公共建筑，可设一个安全出口或疏散楼梯。

表6-14 公共建筑可设置1个安全出口的条件

耐火等级	最多层数	每层最大建筑面积/m^2	人　数
一、二级	3层	500	第2层和第3层的人数之和不超过100人
三级	3层	200	第2层和第3层的人数之和不超过50人
四级	2层	200	第2层人数不超过30人

ⅱ.老年人建筑及托儿所、幼儿园的儿童用房和儿童游乐厅等儿童活动场所宜设置在独立的建筑内。当必须设置在其他民用建筑内时，宜设置独立的安全出口，并应符合规范规定。

ⅲ.一、二级耐火等级的公共建筑，当设置不少于2部疏散楼梯且顶层局部升高部位的层数不超过2层、人数之和不超过50人、每层建筑面积小于等于200m^{2}时，该局部高出部

位可设置1部与下部主体建筑楼梯间直接连通的疏散楼梯，但至少应另外设置1个直通主体建筑上人平屋面的安全出口，该上人屋面应符合人员安全疏散要求。

ⅳ. 公共建筑和通廊式非住宅类居住建筑中各房间疏散门的数量应经计算确定，且不应少于2个，该房间相邻2个疏散门最近边缘之间的水平距离不应小于5.0m。当房间位于2个安全出口之间，且建筑面积小于等于120m²，疏散门的净宽度不小于0.9m；除托儿所、幼儿园、老年人建筑外，房间位于走道尽端，且由房间内任一点到疏散门的直线距离小于等于15.0m，其疏散门的净宽度不小于1.4m和歌舞娱乐放映游艺场所内建筑面积小于等于50m² 的房间可设置1个。

ⅴ. 剧院、电影院和礼堂的观众厅，其疏散门的数量应经计算确定，且不应少于2个。每个疏散门的平均疏散人数不应超过250人；当容纳人数超过2000人时，其超过2000人的部分，每个疏散门的平均疏散人数不应超过400人。

ⅵ. 体育馆的观众厅，其疏散门的数量应经计算确定，且不应少于2个，每个疏散门的平均疏散人数不宜超过400～700人。

ⅶ. 居住建筑单元任一层建筑面积大于650m²，或任一住户的户门至安全出口的距离大于15m时，该建筑单元每层安全出口不应少于2个。当通廊式非住宅类居住建筑超过表6-15规定时，安全出口不应少于2个。

表6-15 通廊式非住宅类居住建筑可设置一个安全出口的条件

耐火等级	最多层数	每层最大建筑面积/m²	人数
一、二级	3层	500	第2层和第3层的人数之和不超过100人
三级	3层	200	第2层和第3层的人数之和不超过50人
四级	2层	200	第2层人数不超过30人

ⅷ. 地下、半地下建筑（室），每个防火分区的安全出口数量应经计算确定，且不应少于2个。当平面上有2个或2个以上防火分区相邻布置时，每个防火分区可利用防火墙上1个通向相邻分区的防火门作为第二安全出口，但必须有1个直通室外的安全出口；使用人数不超过30人且建筑面积小于等于500m² 的地下、半地下建筑（室），其直通室外的金属竖向梯可作为第二安全出口；歌舞娱乐放映游艺场所的安全出口不应少于2个，其中每个厅室或房间的疏散门不应少于2个。

（2）厂房、仓库安全出口的数量

ⅰ. 厂房内的每个防火分区、一个防火分区内的每个楼层，其安全出口的数量应经计算确定，且不应少于2个；当符合下列条件时，可设置1个安全出口：甲类厂房，每层建筑面积小于等于100m²，且同一时间的生产人数不超过5人；乙类厂房，每层建筑面积小于等于150m²，且同一时间的生产人数不超过10人；丙类厂房，每层建筑面积小于等于250m²，且同一时间的生产人数不超过20人；丁、戊类厂房，每层建筑面积小于等于400m²，且同一时间的生产人数不超过30人；地下、半地下厂房或厂房的地下室、半地下室，其建筑面积小于等于50m²，经常停留人数不超过15人。

ⅱ. 地下、半地下厂房或厂房的地下室、半地下室，当有多个防火分区相邻布置，并采用防火墙分隔时，每个防火分区可利用防火墙上通向相邻防火分区的甲级防火门作为第二安全出口，但每个防火分区必须至少有1个直通室外的安全出口。

每座仓库的安全出口不应少于2个，当一座仓库的占地面积小于等于300m² 时，可设置1个安全出口。仓库内每个防火分区通向疏散走道、楼梯或室外的出口不宜少于2个，当防火分区的建筑面积小于等于 $100m^2$ 时，可设置 1 个；通向疏散走道或楼梯的门应为乙级防火门。

ⅲ. 地下、半地下仓库或仓库的地下室、半地下室的安全出口不应少于 2 个；当建筑面积小于等于 $100m^2$ 时，可设置 1 个安全出口。

地下、半地下仓库或仓库的地下室、半地下室当有多个防火分区相邻布置，并采用防火墙分隔时，每个防火分区可利用防火墙上通向相邻防火分区的甲级防火门作为第二安全出口，但每个防火分区必须至少有 1 个直通室外的安全出口。

6.4.5 安全出口的宽度指标

为了尽快地进行安全疏散，除了要设置足够的安全出口和适当限制安全疏散距离以外，安全出口（包括楼梯、走道和门）的宽度必须有一定的要求。如果安全出口宽度不足，势必延长疏散时间，影响安全疏散。安全出口的宽度可通过使用人数和百人宽度指标计算确定。

百人宽度指标是指每百人在允许疏散时间内，以单股人流形式疏散所需的疏散宽度，可由下式计算

$$百人宽度指标=\frac{N}{At}b \tag{6-3}$$

式中 N——疏散人数（即 100 人）；

t——允许疏散时间，min；

A——单股人流通行能力；

b——单股人流宽度。

防火规范中规定的百人宽度指标，是根据上式并考虑其他影响因素后，通过计算、调整得到的。

(1) 民用建筑安全出口的宽度指标

ⅰ. 安全出口、房间疏散门的净宽度不应小于 0.9m，疏散走道和疏散楼梯的净宽度不应小于 1.1m；不超过 6 层的单元式住宅，当疏散楼梯的一边设置栏杆时，最小净宽度不宜小于 1.0m。

ⅱ. 人员密集的公共场所、观众厅的疏散门不应设置门槛，其净宽度不应小于 1.4m，且紧靠门口内外各 1.4m 范围内不应设置踏步；人员密集公共场所的室外疏散小巷的净宽度不应小于 3.0m，并应直接通向宽敞地带。

ⅲ. 剧院、电影院、礼堂、体育馆等人员密集场所的疏散走道、疏散楼梯、疏散门、安全出口的各自总宽度，应根据其通过人数和疏散净宽度指标计算确定，并应符合下列规定：观众厅内疏散走道的净宽度应按每 100 人不小于 0.6m 的净宽度计算，且不应小于 1.0m；边走道的净宽度不宜小于 0.8m；在布置疏散走道时，横走道之间的座位排数不宜超过 20 排；纵走道之间的座位数：剧院、电影院、礼堂等，每排不宜超过 22 个；体育馆，每排不宜超过 26 个；前后排座椅的排距不小于 0.9m 时，可增加 1.0 倍，但不得超过 50 个；仅一侧有纵走道时，座位数应减少一半；剧院、电影院、礼堂等场所供观众疏散的所有内门、外门、楼梯和走道的各自总宽度，应按表 6-16 的规定计算确定；体育馆供观众疏散的所有内门、外门、楼梯和走道的各自总宽度，应按表 6-17 的规定计算确定。

表 6-16 剧院、电影院、礼堂等场所每 100 人所需最小疏散净宽度 m

观众厅座位数/座			≤2500	≤1200
耐火等级			一、二级	三级
疏散部位	门和走道	平坡地面	0.65	0.85
		阶梯地面	0.75	1.00
	楼梯		0.75	1.00

表 6-17 体育馆每 100 人所需最小疏散净宽度 m

观众厅座位数档次/座		3000～5000	5001～10000	10001～20000	
疏散部位	门和走道	平坡地面	0.43	0.37	0.32
		阶梯地面	0.50	0.43	0.37
	楼梯		0.50	0.43	0.37

较大座位数档次按规定计算的疏散总宽度，不应小于相邻较小座位数档次按其最多座位数计算的疏散总宽度。

ⅳ. 学校、商店、办公楼、候车（船）室、民航候机厅、展览厅、歌舞娱乐放映游艺场所等民用建筑中的疏散走道、安全出口、疏散楼梯以及房间疏散门的各自总宽度，应按下列规定经计算确定：每层疏散走道、安全出口、疏散楼梯以及房间疏散门的每 100 人净宽度不应小于表 6-18 的规定；当每层人数不等时，疏散楼梯的总宽度可分层计算，地上建筑中下层楼梯的总宽度应按其上层人数最多一层的人数计算；地下建筑中上层楼梯的总宽度应按其下层人数最多一层的人数计算；当人员密集的厅、室以及歌舞娱乐放映游艺场所设置在地下或半地下时，其疏散走道、安全出口、疏散楼梯以及房间疏散门的各自总宽度，应按其通过人数每 100 人不小于 1.0m 计算确定；首层外门的总宽度应按该层或该层以上人数最多的一层人数计算确定，不供楼上人员疏散的外门，可按本层人数计算确定；录像厅、放映厅的疏散人数应按该场所的建筑面积 1.0 人/m^2 计算确定；其他歌舞娱乐放映游艺场所的疏散人数应按该场所的建筑面积 0.5 人/m^2 计算确定；商店的疏散人数应按每层营业厅建筑面积乘以面积折算值和疏散人数换算系数计算。地上商店的面积折算值宜为 50%～70%，地下商店的面积折算值不应小于 70%。疏散人数的换算系数可按表 6-19 确定。

表 6-18 疏散走道、安全出口、疏散楼梯和房间疏散门每 100 人的净宽度 m

楼层位置	耐火等级		
	一、二级	三级	四级
地上 1、2 层	0.65	0.75	1.00
地上 3 层	0.75	1.00	—
地上 4 层及 4 层以上各层	1.00	1.25	—
与地面出入口地面的高差不超过 10m 的地下建筑	0.75	—	—
与地面出入口地面的高差超过 10m 的地下建筑	1.00	—	—

表 6-19 商店营业厅内的疏散人数换算系数 （人/m^2）

楼层位置	地下 2 层	地下 1 层、地上第 1、2 层	地上第 3 层	地上第 4 层及 4 层以上各层
换算系数	0.80	0.85	0.77	0.60

（2）高层民用建筑安全出口的宽度指标

ⅰ. 高层建筑内走道的净宽，应按通过人数每 100 人不小于 1.00m 计算；高层建筑首层疏散外门的总宽度，应按人数最多的一层每 100 人不小于 1.00m 计算。首层疏散外门和走道的净宽不应小于表 6-20 的规定。

表 6-20　首层疏散外门和走道的净宽　m

高层建筑	每个外门的净宽	走道净宽	
		单面布房	双面布房
医院	1.30	1.40	1.50
居住建筑	1.10	1.20	1.30
其他	1.20	1.30	1.40

ⅱ. 疏散楼梯间及其前室的门净宽应按通过人数每 100 人不小于 1.00m 计算，但最小净宽不应小于 0.90m；单面布置房间的住宅，其走道出垛处的最小净宽不应小于 0.90m。

ⅲ. 高层建筑内设有固定座位的观众厅、会议厅等人员密集场所，其疏散走道、出口等应符合下列规定：厅内的疏散走道的净宽应按通过人数每 100 人不小于 0.80m 计算，且不宜小于 1.00m；边走道的最小净宽不宜小于 0.80m；厅的疏散出口和厅外疏散走道的总宽度，平坡地面应分别按通过人数每 100 人不小于 0.65m 计算，阶梯地面应分别按通过人数每 100 人不小于 0.80m 计算，疏散出口和疏散走道的最小净宽均不应小于 1.40m；疏散出口的门内、门外 1.40m 范围内不应设踏步，且门必须向外开，并不应设置门槛；厅内座位的布置，横走道之间的排数不宜超过 20 排，纵走道之间每排座位不宜超过 22 个；当前后排座位的排距不小于 0.90m 时，每排座位可为 44 个；只一侧有纵走道时，其座位数应减半。

(3) 厂房安全出口的宽度指标

厂房内的疏散楼梯、走道、门的各自总净宽度应根据疏散人数，按表 6-21 的规定经计算确定。但疏散楼梯的最小净宽度不宜小于 1.1m，疏散走道的最小净宽度不宜小于 1.4m，门的最小净宽度不宜小于 0.9m。当每层人数不相等时，疏散楼梯的总净宽度应分层计算，下层楼梯总净宽度应按该层或该层以上人数最多的一层计算；首层外门的总净宽度应按该层或该层以上人数最多的一层计算，且该门的最小净宽度不应小于 1.2m。

表 6-21　厂房疏散楼梯、走道和门的净宽度指标　(m/百人)

厂房层数	1、2 层	3 层	≥4 层
宽度指标	0.6	0.8	1.0

6.4.6　安全疏散设施

一般来讲，建筑物的安全疏散设施有疏散楼梯和楼梯间、疏散走道、应急照明和疏散指示标志、应急广播及辅助救生设施等。对超高层建筑还需设置避难层、屋顶直升机停机坪、消防电梯等。

(1) 疏散楼梯和楼梯间

作为竖向疏散通道的室内、外楼梯，是建筑物中的主要垂直交通枢纽，是安全疏散的重要通道。楼梯间防火和疏散能力的大小，直接影响着人员的生命安全与消防队员的救灾工作。因此，建筑防火设计，应根据建筑物的使用性质、高度、层数，正确运用规范，选择符合防火要求的疏散楼梯，为安全疏散创造有利条件。根据防火要求，可将楼梯间分为敞开楼梯间、封闭楼梯间、防烟楼梯间和室外辅助疏散楼梯四种形式。设置一般要求如下。

ⅰ. 楼梯间的布置，应满足安全疏散距离的要求，并尽量避免形成袋形走道。

ⅱ. 楼梯间应靠近标准层或防火分区的两端布置，以便于双向疏散。

ⅲ. 靠外墙设置，便于自然采光、通风和消防人员的援救行动。

ⅳ. 除与地下室连通的楼梯，超高层建筑中通向避难层错位的楼梯外，疏散楼梯间在各层的位置不应改变，上下直通，不变动位置。首层应有直通室外的出口。楼梯间位置变更，遇有紧急情况时人员不易找到楼梯，延误疏散时间，造成不应有的伤亡，特别是宾馆、饭店、商业楼等公共建筑。

ⅴ. 地下室、半地下室楼梯间与首层之间应有防火分隔措施，且不宜与地上层共用楼梯间；一般应在首层采用耐火极限不低于 2h 的隔墙与其他部位隔开，并直通室外；必须在隔墙上开门时，应采用乙级防火门；为确保人员迅速疏散，地下室、半地下室的楼梯间首层应直通室外；在首层与地下室、半地下室楼梯间设有防火分隔设施，既可有效防止疏散人员误入地下室、半地下室，又能阻挡火势、烟雾蔓延。

ⅵ. 楼梯间及其前室内不应附设烧水间、可燃材料储藏室、非封闭的电梯井、可燃气体管道和甲、乙、丙类液体管道，并不应有影响疏散的突出物。

ⅶ. 疏散楼梯间和走道上的阶梯应符合安全疏散要求，不应采用螺旋楼梯和扇形踏步；螺旋楼梯和扇形踏步，因踏步宽度变化，紧急情况下易使人摔倒，造成拥挤，堵塞通道，因此不应采用；由于建筑造型的要求必须采用时，其踏步上下两级所形成的平面夹角不超过 10 度，且每级离扶手 250mm 处的踏步的宽度不应小于 220mm。

ⅷ. 居住建筑内，可燃气体管道不应穿过楼梯间，如必须穿过时，应采取可靠的保护措施。

① 敞开楼梯间　敞开楼梯间是指建筑物内由墙体等围护构件构成的无封闭防烟功能，且与其他使用空间相通的楼梯间。敞开楼梯间在低层建筑中广泛采用。由于楼梯间与走道之间无任何防火分隔措施，所以一旦发生火灾就会成为烟火蔓延的通道，因此，在高层建筑和地下建筑中不应采用。除《高层民用建筑设计防火规范 GB 50045—2005》、《建筑设计防火规范 GB 50016—2006》规定应设封闭楼梯间、防烟楼梯间的建筑外，其余一般建筑均可采用敞开楼梯间。敞开楼梯间除应满足疏散楼梯的一般要求外，还应符合下列要求：

ⅰ. 房间门至最近的楼梯间的距离应满足安全疏散距离的要求；

ⅱ. 楼梯间在底层处应设直接对外的出口。当一般建筑层数不超过 4 层时，可将对外出口设置在离楼梯间不超过 15m 处；

ⅲ. 公共建筑的疏散楼梯两梯段之间的水平净距不宜小于 150mm；

ⅳ. 除公共走道外，其他房间的门窗不应开向楼梯间。

② 封闭楼梯间　封闭楼梯间是指用耐火建筑构件分隔，能防止烟和热气进入的楼梯间。高层民用建筑和高层工业建筑中封闭楼梯间的门应为向疏散方向开启的乙级防火门。一般应设封闭楼梯间的建筑物有：

ⅰ. 建筑高度不超过 24m 的医院、疗养院的病房楼和设有空气调节系统的多层旅馆及超过 5 层的其他公共建筑的室内疏散楼梯（包括底层扩大封闭楼梯间）；

ⅱ. 建筑高度不超过 32m 的高层工业建筑（厂房、库房）；

ⅲ. 甲、乙、丙类生产厂房；

ⅳ. 建筑高度不超过 32m 的二类高层民用建筑（单元式住宅除外）；

ⅴ. 12 层至 18 层的单元式住宅；11 层及 11 层以下的可不设封闭楼梯间，但开向楼梯间的门应为乙级防火门，且楼梯间应靠外墙，并宜直接天然采光和自然通风；

ⅵ. 11 层及 11 层以下的通廊式住宅；

ⅶ. 高层建筑的裙房；

ⅷ. 汽车库、修车库的室内疏散楼梯；

ⅸ. 人防工程地下为两层，且地下第2层的地坪与室外出入口地面高差不大于10m时的电影院、礼堂；建筑面积大于500m^{2}的医院、旅馆，建筑面积大于1000m^{2}的商场、餐厅、展览厅，公共娱乐场所、小型体育场所等。

对封闭楼梯间的设置要求：

ⅰ. 楼梯间应靠外墙，并能直接天然采光和自然通风，不能直接天然采光和自然通风时，应按防烟楼梯间规定设置；

ⅱ. 高层建筑封闭楼梯间的门应为乙级防火门，并向疏散方向开启；

ⅲ. 楼梯间的首层紧接主要出口时，可将走道和门厅等包括在楼梯间内形成扩大的封闭楼梯间，但应采用乙级防火门等防火措施与其他走道和房间隔开。

③ 防烟楼梯间　防烟楼梯间是指具有防烟前室和防排烟设施并与建筑物内使用空间分隔的楼梯间。其形式一般有带封闭前室或合用前室的防烟楼梯间，用阳台作前室的防烟楼梯间，用凹廊作前室的防烟楼梯间等。一般应设防烟楼梯间的建筑物有：

ⅰ. 一类高层民用建筑；

ⅱ. 除单元式和通廊式住宅外的建筑高度超过32m的二类高层民用建筑；

ⅲ. 塔式高层住宅；

ⅳ. 19层及19层以上的单元式住宅；

ⅴ. 超过11层的通廊式住宅；

ⅵ. 建筑高度超过32m且每层人数超过10人的高层厂房；

ⅶ. 建筑高度超过32m的高层停车库的室内疏散楼梯；

ⅷ. 人防工程当底层室内地平室外出入口地面高差大于10m的电影院、礼堂；建筑面积大于500m^{2}的医院、旅馆；建筑面积大于1000m^{2}的商场、餐厅、层览厅、公共娱乐场所、小型体育场所等。

防烟楼梯间的设置要求：

ⅰ. 楼梯间入口处应设前室、阳台或凹廊；

ⅱ. 前室的面积，对公共建筑不应小于6m^2，与消防电梯合用的前室不应小于10m^2；对于居住建筑不应小于4.5m^2，与消防电梯合用前室的面积不应小于6m^2；对于人防工程不应小于10m^2；

ⅲ. 前室和楼梯间的门均应为乙级防火门，并应向疏散方向开启。

④ 室外疏散楼梯　室外疏散楼梯是指用耐火结构与建筑物分隔，设在墙外的楼梯。室外疏散楼梯主要用于应急疏散，可作为辅助防烟楼梯使用。室外疏散楼梯的设置要求：

ⅰ. 楼梯及每层出口平台应用不燃烧材料制作，平台的耐火极限不应低于1h；

ⅱ. 在楼梯周围2m范围内的墙上，除疏散门外，不应开设其他门窗洞口，疏散门应采用乙级防火门，且不应正对梯段；

ⅲ. 楼梯的最小净宽不应小于0.9m，倾斜角一般不宜大于45度，栏杆扶手高度不应小于1.1m。

（2）避难层（间）

避难层是高层建筑中用作消防避难的楼层。避难间则是供消防人员在一定高度（大于等于100m的楼层）上设置的临时避难用的房间。通过避难层的防烟楼梯应在避难层分隔、同层错位或上下层断开，但人员均必须经避难层方能上下，使得人们遇到危险时能够安全逃

生。避难层按其围护方式大体分为以下三种类型。

① 敞开式避难层 敞开式避难层是指四周不设围护构件的避难层，一般设于建筑顶层或平屋顶上。这种避难层结构简单，投资小，但防护能力较差，不能绝对保证不受烟气侵入，也不能阻挡雨雪风霜，比较适合于温暖地区。

② 半敞开式避难层 四周设有高度不低于1.2m的防护墙，上部开设窗户和固定的金属百页窗。这种避难层既能防止烟气侵人，又具有良好的通风条件，可以进行自然排烟，但它仍具有敞开式避难层的缺点，不适用于寒冷地区。

③ 封闭式避难层 封闭式避难层四周及隔墙采用耐火防护墙，室内设有独立的空调系统和防排烟系统，外墙及隔墙一般不开门窗，如开门窗，则采用甲级防火门窗。封闭式避难层可防止烟气和火焰的侵害以及免受外界气候的影响。

建筑高度超过100m的公共建筑，应设置避难层（间），并应符合下列规定：

ⅰ. 避难层的设置，自高层建筑首层至第一个避难层或两个避难层之间，不宜超过15层；

ⅱ. 通向避难层的防烟楼梯应在避难层分隔、同层错位或上下层断开，但人员均必须经避难层方能上下；

ⅲ. 避难层的净面积应能满足设计避难人员避难的要求，并宜按5.00人/m^2计算；

ⅳ. 避难层可兼作设备层，但设备管道宜集中布置；

ⅴ. 避难层应设消防电梯出口；

ⅵ. 避难层应设消防专线电话，并应设有消火栓和消防卷盘；

ⅶ. 封闭式避难层应设独立的防烟设施；

ⅷ. 避难层应设有应急广播和应急照明，其供电时间不应小于1.00h，照度不应低于1.00lx。

（3）屋顶直升机停机坪

屋顶直升机停机坪是发生火灾时供直升机抢救疏散到屋顶平台上的避难人员的停靠设施。这种消防设施多设在超高层建筑的屋顶之上。建筑高度超过100m，且标准层建筑面积超过1000m^2的公共建筑，宜设置屋顶直升机停机坪或供直升机救助的设施，并应符合下列规定：

ⅰ. 设在屋顶平台上的停机坪，距设备机房、电梯机房、水箱间、共用天线等突出物的距离，不应小于5.00m；

ⅱ. 出口不应少于两个，每个出口宽度不宜小于0.90m；

ⅲ. 在停机坪的适当位置应设置消火栓；

ⅳ. 停机坪四周应设置航空障碍灯，并应设置应急照明。

（4）消防电梯

电梯主要用于高层建筑中。消防电梯的用途在于火灾时供消防人员进行扑救高层建筑火灾使用。因为普通电梯在火灾时由于切断电源而停止使用，如果消防队员只靠攀登楼梯进行扑救，往往因体力不足和运送器材困难而贻误灭火战机，影响扑救火灾及抢救伤员工作，因此，高层建筑必须设有专用或兼用消防电梯。下列高层建筑应设消防电梯：

ⅰ. 一类公共建筑；

ⅱ. 塔式住宅；

ⅲ. 12层及12层以上的单元式住宅和通廊式住宅；

ⅳ. 高度超过32m的其他二类公共建筑。

高层建筑消防电梯设置数量的要求为：

ⅰ. 当每层建筑面积不大于1500m^2时，应设一台；

ⅱ. 当大于1500m^2但不大于4500m^2时，应设两台；

ⅲ. 当大于4500m^2时，应设三台；

ⅳ. 消防电梯可与客梯或工作电梯兼用，但应符合消防电梯的要求。

消防电梯的设置要求为：

ⅰ. 消防电梯宜分别设在不同的防火分区内；

ⅱ. 消防电梯间应设前室，前室的面积，居住建筑不应小于4.50m^2；公共建筑和工业建筑不应小于6.00m^2；当与防烟楼梯间合用前室时，居住建筑不应小于6.00m^2；公共建筑和工业建筑不应小于10.00m^2；

ⅲ. 消防电梯间前室宜靠外墙设置，在首层应设直通室外的出口或经过长度不超过30m的通道通向室外；

ⅳ. 消防电梯前室的门，应采用乙级防火门或具有停滞功能的防火卷帘；

ⅴ. 消防电梯的载重量不应小于800kg；

ⅵ. 消防电梯井、机房与相邻其他电梯井、机房之间，应采用耐火极限不低于2h的隔墙隔开，当在隔墙上开门时，应设甲级防火门；

ⅶ. 消防电梯的行驶速度，应按从首层到顶层的运行时间不超过60s计算确定；

ⅷ. 消防电梯轿厢的内部装修应采用不燃烧材料；

ⅸ. 动力与控制电缆、电线应采取防水措施；

ⅹ. 消防电梯轿厢内应设专用电话，并应在首层设置供消防队员专用的操作按钮；

ⅺ. 消防电梯间前室门口宜设挡水设施，消防电梯的井底应设排水设施，排水井容量不应小于2.00m^3，排水泵的排水量不应小于10L/s。

小结

(1) 建筑物耐火等级不是由一两个构件的耐火性能决定的，是由组成建筑物的所有构件的耐火性能决定的，即是由组成建筑物的墙、柱、梁、楼板、屋顶承重构件和吊顶等主要建筑构件的燃烧性能和最低耐火极限决定的。确定建筑物的耐火等级主要考虑建筑物的重要性、火灾危险性、高度、火灾载荷等因素。民用建筑、厂房（仓库）建筑构件的最低耐火极限及建筑物的耐火等级遵循《建筑设计防火规范GB 50016—2006》规定；高层民用建筑构件的最低耐火极限及建筑物的耐火等级遵循《高层民用建筑设计防火规范GB 50045—2005》规定。

(2) 防火分区是指采用防火墙、耐火楼板及其他防火分隔物人为划分出的、能在一定时间内防止火灾向同一建筑的其余部分蔓延的局部区域，按照防止火灾向防火分区以外扩大蔓延的功能可分为水平防火分区、竖向防火分区、特殊部位和重要房间的防火分隔。民用建筑、厂房（仓库）防火分区的划分方法遵循《建筑设计防火规范GB 50016—2006》规定；高层民用建筑防火分区的划分方法遵循《高层民用建筑设计防火规范GB 50045—2005》规定；汽车库防火分区的划分方法遵循《汽车库、修车库、停车场设计防火规范GB 50067—1997》规定；人防工程防火分区的划分方法遵循《人民防空工程设计防火规范GB 50098—2009》规定。

(3) 防烟分区范围是指以屋顶挡烟隔板、挡烟垂壁或从顶棚向下突出不小于500mm的梁为界，从地板到屋顶或吊顶之间的规定空间。防烟分区之间常常是用隔墙、楼板、防火门及挡烟垂壁等加以分隔，根据建筑物种类和要求不同，防烟分区可按用途、面积、楼层划分。高层民用建筑防烟分区的划分遵循《高层民用建筑设计防火规范 GB 50045—2005》中相关规定。

(4) 安全疏散是建筑物发生火灾后确保人员生命财产安全，避免室内人员因火烧、缺氧窒息、烟雾中毒和房屋倒塌造成伤亡，同时尽快抢救、转移室内的物资和财产，以减小火灾造成损失的重要措施。安全疏散允许时间作为安全疏散的重要参数，是指建筑物发生火灾时人员离开着火建筑物到达安全区域的时间。安全疏散允许时间，是确定安全疏散的距离、安全通道的宽度、安全出口数量的重要依据。其中，民用建筑、厂房（仓库）的安全疏散距离、安全出口数量、宽度指标遵循《建筑设计防火规范 GB 50016—2006》规定；高层民用建筑的安全疏散距离、安全出口数量、宽度指标遵循《高层民用建筑设计防火规范 GB 50045—2005》中相关规定。常见的安全疏散设施包括疏散楼梯和楼梯间、避难层（间）、屋顶直升机停机坪、消防电梯等。

思考题

1. 民用建筑物的耐火等级分为哪几级？各有什么特点？建筑物耐火等级的划分标准和依据分别是什么？选定建筑物耐火等级应考虑哪几个因素？

2. 什么是防火分区？它的作用是什么？划分构件有哪些？了解民用建筑、高层民用建筑、厂房（仓库）、汽车库、人防工程对防火分区面积的规定。

3. 防烟分区划分的条件是什么（在什么情况下需要划分防烟分区）？防烟分区的设置原则有哪些？防烟分区为什么不能跨越防火分区？

4. 什么是安全出口？安全出口设置的原则有哪些内容？了解不同功能建筑物中安全出口数量及宽度的要求。

5. 什么是允许疏散时间？由哪几个因素决定？

6. 疏散楼梯间有哪几种类型？各有什么特点？

7. 什么是避难层（间）？有哪几种类型？各有什么特点？

8. 什么是屋顶直升机停机坪？有哪些设置要求？

9. 消防电梯的设置范围及设置要求是什么？

习题

一、填空

1. 建筑物耐火等级的高低，主要由________________________________等因素决定。

2. 建筑构件的燃烧性能，是由制成建筑构件的材料的燃烧性能决定的，不同燃烧性能的建筑材料，制成建筑构件后，其燃烧性能可分为以下三类：____________、____________、

________。

3. 耐火极限的判定条件为：________________、________________、________________。

4. 根据《建筑设计防火规范GB 50016—2006》规定，在划分建筑物耐火等级时，以木柱承重且以不燃烧材料作为墙体的建筑物，其耐火等级应按______级确定。

5. 地下、半地下建筑（室）的耐火等级应为______级；重要公共建筑的耐火等级不应低于______级。

6. 根据《高层民用建筑设计防火规范GB 50045—2005》规定，一类高层建筑的耐火等级应为______级，二类高层建筑的耐火等级不应低于______级；裙房的耐火等级不应低于______级；高层建筑地下室的耐火等级应为______级。

7. __________是指采用防火墙、耐火楼板及其他防火分隔物人为划分出的、能在一定时间内防止火灾向同一建筑的其余部分蔓延的局部区域。

8. 防火分区按照防止火灾向防火分区以外扩大蔓延的功能可分为以下三类：________________、________________、________________。

9. 防火分区多层建筑最大允许建筑面积为__________，一类高层建筑最大允许建筑面积为__________，二类高层建筑为__________，地下室为__________。

10. 甲、乙、丙级防火门的耐火极限各是__________、__________、__________。

11. 高层民用建筑与高层民用建筑之间的防火间距为__________，高层民用建筑与多层民用建筑的防火间距为__________，多层与多层民用建筑的防火间距为__________。

12. 丁类物品库房防火分区允许最大建筑面积为____________。

13. 当人防工程地面建有建筑物，且与地下1、2层有中庭相通或地下1、2层有中庭相通时，防火分区面积应按__________________________计算。

14. 甲、乙类物品运输车的汽车库，其防火分区最大允许建筑面积不应超过__________。

15. 一、二级耐火等级的煤均化库，每个防火分区的最大允许建筑面积不应大于__________。

16. 酒精度为50%（v/v）以上的白酒仓库不宜超过______层。

17. 三级耐火等级粮食平房仓的最大允许占地面积不应大于__________，每个防火分区的最大允许建筑面积不应大于__________。

18. 当放映厅、卡拉OK厅、游艺厅、桑拿浴室、网吧等歌舞娱乐放映游艺场所必须布置在袋形走道的两侧或尽端时，最远房间的疏散门至最近安全出口的距离应满足：__________。

19. 一、二级耐火等级的谷物筒仓工作塔，当每层工作人数不超过______人时，其层数不限。

20. 防烟分区范围是指以屋顶挡烟隔板、挡烟垂壁或从顶棚向下突出__________的梁为界，从地板到屋顶或吊顶之间的规定空间。

21. 高层民用建筑挡烟垂壁和挡烟梁，必须从顶棚下突出，突出部分不小于__________。

22. ________________是确定安全疏散的距离、安全通道的宽度、安全出口数量的重要依据。

23. 高层建筑安全疏散允许时间可按__________min考虑，一般民用建筑，一、二级

耐火等级应为______min，三、四级耐火等级可为______min。

24. 高层建筑内的观众厅、展览厅、多功能厅、餐厅、营业厅和阅览室等，其室内任何一点至最近的疏散出口的直线距离，不宜超过______；其他房间内最远一点至房门的直线距离不宜超过______。

25. 公共建筑内的每个防火分区、一个防火分区内的每个楼层，其安全出口的数量应经计算确定，且不应少于____个。

26. 体育馆的观众厅，其疏散门的数量应经计算确定，且不应少于____个，每个疏散门的平均疏散人数不宜超过____人。

27. 地下、半地下仓库或仓库的地下室、半地下室建筑面积小于等于______时，可设置1个安全出口。

28. 民用建筑安全出口、房间疏散门的净宽度不应小于______，疏散走道和疏散楼梯的净宽度不应小于______；不超过6层的单元式住宅，当疏散楼梯的一边设置栏杆时，最小净宽度不宜小于______。

29. 根据防火要求，可将楼梯间分为______、______、______和______四种形式。

30. 避难层按其围护方式大体分为以下三种类型：______、______、______。

二、从下面给出的备选答案中选出1个或多个合适的，把序号填入括号内。

1. 确定建筑物的耐火等级主要考虑以下几个方面的因素：____。

A. 建筑物的高度　　B. 建筑物的火灾危险性

C. 建筑物的重要性　　D. 建筑物的火灾荷载

2. 民用建筑的耐火等级应分为____级。

A. 一　　B. 二　　C. 三　　D. 四

3.《建筑设计防火规范GB 50016—2006》规定二级耐火等级民用建筑防火墙的耐火极限不低于____h。

A. 1　　B. 2　　C. 4　　D. 3

4. 形成防烟分区的措施有____。

A. 挡烟垂壁　　B. 隔墙　　C. 突出顶棚0.5m的梁

D. 防火墙　　E. 隔断

5. 电影院、礼堂的观众厅，防火分区允许最大建筑面积不应大于____。

A. $500m^2$　　B. $1000m^2$　　C. $1500m^2$　　D. $2000m^2$

6. 机械式立体汽车车库的停车数超过____辆时，应设防火墙或防火隔墙进行分隔。

A. 20　　B. 50　　C. 80　　D. 100

7. 一、二级耐火等级粮食平房仓的最大允许占地面积不应大于____，每个防火分区的最大允许建筑面积不应大于____。

A. $12000m^2$，$3000m^2$　　B. $10000m^2$，$3000m^2$

C. $3000m^2$，$10000m^2$　　D. $13000m^2$，$2000m^2$

8. 划分防火分区除必须满足防火规范中规定的面积及构造要求外，还应满足____。

A. 做避难通道使用的楼梯间、前室和某些有避难功能的走廊，必须受到安全保护，保证其不受火灾的侵害，并时刻保持畅通无阻

B. 有特殊防火要求的建筑，如医院等在防火分区之内尚应设置更小的防火区域

C. 所有建筑的地下室，在水平方向应以每个房间为单元划分防火分区

D. 设有自动喷水灭火设备的防火分区，其允许面积可扩大1.0倍

9. 歌舞厅、录像厅、夜总会、放映厅、卡拉OK厅、游艺厅、桑拿浴室、网吧等歌舞娱乐放映游艺场所，宜设置在一、二级耐火等级建筑物内的____。

A. 首层　　B. 2层靠外墙部位　　C. 3层靠外墙部位　　D. 袋形走道的两侧

10. 防烟分区的设置应遵循以下原则：____。

A. 没设排烟设施的房间（包括地下室）和走道，划分防烟分区

B. 每个防烟分区的面积，对于高层民用建筑和其他建筑（含地下建筑和人防工程），其建筑面积不宜大于500m^2

C. 防火分区不应跨越防烟分区

D. 防烟分区不宜跨越楼层

11. 高层民用建筑每个防烟分区的面积不宜过大，一般不超过____。

A. 500m^2　　B. 1000m^2　　C. 1500m^2　　D. 2000m^2

12. 安全疏散设计是建筑防火设计的重要内容，应根据建筑物的使用性质、容纳人数、面积大小及人们在火灾时的生理和心理状态特点，合理地设置安全疏散设施，设置的基本原则如下：____。

A. 在建筑物内的任意一个部位，应同时有两个以上的疏散方向可供疏散

B. 疏散通道上的防火门，在发生火灾时必须保持自动关闭状态，防止高温烟气通过敞开的防火门向相邻防火分区（或防火空间）蔓延，影响人员的安全疏散

C. 在建筑物的屋顶及外墙上应设置可供人员临时避难使用的屋顶平台、室外疏散楼梯和阳台、凹廊等

D. 疏散路线应力求短捷通畅、安全可靠

13. 一般来讲，建筑物的安全疏散设施有____。

A. 疏散楼梯和楼梯间、疏散走道　　B. 应急照明

C. 疏散指示标志　　D. 应急广播

14. 敞开楼梯间除应满足疏散楼梯的一般要求外，还应符合下列要求：____。

A. 楼梯间在底层处应设直接对外的出口。当一般建筑层数不超过4层时，可将对外出口设置在离楼梯间不超过10m处

B. 公共建筑的疏散楼梯两梯段之间的水平净距不宜小于150mm

C. 房间门至最近的楼梯间的距离应满足安全疏散距离的要求

D. 公共走道及其他房间的门窗都应开向楼梯间

15. 封闭楼梯间是指用耐火建筑构件分隔，能防止烟和热气进入的楼梯间。高层民用建筑和高层工业建筑中封闭楼梯间的门应为向疏散方向开启的乙级防火门。一般应设封闭楼梯间的建筑物有：____。

A. 建筑高度不超过24m的医院、疗养院的病房楼和设有空气调节系统的多层宾馆及超过5层的其他公共建筑的室内疏散楼梯（包括底层扩大封闭楼梯间）

B. 甲、乙、丙、丁类生产厂房

C. 建筑高度不超过50m的二类高层民用建筑（单元式住宅除外）

D. 建筑高度不超过32m的高层工业建筑（厂房、库房）

16. 以下说法正确的是：____。

A. 楼梯间应靠外墙，并能直接天然采光和自然通风，不能直接天然采光和自然通风时，应按防烟楼梯间规定设置

B. 高层建筑封闭楼梯间的门应为甲级防火门，并向疏散方向开启

C. 楼梯间的首层紧接主要出口时，可将走道和门厅等包括在楼梯间内形成扩大的封闭楼梯间，但应采用乙级防火门等防火措施与其他走道和房间隔开

D. 楼梯间在底层处应设直接对外的出口。当一般建筑层数不超过4层时，可将对外出口设置在离楼梯间不超过15m处

17. 一般应设防烟楼梯间的建筑物有：____。

A. 一类高层民用建筑

B. 塔式高层住宅

C. 16层及16层以上的单元式住宅

D. 建筑高度超过32m且每层人数超过10人的高层厂房

18. 建筑高度超过100m的公共建筑，应设置避难层（间），并应符合下列规定：____。

A. 避难层的设置，自高层建筑首层至第一个避难层或两个避难层之间，不宜超过15层

B. 通向避难层的防烟楼梯应在避难层分隔、同层错位或上下层断开，但人员均必须经避难层方能上下

C. 避难层应设电梯出口

D. 封闭式避难层应设独立的防烟设施

19. 下列高层建筑应设消防电梯：____。

A. 一、二类公共建筑

B. 塔式住宅

C. 16层及16层以上的单元式住宅和通廊式住宅

D. 高度超过32m的其他三类公共建筑

20. 当高层建筑每层建筑面积大于1500m^{2}但不大于4500m^{2}时，应设____台消防电梯。

A. 1　　B. 2　　C. 3　　D. 4

21. 消防电梯井、机房与相邻其他电梯井、机房之间，应采用耐火极限不低于____的隔墙隔开，当在隔墙上开门时，应设____防火门。

A. 2h，甲级　　B. 1h，乙级　　C. 1h，甲级　　D. 2h，乙级

22. 消防电梯的载重量不应小于____。

A. 600kg　　B. 800kg　　C. 900kg　　D. 1000kg

23. 当相邻两座民用建筑物防火间距不能满足要求时，可采取以下措施____。

A. 提高耐火等级　　B. 增设防火墙　　C. 设防火水幕带　　D. 减少建筑面积

E. 改变使用性质

24. 高层民用建筑内的观众厅、会议厅、多功能厅等人员密集场所，应设在首层或2、3层；当必须设在其他楼层时，应当符合：____。

A. 增加一部疏散楼梯

B. 一个厅、室的建筑面积不宜超过400m^2

C. 一个厅、室的安全出口不应少于两个

D. 必须设置火灾自动报警系统和自动喷水灭火系统

25. 高层建筑中庭防火分区面积应按上下层连通的面积叠加计算，当超过一个防火分区面积时，应符合____。

A. 中庭每层回廊应设自动喷水灭火系统

B. 与中庭相通的过厅、通道等应设乙级防火门或耐火极限大于 3.0h 的防火卷帘分隔

C. 房间与中庭回廊相通的门、窗应设自行关闭的乙级防火门、窗

D. 应采取排烟措施

26. 下列均应使用 A 级装修材料的有____。

A. 封闭楼梯间的地面、墙面和顶棚

B. 防烟楼梯间的地面、墙面和顶棚

C. 地下民用建筑疏散走道的顶棚、墙面和地面

D. 地上建筑的水平疏散走道的顶棚

27. 高层民用建筑的耐火等级分为____。

A. 三级　　B. 二级　　C. 一、二级　　D. 五级

28. 乙级防火门的耐火极限不低于____h。

A. 0.7　　B. 0.6　　C. 0.8　　D. 0.9

29. 防烟楼梯间及其前室的门均应为____。

A. 防火卷帘门　　B. 乙级防火门　　C. 普通门　　D. 丙级防火门

30. 建筑物的耐火等级是由组成建筑物的建筑构件的____决定的。

A. 燃烧性能　　B. 耐火等级

C. 支座条件　　D. 燃烧性能和耐火极限

7 典型火灾

内容提要：本章重点介绍高层建筑、地下建筑火灾的特点及扑救措施；介绍石化生产装置、储罐火灾的特点及扑救措施；介绍森林火灾的分类、特点及扑救措施。

基本要求：(1) 熟悉建筑火灾、石化火灾和森林火灾的特点；(2) 掌握建筑火灾、石化火灾和森林火灾的扑救措施。

火灾是人类生存环境中发生频率最高的灾害形式，且发生的时间和地点难以预测，是一种违背正常用途和人类意志而发生与扩大的燃烧现象，伴随强烈的放热并产生有害烟气，对生命和财产造成极大危害。火灾的种类及其危害特点也各有不同，根据发生的场合火灾可以分为建筑火灾、石化火灾、森林火灾等。充分了解各类火灾的发生、蔓延特点，并制定相应的扑救措施，对保障火灾发生时的人员和财产安全至关重要。

7.1 建筑火灾

随着建筑结构、形式及其使用材料的多样化，建筑的用途和功能也日趋复杂。不同结构、不同形式、不同用途的建筑，都有发生火灾的危险性，但火灾发展的蔓延规律及相应的扑救措施却各不相同。

7.1.1 建筑分类

建筑物按其层数或高度，可分为单层、多层、高层、超高层和地下建筑等。

单层建筑是指建筑层数为 1 层的建筑，俗称平房。

多层建筑是指 2～9 层的居住建筑，以及 2 层及 2 层以上、建筑高度不超过 24m 的其他建筑。

高层建筑目前包括高层民用建筑和高层工业建筑两部分。高层民用建筑是指 10 层及 10 层以上的居住建筑（包括首层设置商业服务网点的建筑），以及建筑高度超过 24m 的公共建筑（不包括单层主体建筑高度超过 24m 的体育馆、会堂、剧院等公共建筑以及高层建筑中的人民防空地下室）。高层工业建筑是指建筑高度超过 24m 的 2 层及 2 层以上的厂房和库房。

超高层建筑通常是指建筑高度超过 100m 的高层建筑。

地下建筑是指建造在地表以下的各类建筑。其中，半地下室是指地平面低于室外地平面的高度超过该房间净高 1/3，且不超过 1/2 者。地下室是指房间地平面低于室外地平面的高度超过该房间净高一半者。

7.1.2 建筑火灾特点

(1) 高层建筑火灾特点

① 火灾蔓延迅速　高层建筑的楼梯间、电梯井、管道井、电缆井、风道、排气道数量多，分布广，而且往往贯穿整个楼层，火灾时起着烟囱的作用，成为蔓延的主要通道和途径。据测定，烟气在火势发展到猛烈阶段时沿楼梯间或者电梯等竖向管井的扩散速度是3～4m/s，高度为100m的高层建筑，在无阻挡的情况下，0.5min左右就能扩散到顶层。

② 产生大量烟雾　高层建筑发生火灾时，会产生大量烟雾，这些烟雾不仅浓度大，能见度低，而且流动扩散快，给人员疏散、逃生带来了极大困难。另外，高层建筑火灾中，烟雾不仅向上扩散，也会向下沉降。着火房间内的烟层降到床的高度（约0.8m）的时间为1～3min。因此，一旦房间内着火，人很快就会受到烟气的侵袭和伤害。

③ 易发生回燃和轰燃　回燃是建筑火灾中特有的燃烧现象。当建筑物在门窗关闭的情况下发生火灾时，生成的热烟气中往往会有大量的未燃可燃组分。如果由于某种原因造成一些新的通风口，如因燃烧造成门窗玻璃破裂或烧穿，或为了灭火而突然开门，或进行机械送风等，致使新鲜空气突然进入，且积累的可燃烟气与新进入的空气发生不同程度的混合，进而发生强烈的气相燃烧。回燃持续的时间较短，但由于其积累的烟气量较大，且是在体积较大的房间发生的快速燃烧，可引起室内温度急剧升高，火灾迅速转变为轰燃。轰燃是指着火后，环境温度持续升高，经过一个阶段建筑内或一个房间内的所有可燃物同时被点燃的现象。高层建筑，尤其是全封闭式的高层建筑发生火灾时，一方面，烟、热不易散发出去，另一方面，室内氧气会因得不到补充而迅速减少，物品燃烧不充分，会产生大量不完全燃烧的可燃气体，很容易发生回燃和轰燃。

④ 易造成人员伤亡　高层建筑发生火灾时容易造成人员伤亡，主要由于烟气中毒、窒息致死、被火烧死和跳楼伤亡。高层建筑发生火灾时，由于处于密闭状态，物质不完全燃烧，易产生大量一氧化碳、二氧化碳；屋内的高分子装修材料、用品，燃烧时会产生大量的有毒气体，容易使人窒息、中毒。在高层建筑火灾人员死亡的直接原因中，窒息、中毒致死的占有较大比例。高层建筑内的人员，往往伴随着烟气中毒窒息后被烧死，或在睡梦中被烧死，或在逃生途中路线选择不当以及逃生之路被浓烟火封堵而被烧死等，有的则基于被困人员心理上的错觉，惊慌过度，表现为在火灾情况下原地徘徊，以致被火焰烧死。被困人员感到逃生无路，忍受不了烟熏火烤，侥幸跳楼求生；有的则因体力坚持不了晕在窗口、阳台上或坠地身亡，也有的以为逃生无望，产生了绝望心理，导致行动上的盲目性。

(2) 地下建筑火灾特点

由于地下建筑外部由岩石和地层包围，它只有内部空间、建筑结构的特殊性决定了其火灾的特殊性。

① 高温高热　在地下建筑封闭的空间内，一旦发生火灾，由于密闭的环境使着火点周围的温度急剧升高，引起大量可燃物燃烧；伴随室内瞬时全面燃烧，释放巨大能量，温度随时间迅速上升；热量不易散失，室温可达800℃以上。

② 烟雾浓　地下建筑火灾时，物质燃烧生成的热量和烟气由于地下空间封闭的影响而滞留在建筑内部，得不到有效排除。同时，由于空间封闭，火灾时的新鲜空气得不到及时补充，形成不完全燃烧，加大了烟气生成量。地下建筑空间封闭体积相对又小，烟气很快可以充斥整个地下空间，大大加剧了烟气的危害。

③ 毒气重　地下建筑内装修用的高分子材料，在火灾时能产生大量毒气，以及可燃物

在缺氧状态下燃烧产生的大量不完全燃烧产物，加大了烟气的毒害性。

④ 火势蔓延快 地下建筑的装修大量使用可燃物质，电线遍布四方，加上排风机的作用，一旦发生火灾，初期阶段很短。如不能及时控制，火势很快进入猛烈发展阶段，在短时间内烟火将充满整个建筑。

⑤ 形成火风压 由于地下建筑空间封闭，对外开口少，火灾发生后，高温烟气难以排出，地下空间压力随着烟气浓度的升高而加大，当火势发展到一定程度，形成一种附加的自然热风压，即“火风压”。火风压会随着火势的发展而加大，反过来又会推动烟气流动，造成火灾危害区域的扩大，导致火势加剧。火风压的出现还会使地下建筑原有的通风系统遭到破坏，使风量增加或减少。火风压甚至使通风网络中的某些风流突然反向，使那些远离火场的区域也出现烟气，遭受火灾的危害。火风压还会使灌入地下灭火的高倍泡沫无法向巷道内流淌，影响高倍泡沫远距离窒息灭火的效果。

⑥ 较易出现轰燃现象 因为地下建筑的排热性差，热量积累较快，地下建筑火灾比地面建筑火灾更容易发生轰燃现象，且出现的时间更早。

⑦ 泄爆能力差 由于地下建筑基本上是个封闭体，易燃易爆物品发生爆炸时，泄爆能力差，易使结构和地面建筑破坏严重。

⑧ 火灾扑救困难 由于地下建筑情况复杂、高温、浓烟、断电等原因，扑救地下建筑火灾十分困难，相比地面建筑火灾的扑救，地下建筑火灾的扑救往往需要动用大量的人员装备，花费大量的时间。

⑨ 易造成群死群伤 地下建筑具有热、烟、毒危害，一旦发生火灾事故，人员恐慌发生拥挤，极易造成人员伤亡。

7.1.3 建筑火灾扑救

7.1.3.1 高层建筑火灾扑救

(1) 火情侦察

方法主要有：通过外部观察冒烟窗口或喷出的火势情况，大致判断着火楼层的高度、位置以及火灾所处的阶段；向知情人了解着火部位、燃烧物品的性质等情况，并询问建筑内部有无被困人员、珍贵资料和贵重物品及其所处的位置；利用消防控制中心监控设施了解大楼内部的烟雾流动和火势发展情况，大致判断燃烧范围和火势蔓延的主要方向；使用侦检仪器检测火场温度及有毒气体含量，并利用经纬仪监控大楼倾斜角度和倾斜速度；组成侦察小组深入火场内部，查明着火的具体部位、火势蔓延的主要方向、被困人员的数量及位置等情况；查阅灭火作战预案、检索电脑资料、调用单位建筑图纸，了解建筑的详细情况等。

(2) 人员疏散与营救。

扑救高层建筑火灾，要重点做好人员疏散与营救，避免和减少人员伤亡。

① 利用广播指导疏散 高层建筑一般都设有事故广播系统，当发生火灾时消防人员应利用广播系统，指导被困人员有秩序地撤离火灾现场，在利用事故广播指导人员疏散时应明确广播的火灾场所、规模、范围、疏散方向、危险场所和安全场所，广播声音要冷静，语言简练明确，音量要能满足要求；广播内容应根据被困对象，使用易懂的语言，同一内容反复广播数次，广播人员中途尽可能不要更换。

② 消防人员引导疏散 消防人员到场初步了解情况后，要立即组成疏散救援小组进入建筑内部，按安全疏散的基本顺序，及时引导有行动能力的人员通过楼梯、电梯等进行

疏散。

③ 利用疏散楼梯、消防电梯等向地面竖向疏散　疏散时按疏散楼梯、避难桥、室内疏散舷梯、扒梯等顺序先后选择使用，这些疏散设备安全可靠，疏散量大。当这些设施无法使用时再选择使用避难器具如软梯、救生绳、缓降器等；疏散时不得使用电梯，防止烟气进入或断电被困在电梯内。必要时可在电梯前设引导员；首先把起火层和该层以上楼层人员引导至疏散楼梯及避难器具设置处，不得向靠近起火点的楼梯和避难器具位置疏散；为防止人群拥挤，可暂时将上层来的人员疏散在起火层下的避难层，然后再分散向地面疏散；起火层以上，特别是紧靠楼顶的楼层人员，当疏散楼梯周围无烟时可疏散到下方，向下疏散困难时可暂时疏散到屋顶，再利用屋顶的室外楼梯或避难器具及直升机疏散。

④ 房间、走道、大厅的水平疏散　向远离起火点的疏散楼梯或避难器具设置处疏散，阻止被困人员进入袋形走道，优先疏散引导妇女、老人、儿童和残疾人到阳台、疏散楼梯、避难器具设置处。

⑤ 利用登高车辆设备疏散　高层建筑火灾扑救在充分利用建筑内固有的疏散设施进行有效营救疏散的同时，还要优先考虑利用现场的登高车辆和登高设备塔、吊、升降机等进行抢救，在利用登高车辆进行人员营救和疏散时，车辆不宜停靠在燃烧部位的正下方、四面都是玻璃幕墙的高层建筑，车辆停靠应尽可能保持一定的安全距离。

⑥ 利用救助器具营救、疏散　现场条件允许，情况紧急时可采用救生袋、救生梯、救生气垫、绳索等救助器具，全面实施营救，疏散被困人员。

⑦ 消防人员深入烟火区域搜救　对受烟火威胁，难以引导疏散的遇险人员，消防人员要深入火场内部进行搜救，全力予以救助。消防力量不足或情况紧急时，可先把遇险人员救助至着火层以下的相对安全区域，再行疏散。

(3) 有效控制火势蔓延

高层建筑发生火灾，可能通过各种渠道向上下层及四周蔓延。要根据火场发展情况，采取相应的堵截措施。

① 火灾初起阶段的堵截措施　当燃烧范围限于某一房间，可直接接近火点，消灭火灾。防止烟火从门、窗窜入走廊和沿外墙向上层蔓延。检查室内通风管道和竖向管井（一般设在室内小过道一侧和盥洗室墙壁内），防止火势沿管道、竖井向邻近房间、走廊和上层蔓延。

② 火势发展阶段的堵截措施　当一个楼层内大面积燃烧、火势处于发展阶段时，要层层设防，分层堵截。

③ 水平方向堵截　高层建筑的每一楼层，一般都设有若干防火分区，每一防火分区的面积为1000～1500m^2（设有自动灭火系统的，其防火分区最大允许面积可增加1倍），由防火墙、防火门进行分隔。火灾时应在防火区两端部署力量，力争将火势限制在防火区的范围之内。

④ 垂直方向堵截　高层建筑的竖井是分层分段（一般以2～3层为一段）采取防火分隔处理的。当某一层发生火灾时，应在其分隔层（段）上下两端部署力量，进行堵截，力争将火势限制在分隔层（段）内。

⑤ 多层同时燃烧的堵截措施　当多层同时燃烧而顶部尚未燃烧时，应自上而下地逐层部署力量堵截，特别是着火层上部应加强堵截力量，重点阻止火势继续向上发展。外攻力量应利用举高消防车向喷出火焰的窗口、阳台射水，从外部阻止火势向上部蔓延。在着火层下部部署一定的防御力量，防止燃烧掉落物引燃下层或高温烟气向下层蔓延扩散。

⑥ 堵截阵地的选择　着火层的堵截阵地通常选择在着火房间的门口、窗口，着火区域

的楼梯口，有蔓延可能的吊顶处等。着火层上部的堵截阵地一般选择在楼梯口，电梯井、楼板孔洞处，有火势窜入危险的窗口，电缆、管道的竖向管井处等。着火层下部的堵截阵地主要选择在与着火层相连的各开口部位和竖向管井处，重点防止掉落的燃烧物或下沉的烟气引燃下部可燃物。

(4) 火场供水

向高层建筑供水，必须根据客观条件和火场实际情况，做出决策。首先利用建筑内消防泵、消防水池、屋顶消防水箱、各楼层内设置的消火栓等消防给水设施供水；利用水泵接合器向建筑内消防管网供水；利用建筑底层消火栓直接向管网供水；利用登高消防车、电业工程抢险车、装卸吊车、施工现场的汽车吊、提升机等供水灭火。高层建筑发生火灾时，消防车（泵）供水的方式，要根据着火层的高度和水源情况来决定，一般采用单干线供水、双干线供水、并联供水、串联供水等。

(5) 有效进行火场排烟

① 利用固定排烟设施排烟　关闭防烟楼梯、封闭楼梯间各层的疏散门；开启建筑物内的排烟机和正压送风机，排除烟雾，并防止烟雾进入疏散通道。

② 利用自然通风排烟　打开下风或侧风方向靠外墙的门窗，进行通风排烟；当烟气进入袋形走道时，可打开走道顶端的窗或门进行排烟，如果走道顶端没有窗或门，可打开靠近顶端房间内的门、窗进行通风排烟；打开共享空间可开启的天窗或高侧窗进行通风排烟。

③ 利用移动消防装备排烟　现有移动消防排烟装备有排烟车和各类排烟机等。火场还可以采取一些灭火、排烟兼备的手段，如喷射喷雾水流、高倍数泡沫等。考虑到高层建筑的特殊性和这些设备及手段的局限性，比较适合于高层建筑火灾排烟的方法主要有利用喷雾水流驱烟和使用排烟机排烟两种。

要正确选择排烟的时机和途径，防止威胁其他人员安全或引燃其他可燃物，扩大火势。排出的烟雾对流经部位有一定威胁时，要部署适当的防御力量，在作好射水准备后，开始排烟。

7.1.3.2　地下建筑火灾扑救

(1) 火情判断

通过询问知情人尽量查明如下情况：被困人员数量及其所处地下建筑内的位置和可以抢救的途径；地下建筑内空间的平面布局、层数、有无共享空间以及通道、出入口、通风口的位置、大小及数量等；着火部位，着火点周围可燃物的存储情况，出入口、通道和房间的装修情况；附建式地下建筑火势向地面建筑物可能蔓延的途径。

通过外部观察掌握如下情况：地下建筑周围环境；出入口和通风口的位置；出入口和通风口等向建筑物外出烟部位烟气流量的大小，上升速度快慢，烟雾颜色浓淡等。

进入消防控制室侦察：观察排烟系统、自动灭火系统、消防泵、防火卷帘等消防联动设备的动作显示情况；观察自动喷水灭火系统扑救初期火灾的效果情况。

组织侦察小组深入地下建筑侦察：地下建筑是否有人，注意搜索通往出入口的主要巷道、洞室、厕所、洗脸间等场所；火源的确定部位，注意发现较为隐蔽的火源，查清火源到出入口的大致距离，灭火进攻的路线情况；火势发展变化情况，认真查看火源附近的结构及可燃物存放情况。

使用侦检器材侦察：利用可燃气体探测仪、测温仪、热成像仪、侦察机器人等，在地下建筑出入口处或深入内部测量有毒气体成分与浓度、空气含氧量、浓烟温度等。

(2) 疏散被困人员

在火灾初期，首先应由地下建筑内有关人员组织好引导疏散，配备照明器材、防烟、防毒面具及简易防护用具（湿毛巾等），并在转弯处楼梯口安排人员指示方向，行走不便者可派人护送撤离。疏散过程中应注意检查，防止有人未撤出，不允许逃离人员再返回地下。疏散时应派专人在地下建筑出口处警戒、疏导，保证疏散路线畅通。当有人被封锁在地下建筑内无法疏散出来时，应组织突击力量在水枪射流或高倍数泡沫喷射的掩护下，进入地下强攻救人。

(3) 加强火场排烟

地下建筑火灾烟害严重，积极有效地排除火场烟雾，可提高能见度，降低洞室温度，有利于尽早展开灭火，缩短疏散时间。

① 自然排烟　利用排烟口、排烟管道口及出入口，利用空气自然对流排除烟尘。但在火场上，自然排烟的效果不佳，排烟速度慢，多使用辅助排烟手段，必要时可通过定向破拆来进行自然排烟。

② 利用固定设施排烟　地下建筑的所有排烟设施都可用来排烟。由于影响排烟效果的因素很多，因此在利用建筑物内的排烟设施时，要根据火场实际情况和排烟设施的具体条件，有选择的加以利用。通常情况，火灾时应迅速启动送风设备，及时排出着火点周围防烟分区的烟雾；楼梯间及其前室要正压送风；及时降下防烟卷帘，防止烟气大范围扩散。

③ 利用移动排烟车排烟　在地下建筑，为了快速排烟，在只有一个出入口时，一台排烟机与排烟管对接后，在靠近地面处往里送风，另一台排烟机接上排烟管后，在靠近顶棚处往外抽吸；有两个以上的出入口时，首先必须找到进风口和出风口，在进风口进风，出风口排风，并在排烟处设置开花或喷雾水枪冷却烟气，但不能破坏自然形成的烟气。

④ 利用喷雾水枪排烟　喷雾水流排烟是一种既方便又有效的排烟手段和方法。使用时，要选择在进风口设置喷雾水枪，下风口为排烟口，并注意在排烟口附近设置水枪保护。在排烟时，喷雾水流截面应覆盖通道，防止烟气倒流，且应逐步推进。此法适用于有两个或数个出入口的地下建筑。

⑤ 利用泡沫排烟　使高倍泡沫迅速充满整个空间，以达到降温、除尘排烟的目的。

⑥ 利用化学排烟药剂排烟　使化学药剂与烟气混合，形成无毒沉降物而达到排烟的目的。

(4) 灌注灭火

对于小型地下洞室，如地下停车场、地下仓库等场所，在火灾时因高温、浓烟，可利用防火卷帘、通风孔或选择适当部位破拆孔洞，向内灌注高倍数泡沫，达到局部灭火的目的。在实施灌注灭火时，若发现高倍泡沫有倒溢现象，可用密度大的普通蛋白泡沫先喷射，“掩护”高倍泡沫向纵深推进。按照全淹没高倍泡沫灭火系统的标准要求，高倍泡沫充灌量达到有限空间的60%才能保证灭火效果。除常用的灌注水和泡沫外，灌注惰性气体也是一种可行而且有效的方法。该方法适用于火区面积较大、注入距离较长等情况。

(5) 窒息灭火

地下建筑内火势猛烈、温度极高时，在确认无人员被困的条件下，可采用如下封堵出入口实施窒息灭火的方法。

① 封闭前检查　要查明内部确无人员和氧化剂等助燃剂；在检查时，尽量选择在最狭矮的部位作为封堵处，尽量缩小封闭区域范围，以减少用于封堵的材料和时间。

② 封口的实施　实施全封闭，封堵的材料尽可能使用不透气、耐高温的材料。在条件

有限时，可以用草包、麻袋装满沙土，以梯形堆砌成防火墙堵于通道口处，在墙体表面覆盖上石棉或抹上灰浆予以密封。在顺序上，应首先封堵进风口，待进风口封住后再封堵出风口。

③ 封闭检测　通常应在封堵数小时后对封堵区内的情况进行第一次检测，并予以逐项记录，然后每隔0.5h左右再进行检测，来确定封堵效果。当达到以下指标时，视为燃烧熄灭：温度降至30℃以下；一氧化碳浓度持续稳定在0.1%以下；氧气浓度低于2%。

④ 封闭拆除　首先，在出风口处拆开一个人员出入口，派侦察小组进入内部侦察火情；其次，在确认火已熄灭的情况下，拆除出口处的封堵物；最后，待地下建筑内烟雾、毒气和温度消散后，才能拆除进风口处的封堵物，拆封时组织灭火力量待命，防止死灰复燃。

(6) 火场照明

浓烟中地下建筑内设计的事故照明作用非常有限，主要依靠使用移动设备照明。在环境温度不超过250℃的情况下，应使用救生照明线，为疏散救人和灭火进攻等战斗行动提供导向作用。使用移动式强光照明灯具，可间隔5m呈线状布置。从实际测试结果来看，这种布置方式有一定的照明作用，但浓烟中照明度和范围有限。使用照明车移动分灯照明。由供电部门协助，架设临时供电线路，为火灾事故现场提供照明。

(7) 火场供水

通知供水部门向着火地下建筑所在地区的市政给水网加压。启动事故单位内消防水泵，向地下建筑内的消防给水网供水。消防车利用地面水泵接合器向地下建筑内给水管网补水。利用消防车铺设大口径水带直接供水，水带应尽可能靠右施放，以免影响人员疏散和战斗行动。

7.2 石化火灾

石油化工是以石油、天然气及其产品为原料的化学工业，企业包括炼油厂、石油化工厂、石油化纤厂、乙烯厂等，或由上述工厂联合组成的企业。石油化工企业因其易燃和可燃液体、液化可燃气体、可燃固体数量多，生产装置复杂，管道网纵横交错，处于高温高压状态的容器和设备多，火灾危险性大，一旦着火扑救困难，而且容易发生二次着火、爆炸，容易造成人员窒息和中毒，所以必须引起高度的重视。

7.2.1 石化火灾特点

石化火灾可分为两大类：石化生产装置火灾和石化储罐火灾。

(1) 石化生产装置火灾特点

① 发生爆炸和坍塌的可能性大　石化装置发生火灾时，既有物理爆炸发生，也有化学爆炸发生；由爆炸而引发燃烧，由燃烧而引发爆炸，二者均可导致建筑物及装置倒塌，人员伤亡，管线设备移位、破裂，物料喷洒流淌，火场情况复杂。

② 燃烧面积大，易形成立体火灾　大型设备和管道破坏时，化工原料流体将会急速涌泄而出，造成大面积流淌状火灾；又由于生产设备高大密集呈立体布置，框架结构孔洞多，火势难以有效控制，易形成立体火灾。

③ 扑救难度大，消耗力量多　石化装置火灾发展迅速猛烈，爆炸危险极大，化工产品多带有毒害性，给扑救工作带来很多困难；火灾时，需要足够的灭火力量和灭火剂，才能有

效地控制火势，消灭火灾。

④ 火灾损失大，影响大　石化装置发生火灾，不仅物资、设备遭到破坏，造成人员伤亡，而且还会造成环境污染，工厂停工停产，社会影响极大。

(2) 石化储罐火灾特点

① 爆炸引起燃烧　储罐发生爆炸后随即形成稳定燃烧，爆炸后从罐顶或裂口处流出的油品和因罐体移位流出的油品，易造成地面流淌火灾。

② 燃烧引起爆炸　在火场上，燃烧储罐的邻近储罐在热辐射的作用下，由于冷却力量不足或冷却不均匀，易发生物理性爆炸，扩大火势，增加火点，甚至会导致连锁性爆炸现象。

③ 火焰高，辐射热强　爆炸后敞开式的储罐火灾，火焰高达几十米，并产生强烈的辐射热。

④ 易形成沸溢与喷溅　含有一定水分或有水垫层的重质油品储罐发生火灾后，如果不能及时控制，就会出现沸溢、喷溅现象。

⑤ 易造成大面积燃烧　在重质油品储罐发生沸溢、喷溅的情况下，溢出或喷发出来的带火油品，会形成大面积火灾，引燃可燃物，并直接威胁消防作战人员及其他装置和设备的安全。

7.2.2 石化火灾扑救

7.2.2.1 石化生产装置火灾扑救

石化生产装置具有处理的物料易燃易爆有毒，设备种类多，压力容器多，工艺管线多、阀门多，物料处理量大，操作控制难，设备高低不同，设备材质多样的特点，危险性大，一旦着火扑救困难，而且容易发生二次着火、爆炸，容易造成人员窒息和中毒，研究石化生产装置火灾扑救对策，有效控制和扑救石化生产装置火灾，有着十分重要的意义。

(1) 冷却防爆

石化生产装置发生火灾，燃烧区内的设备、管道不断增压，当压力超过设备、管道的耐压极限时，即发生物理性爆炸。与此同时，由于金属设备在火焰直接作用或热辐射作用下，壁温升高，强度下降。当机械强度下降到一定程度，设备、管道就会变形破裂爆炸，紧接着发生化学性爆炸，甚至引起连锁反应，使临近设备发生爆炸。冷却保护是扑救石化生产装置火灾过程中消除着火设备、受火势威胁设备发生爆炸危险的最有效措施，应重点冷却被火焰直接作用的压力设备和临近火势威胁的设备，把控制爆炸作为火灾扑救的主攻方向。

灭火过程中，应正确实施冷却方法，近距离冷却可采用开花喷雾射流，具有冷却面积大、出水均匀、吸热快、用水少、对水枪手有隔热作用的优点。冷却具有一定高度的垂直设备、管道时，可用密集的直流水喷射在其上部，使大量的水自上而下流动，在冷却上层的同时，由于水的流淌使设备下层同样受到水的冷却作用，喷射水或泡沫灭火时也是如此。冷却保护水平铺设的管道时，应左右来回匀速喷射。

(2) 工艺灭火

根据石化生产装置、设备、储罐由管道连接的特点提出的，主要有关阀断料、开阀导流、火炬放空、搅拌灭火等措施。工艺灭火措施是不可替代的科学、有效地处理石化生产装置火灾的技术手段。

关阀断料是利用化工生产的连续性，切断着火设备、反应器、储罐之间的物料来源，中断燃料的持续供应，降低着火设备压力，为消灭火点创造条件。

开阀导流是对着火设备或受到火势威胁的临近设备内的可燃物料进行输转的方法，使着火设备内的物料经过安全水封装置或砾石阻火器导入至安全储罐内，着火设备内残留物料大大减少，压力下降，为灭火创造有利条件。但开阀导流的方式，会因物料状态（气态、液态）、密度、水溶性的不同而有所不同，特别是对于生产设备的开阀导流，要防止被导流设备内出现负压，而吸入空气形成爆炸性气体混合物，发生回火爆炸。因此，导流速度不能太快，同时在可能的情况下，要监测被导流设备内的压力不能低于0.1MPa，否则应及时停止导流。

火炬放空是通过与设备上的安全阀、通气口、排气管等相连的火炬放空总管，将部分或全部物料烧掉，积极地控制火情，防止爆炸的发生。

搅拌灭火是当设备内高闪点物料着火后，从设备底部输入一定量的相同冷物料或氮气、二氧化碳等，把设备内的燃料液体上下搅动，使上层高温液体与下层低温液体进行热交换，使其温度降至闪点以下，自行熄灭，或者使火势减弱，便于灭火。

（3）扑灭流淌火

在化工生产装置火场上，经常有大量可燃、易燃物料外泄，造成大面积流淌液体燃烧。一旦造成流淌火，会给阻击火势、保护设备及储罐造成困难。因此，应特别强调在组织冷却保护的同时，根据火场情况尽快对流淌火采取围堵防流措施，消除流淌火对生产设备、储罐的威胁。对于物料泄漏流淌的化工火灾，应尽早组织人员用沙袋或水泥袋筑堤堵截或导流，或在适当地点挖坑以容纳导流的易燃可燃液体物料，防止燃烧液体向高温高压装置区蔓延，严防形成大面积流淌火或物料流入地沟、下水道引起大范围爆炸。对高大的塔、釜、炉等设备流淌火，应布置“立体型”冷却，组织内歼外截的强攻，必要时可注入惰性气体灭火。对空间管道容器流淌火，因其易形成立体或大面积燃烧，可从管道的一端注入蒸汽吹扫，或注入泡沫，或注入水进行灭火。对地下沟流淌火，若是明沟，可用泥土筑堤；若是暗沟，可分段堵截，然后向暗沟喷射高倍数泡沫或采用封闭窒息等方法灭火。

（4）合理运用扑救方法

密集的直流水用于扑救可燃性粉尘（如煤粉、面粉等）聚集处的火灾时必须十分慎重。当直流水难以立即将全部高温物质降温时，有可能引起粉尘爆炸的发生。因为粉尘原来处于堆积状态，燃烧从粉尘表面进行，但如果采用直流水冲喷，在水流冲击作用下易引起堆积的粉尘扬尘，形成可燃性粉尘云，粉尘的表面积大大增加，化学活性显著增强，可以在未被扑灭的火星甚至火焰的作用下发生更剧烈的燃烧、爆炸。高温设备、盐浴炉和电解铝槽火灾不能将水注射入设备内，因为有可能引起设备破裂、高温物料飞溅，火灾范围扩大；冷水遇高温熔解物还可能引起水急剧汽化，发生沸腾液体扩展蒸气爆炸，宜用水蒸气扑救。利用泡沫扑救流淌火时应控制流淌范围，喷射的泡沫必须覆盖到整个流淌区域，人员一般不应在泡沫中走动，如确需走动必须做到不间断地补充泡沫，使泡沫覆盖层不被破坏。利用干粉扑救装置的立体火灾时，要及时通知操作平台上其他消防人员注意安全，否则，若上面消防人员不知情时，一旦喷射干粉，会使消防人员因突然被笼罩在干粉中而惊慌失措致跌落或误入危险区域。敞开容器内可燃液体火灾，若使用石棉毯、湿麻袋等物覆盖容器口，而不能接触到液体表面时，覆盖层与液体之间的空气内仍有一定的氧气维持燃烧，继续产生气体和热量，但因容器被覆盖而扩散受阻，压力不断上升而引起爆炸。在这种情况下，不应采取覆盖容器口的窒息法灭火。

7.2.2.2 石化储罐火灾扑救

(1) 火情判断

储罐着火后，应迅速查明以下情况：燃烧储罐和临近储罐的直径、间距，储存油品的种类，数量和液面高度（通常，着火储罐液面以上的罐外壁油漆已变色，而液面以下的颜色则未变，由此可以判断罐内液面高度）；着火部位、燃烧形式及对周围的威胁程度；油品外溢流淌或储罐破坏的可能部位；观察火焰颜色，判断有无发生爆炸的可能性；如果存储油品是重质油，油品内是否含有水分，判断是否有沸溢、喷溅的可能，预测沸溢、喷溅发生的时间及可能造成的危害范围。燃烧罐防火堤是否良好，假若燃烧罐被破坏是否会影响临近储罐；罐区内的排水系统是否畅通，应检查排水井及水封装置是否良好；现有的固定式、移动式泡沫灭火设备的现状，现存泡沫药剂数量，以及架设泡沫钩管或移动泡沫炮的位置和泡沫消防车、举高喷射消防车的停车位置；友邻单位的灭火器材情况，能否给予支援；最大供水量；当燃烧罐发生爆炸时，对相邻建筑物的影响。

(2) 冷却防爆

对燃烧的储罐，尤其是液面低的储罐，要进行全面冷却，控制火势发展，防止储罐受热变形、破裂。与燃烧罐的距离小于燃烧罐直径1.5倍的临近储罐，均要进行冷却。位于燃烧罐下风向的临近储罐所受威胁最大，侧风向次之，上风向所受威胁最小。在首先冷却燃烧罐的同时，要着重冷却下风向的相邻储罐，冷却临近储罐时，要冷却面向燃烧罐的管壁。

冷却降温的方法，主要有直流水枪射水，开花、喷雾水枪洒水，泡沫覆盖，或启动储罐固定喷淋装置洒水等方法，对于着火储罐和临近储罐都可采取直流水冷却和泡沫覆盖冷却、启动水喷淋装置冷却的方法。

冷却储罐时应注意：需要足够的冷却水枪和水量，并保持供水不间断，冷却均匀，不出现空白点；着火储罐实施全周长冷却，临近储罐实施半周长冷却，视情况加大强度，地上卧式储罐冷却强度不低于$6L/(min \cdot m^2)$，相邻储罐不低于$3L/(min \cdot m^2)$；冷却水流应成抛物线喷射在罐壁上部，防止直流冲击、浪费水，冷却水不宜进入罐内；冷却过程中，要安全有效地排除防火堤内的积水；储罐火被扑灭后，仍需继续冷却，直至罐壁温度降低到低于油品的自燃点，不致引起复燃为止。

(3) 固定装置灭火

储存易燃及可燃油品的储罐，特别是$5000m^3$以上的大型储罐，一般按规范要求设有固定式或半固定式消防设施。储罐一旦着火，只要固定或半固定消防设施没有遭到破坏，应首先启动消防供水系统，对着火储罐和临近储罐进行喷淋冷却保护，同时按照固定消防的操作程序，启动固定消防泡沫泵，根据着火储罐上设置的泡沫产生器所需泡沫液量，配置泡沫液，保证泡沫供给强度，连续不断地输送泡沫混合液，力争在较短时间内将火扑灭。

(4) 罐壁掏孔内注灭火

罐壁掏孔内注灭火是目前扑救塌陷式储罐火灾比较有效的方法。当燃烧储罐液位很低时，由于罐壁温度较高和高温热气流的作用，使从储罐上部打入的泡沫遭到较大的破坏，或因储罐顶部塌陷到储罐内，造成燃烧死角，泡沫不能覆盖燃烧的全部液面，而降低泡沫灭火效果时，可考虑罐壁掏孔内注法灭火。即用气割方法在着火储罐的上风方向，油品液面以上50～80cm的罐壁上，开挖40cm×60cm的泡沫喷射孔，利用开挖的孔洞，向罐内喷射泡沫，可以提高泡沫的灭火效率。但在燃烧着的储罐壁上开挖孔洞是一件非常艰难的工作，操作人员十分危险，因此，除非万不得已的情况下，一般不采用此方法。

(5) 扑灭流淌火

根据流淌火的情况，采取围堵防流，分片消灭的灭火方法。当大量油品由储罐流淌到防火堤内时，应充分发挥防火堤的作用，迅速组织力量关闭排水阀门，防止油品流散到堤外。当油品发生沸溢漫过防火堤燃烧时，可在防火堤外建立油品导向沟，将燃烧油品疏导至安全地点，并集聚、控制燃烧范围，利用干粉或泡沫一举消灭。未设防火堤的储罐发生火灾时，油品已经流散或有可能流散时，要根据火场地形条件、疏散油品的数量、溢流规模大小等情况，迅速组织人力、物力，在适当距离上建立一道或数道坝形土堤，堵截油品的流散，阻止火势蔓延。当油品由罐内流散到水面上燃烧时，将对水面或水的下游方向建筑构成威胁，必须将水面漂浮燃烧的油品，控制在一定范围内，通常用围油栏将油品围起，使油品在有限的水面范围内控制燃烧。对于少量已流散燃烧的原油、重油、沥青和闪点较高的石油产品，可采用强有力的水流，阻挡燃烧油品的流散，并消灭火灾。在灭火后，有条件的也可以将油品导入到指定地点防止地面复燃，减少对火灾扑救人员的威胁，防止环境污染。

(6) 水油隔离法扑灭储罐泄漏火

当储罐底部发生泄漏时，利用油品比水轻且与水不相溶的性质，向罐内注入一定数量的水，以便在罐底形成水垫层，使泄漏处外泄的是水而不是油，从而切断泄漏源，使用水将油隔离，火焰自动熄灭。然后，采取堵漏措施。水油隔离法适用于泄漏部位在储罐底部，及因储罐泄漏造成的地面流淌火被扑灭并得到有效控制后，在保证对储罐强力冷却的前提下，再采取注水措施。若储罐内油品液位较高，注水容易造成储罐冒顶，扩大火势，增加危险，故在注水前必须采取倒罐措施。待腾空量达到注水量要求后再行注水。注水人员要精而少，穿着隔热服，禁止服装、器材被油品浸沾，且一定要在喷雾水枪的掩护下，尽量选择位置较低的孔口作为注水口，增加相应的安全系数。在利用水油隔离法完成灭火任务后，要迅速组织堵漏抢险。待罐内水有一定液面时，停止注水，关闭一切能关的阀门。将被扑灭火灾后的流淌油面表层用泡沫覆盖，利用堵漏枪、堵漏袋、堵漏胶等对泄漏部位实施密封，进行堵漏。

7.3 森林火灾

从广义上讲，森林火灾是指失去人为控制，在林地内自由蔓延和扩展，对森林、森林生态系统和人类带来一定危害和损失的林火行为。从狭义上讲，森林火灾是一种突发性强、破坏性大、处置救助较为困难的自然灾害。

7.3.1 森林火灾的分类

森林火灾是自然界中的一种燃烧现象，其发生和发展除必须具备可燃物、氧气和一定温度三个基本条件外，还受可燃物类型、火环境、火源条件等多种因素的综合影响。这些影响因素的变化和耦合，可以导致差异明显的森林火灾行为。森林火灾，按其燃烧物和燃烧部位的不同，通常可分为地表火、树冠火和地下火三种。

(1) 地表火

地表火是指沿林地表面蔓延的火。在各类森林火灾中，地表火发生率最高，是最常见的森林火灾。其主要燃烧物有枯枝、落叶、杂草、灌木等，能烧毁地被物，危害幼树、灌木、下木、烧伤大树干基和露出地面的树根，影响树木的生长，而且易引起森林病虫害的发生，有的甚至造成大面积的林木枯死和水土流失。地表火的烟为浅灰色，温度可达400℃左右。

根据其蔓延速度和危害程度，地表火可分为急进地表火和稳进地表火两种。急进地表火是指火速在5m/min及其以上的地表火，一般发生在旱季，气温较高，风力为四级、五级以上的天气。这种火多发生在宽大草塘沟、疏林地和丘陵山区，其特点是火强度高，烟雾大，蔓延速度快，火场烟雾很快被风吹散，很难形成对流柱。一般条件下，火头前进速度每小时可达几百米，甚至几千米。急进地表火常从林地瞬间而过，往往燃烧不均，残留下未燃烧的地块，常常出现“豹斑”，对林木危害较轻，经一次过火，成壮林死亡率在24%以内，火烧迹地多为条形、三角形或椭圆形。稳进地表火是指火速在5m/min以下的地表火。稳进地表火的形成条件与急进地表火相反，一般发生在近期降水量正常或偏多，温度正常或偏低，以及风力较小的时候。这种火多发生在下午。在火险等级高的季节，它燃烧时扩散速度缓慢，火焰低，烟雾小，火头的前进速度，每小时约几十米，人们在地面步行完全可以赶上火头灭火。这种火可燃物燃烧充分，燃烧时间长，温度较高，大火场火头常有对流柱出现，对森林的破坏性较大，经一次过火，成壮林死亡率达40%左右，灭火后，火烧迹地多出现环形、椭圆形。

(2) 树冠火

树冠火是指在林冠层燃烧和蔓延的火。一般是由地表火遇针叶幼树群或低垂的数条、枯立木、风倒木延烧至树冠，多发生在近期高温，干旱和大风天气，长期干旱的针幼林、中龄林或针叶异龄林。树冠火经常与地表火同时发生，既可烧毁树木的枝叶和树干，又可烧毁地被物、幼树和下木，具有燃烧猛烈、热辐射强、扑救困难、破坏性大等特点。经一次过火，成壮林死亡率在90%以上。火头前，还经常有燃烧的树桠、碎木和火星，加速火的蔓延，更难以控制。树冠火的烟为暗灰色，温度可达900℃左右，烟雾可高达几千米。

按其蔓延情况，树冠火可分为连续型和间歇型两种。连续型是由于树冠连续分布，火燃至树冠，并沿树冠连续燃烧。按其蔓延速度又可分为急进树冠火和稳进树冠火。急进树冠火是指火速在8km/h及以上的树冠火，又称狂燃火。火焰跳跃前进，蔓延速度比地表火快，顺风速度可达8～25km/h，最高速度可达40km/h以上，形成向前伸展的火舌，能烧掉树叶和小枝，烧焦树皮和较粗的树杈，火烧迹地为长椭圆形。稳进树冠火是指火速在8km/h以下的树冠火，又称遍燃火。火焰全面扩展，蔓延速度较慢，顺风速度5～8km/h，能烧毁树枝和大树条，烧尽林内枯木，是危害最严重的森林火灾，火烧迹地为椭圆形。间歇型是由于树冠不连续分布，或没有足够的地被物支持冲冠火，表现为时而是地表火，时而是树冠火，这种树冠火和地表火互相影响，形成间歇状态。

(3) 地下火

地下火是指在地表以下燃烧蔓延的火。它是由林地土壤中腐殖质或泥炭层燃烧起来的火，发生在天气特别干旱的条件下和针叶林内，南方较少。地下火蔓延速度缓慢，通常每小时只能蔓延几十厘米到1m左右，蔓延速度最快也只有4～5m/h。地下火温度高，破坏力强，持续时间长。这种火从地面上看不见火焰，只有烟，可一直烧到矿物层和地下水层的上部，最深可达1m以上，能烧掉腐殖质、泥炭和树根等，对林木破坏十分严重。火灾后，树木枯黄而死，林木死亡率一般达80%以上，火烧迹地一般为环形。

7.3.2 森林火灾特点

ⅰ. 三种火灾（地表火、树冠火和地下火）呈综合性发展。通常针叶林易发生树冠火，阔叶林易发生地表火，单纯性的森林火灾较少。由于草本层干燥，密集连续，因而地表火发展极为迅速，尤其是采伐迹地，火势更强，且草本层燃烧的地表火火墙较窄，宽度通常5～8m。

由草本和下层木共同燃烧的地表火较为猛烈，火墙宽度可在15m以上，扑救困难，造成大范围的过火面积；针叶林的枝叶富有油脂，自然整枝不良，下枝离地面近，在地表火的烘烤下，极易引起树冠火，通常在地表火过后15～30min内发生，其推进速度虽然较慢，但火势猛烈，使周围空气形成热浪，难以接近。

ⅱ.森林火灾蔓延主要受山谷风所控制，具有间歇性。高山峡谷地带的风力作用主要来自于山风和谷风，谷风能加速火向上蔓延。在晴朗的天气，一般都有谷风现象，谷风发生在上午10时左右，逐渐增强，到下午3时以后最大。谷风有阵风性质，受其控制山火在一天中也有盛期、中期、衰期。一般衰期主要在早上4～10时之间，地表火停止发展，树冠火变冲冠火，有些冲冠火在烧掉枝叶后，火焰自动熄灭，火场内多数地段基本上是属于无焰燃烧状态，是扑火的最好时机，俗话说“山火不过夜”，如果头天的火到次日上午10时以前没有扑灭，就要做好打恶仗的准备；盛期出现两次，午后15～17时和晚上20～22时，地表火和树冠火发展迅速，火灾温度高，风向多变，灭火人员已经疲劳，指挥难度较大。此外，主沟的谷风能够控制支沟的谷风，主沟发生的山火易向支沟方向发展，而支沟发生的山火不易向主沟方向发展。谷风还受气候的影响，对山火的作用具有日际变化特点。当谷风猛烈时，火灾常在火场的上游一带扩展，当山风猛烈时，火势常在火场的下游一带扩展。

ⅲ.火势蔓延受地形因素影响。地形变化在很大程度上制约着火势的蔓延，植物类型的作用也不甚明显。在山势大转折（主要是坡向大转折）、窄谷和山脊上，多会出现自然终止燃烧的现象。大的山势转折处，由于反山气流的作用，上山火到山顶时，火势常常衰落，会停止发展。窄谷地段的风速加快，在“峡谷效应”作用下的分流或上分流之处，火势至此通常暂时中止。其次，在山区由山脚蔓延的火要受一些缓坡、小平地、陡坡和峭壁的小地形影响。谷风经过各种小地形时会形成很小的涡旋流，对火蔓延能起阻碍作用。缓坡和陡坡上的火蔓延快，不易扑救，而山坳、小平地上的蔓延速度减缓，是高山地带扑火的好时机。

ⅳ.山地森林火灾具有立体性质，呈现跳跃式发展。有用山体高拔，沟谷狭窄，使林火占有较大的垂直空间。除了水平推移外，还有跳跃式发展的特点，通常跳跃的距离多在500m以内。跳跃式燃烧的原因是球果或小枝燃烧后，随风吹至高空向远处落下后引起的，此时，火场周围在热浪的作用下，空气和林地进一步干燥，温度升高，一有火种，立即起火。

ⅴ.有反复性。林火蔓延常有反复性，在山地林区表现更为突出。主要是余火“隐蔽”效应，地面无火无烟，使人不易警觉，到突然起火时，尽管有人在现场监护防守，也已措手不及，特别是在火场的边沿此现象更为严重。其次可能是余火自燃问题，腐殖质在高温的作用下，出现可燃气体，一旦与外部空气中的氧气结合，即发生自燃。因此，对隐蔽的余火要高度重视，不仅要从烟、温度方面去进行判断，还要采取反复翻挖和用水浇灌的方法，使其不能反复出现。

7.3.3 森林火灾扑救

扑灭森林火灾的基本原理，就是破坏它的燃烧三要素。只要消除三要素中的任何一个，燃烧就会停止。据此，扑灭森林火灾的根本方法有三个：隔离可燃物，使可燃物不连续；隔离空气，使空气中的氧含量低于能够燃烧的下限；散热降温，使燃烧处的温度降到燃点以下或使附近可燃物的温度达不到燃点。

扑灭森林火灾有两种方式。直接灭火方式就是扑火人员用灭火工具直接扑灭森林火灾，这一方式，适用于中、弱度地表火；间接灭火方式，当发生树冠火和高强度地表火时，人无

法直接灭火，这时，必须创造和利用一定条件，达到灭火的目的。在下述条件下采用间接灭火方式：当火灾产生大量热和烟，人不能接近火边时；形成树冠火和地下火时；为了节约扑火力量，需要缩短火线时；有可利用天然或人工隔离带时；森林密度大，扑火人员行动不便而且有危险时。森林火灾发生时，需要及时扑救。除人力外，还需要良好的灭火措施，这就需要运输工具、阻火与灭火药剂，以及灭火战术的保障。

(1) 地面扑火

地面扑火工具包括消防水车（水龙带、水泵、水和工具），开沟联合机（开沟建立防火线和直接灭火两用），专用于开设防火线的拖拉机，扑火工具，如斧子、长柄锹、油锯、扫把、镰刀、点火器、引火索、背负式喷雾器等。国外在地面灭火中，主要突出水的特点。扑灭林火时除继续使用简单手工具外，一些工业发达国家（如美国、加拿大、日本和俄罗斯等）都设计和使用各种类型的背负式喷雾器，如加拿大的橡胶尼龙布制成 HPO-2 喷雾器，用多层次浸渍纸和防火外套制成背囊的 HPO-2 喷雾器等。

此外，还设计了一些专用点火器，如美国的背负式丙烷喷灯等。为了更有效地组织灭火，许多国家在地面上还建立了各种储备仓库。俄罗斯在各林管区建立了机械化灭火站、化学灭火站，这些灭火站有专门的库房，用于存放扑火机具、药剂、俄罗斯国内生产的电台、对讲机，还设有机械化防火站，装备着齐全的防火灭火设备。为了充分发挥灭火效能，美国、加拿大、俄罗斯等国家在重点林区还建立补给水系统，解决林区水资源缺乏问题。

(2) 化学灭火

使用化学灭火剂扑灭林火是加拿大、日本、美国等国通用的灭火技术。目前国外使用的灭火材料有：水、短效阻火剂和长效阻火剂。短效阻火剂在水中加入膨润土、藻朊酸钠等增稠剂，使水变厚，喷洒在可燃物上，使水蒸发缓慢，但干燥后就失去了阻燃效果，短效阻火剂相当于几倍水的作用，而成本稍高于水，适用于直接灭火和开辟防火线等。长效阻火剂，在水中加入化学药剂，一般 100L 水中加入 1～2kg 的长效阻火剂，混合成液状，水只起载体作用，因药效持久，干燥后，仍具有阻火能力。它的长处是阻火效果好，可长期储存，适于开辟阻火带或直接灭火，灭火效果相当于 10 倍水，其缺点是要混合基地，而且成本较高。目前各国通用的长效灭火剂主要有磷酸铵、硫酸铵和卤化烃之类；不同的化学药剂能产生不同的灭火效果，有的药剂能产生泡沫，将燃烧物与空气隔离；有的分解过程中释放出不易氧化的气体，降低了空气中氧气的含量；有的药剂分解时吸收大量的热或形成薄膜，覆盖在可燃物表面，起到降低温度和隔绝氧气的作用；还有的药剂在高温时仍能保持湿润状态，从而阻止了可燃物的燃烧。各国在化学灭火上着重于化学药剂性能的研究，如美国、加拿大等生产的福期切克 202 和 259 是世界著名的磷酸铵灭火剂，效果好，主要成分是磷酸亚氢二铵加防腐剂、增稠剂和色素。硫酸铵的灭火效果稍低于磷酸铵（三份硫酸铵相当于二份磷酸铵），但其成本低，故不失为一种优良灭火剂，较为通用的是美国亚利桑那农化公司生产的法尔卓尔 100。

以上化学灭火药剂，优点是灭火效果好，适于直接灭火或开设防火线，缺点是成本高，药剂混合需一定设备和基地。因此，降低成本，提高药剂灭火性能是化学灭火的根本出路。近年来，一些新的化学灭火方法不断涌现出来。如灭火新药剂水玻璃，又称泡花碱。水玻璃有一定的黏度，将它喷洒在树上或草上，它就会黏在树和草的表面，不怕风吹，经火一烤，它就会变成树和草的“消防服”，不仅它本身不燃烧，而且还能阻隔空气，防止火烧树和草，因为水玻璃一遇高温就可以发泡，变成很厚的隔离层，隔离空气，实现灭火。水玻璃价格低廉，易于存储和输运，既可以用一般或特别机械喷洒，还可以用分级喷洒，进行大面积防火灭火。

化学药剂可以用小型喷雾机、消防车或“飞机喷洒”，也可制成灭火弹进行灭火。所以国外除注重寻求低廉有效的森林化学灭火剂外，还致力于研究和探讨利用航空装置喷洒化学药剂，结合地面“大兵团”作战的组织协作，使得更有效地控制大面积森林火灾成为可能。

(3) 爆炸灭火

爆炸灭火是指事先在地下埋好火药，火焰临近时引爆，或者投掷灭火弹灭火的方法。爆炸时，将土掀起覆盖在可燃物上，造成与空气的隔绝，从而熄灭火焰。用索状炸药开设控制线速度快、效果很好。据俄罗斯报道，用爆炸法开设100m长控制线比用挖坑爆炸法快5倍。据美国报道，用此法开设防火线比手工快一倍。德国法兰克福消防队长里斯同爆破专家罗森施托克合作，研究出一种新型的爆炸灭火法，将使森林灭火技术发生革命性变化。里斯的灭火器材是一根高强度聚乙烯塑料管，管内装满水，并接上导火线。里斯在法兰克福对其爆破灭火法进行演示：塑料管放在离林火大约100m远的地方，利用遥控点火引爆塑料管，塑料管顿时被炸碎，而水被炸成10亿滴类似细水雾的极小水珠，并形成约10m高的水云，林火顷刻即被完全扑灭。他们还认为如果在水中加些提高黏性的胶凝剂，灭火效果会更好。

(4) 人工催化降雨灭火

目前，世界上大面积森林火灾，最后几乎是靠下雨而浇灭的，因此，在扑救大面积森林火灾方面，人工催化降雨灭火就显得尤为重要。但是人工催化降雨，需要一定的条件和技术，因而在目前它的应用受到一定的限制。现在用于人工催化降雨的催化剂主要有干冰、碘化银、碘化铅、硫化铜、硫酸铵、固体二氧化氮、甲胺等，其中效果最好的主要是烟雾状的碘化银、碘化铅和粉末状的硫化铜，而以硫化铜最有发展前途。催化剂的撒布方法有高炮火箭撒布法、气球撒布法、飞机撒布法。

俄罗斯一般用飞机飞抵云层过冷部分时，用信号枪，把含有造冰催化剂的信号弹从云层侧面摄入云层内，或用排气管把硫化铜粉末喷入云层，促进降雨。美国一般用大型飞机携带碘化银火焰弹，飞至云层顶上，投掷云中，催化降雨。

(5) 空中灭火

由于森林火灾面积大、地面受到一定的限制。因此，国外把航空技术应用到森林防火中去，把它视为森林防火灭火的重要手段。从20世纪50年代开展航空护林至今，航空护林防火灭火技术取得迅速的发展。

加拿大各省防火中心都拥有包括侦察机、直升机、重型洒水机在内的各种类型的飞机。现在每年防火期用于防火、灭火的飞机超过1000架。在运送灭火队员方面，他们普遍采用直升机和水陆两用机。据不完全统计，全国在森林防火中使用的各类直升机已达24种，这些直升机，按其载量可分为轻、中、重三种类型。在美国，农业部林务局拥有146架各种专用防火、灭火飞机。另外还与空军及数百个私人飞机公司订立协议，一旦林业局自己的飞机不能满足需要，即由他们的飞机支援。美国还有一批航空跳伞人员，据统计，1979年跳伞灭火就达6690人次。任何地区发生森林火灾，林务局都能在一天之内调数千名消防人员赶到火场，参与扑救行动。

小结

(1) 建筑物按其层数或高度，可分为单层、多层、高层、超高层和地下建筑等。针对高层建筑火灾具有火灾蔓延迅速、产生大量烟雾、易发生回燃和轰燃、易造成人员伤亡的特点，在扑救的过程中首先进行火情侦察，确定着火层的高度、位置以及火灾所处的阶段，利用广播、消防人员引导、疏散楼梯、消防电梯、登高车辆等设施进行人员疏散，采取相应的堵截措施防止火情向上下层及四周蔓延，根据客观条件和火场实际情况向高层建筑供水，同时利用排烟设施有效进行火场排烟；而针对地下建筑火灾具有高温高热、烟雾浓、毒气重、火势蔓延快、易形成火风压、较易出现轰燃现象、泄爆能力差、火灾扑救困难、易造成群死群伤的特点，同样在扑救的过程中首先进行火情侦察，确定着火层的高度、位置、火灾所处的阶段、被困人员数量及其所处地下建筑内的位置和可以抢救的途径，并由有关人员引导进行疏散，加强火场排烟，通过灌注或窒息方法扑灭火灾。

(2) 石化火灾可分为两大类：石化生产装置火灾和石化储罐火灾。石化生产装置火灾具有发生爆炸和坍塌的可能性大、燃烧面积大、易形成立体火灾、扑救难度大、消耗力量多、火灾损失大、影响大等特点，在扑救的过程中应对装置进行冷却防爆处理，利用工艺装置灭火，利用合理的扑救方法扑救流淌火及装置火；而石化储罐火灾具有爆炸引起燃烧、燃烧引起爆炸、火焰高、辐射热强、易形成沸溢与喷溅、易造成大面积燃烧等特点，扑救时，在充分判断火情后，也应该对储罐及临近设备进行冷却防爆处理，利用储罐固定装置进行灭火，利用合理的扑救方法扑救流淌火及储罐火。

(3) 森林火灾，按其燃烧物和燃烧部位的不同，通常可分为地表火、树冠火和地下火三种。在森林火灾中，三种火灾（地表火、树冠火和地下火）呈综合性发展，且森林火灾蔓延主要受山谷风所控制，具有间歇性，同时受地形因素影响，具有立体性及反复性，呈现跳跃式发展。扑灭森林火灾主要有地面扑火、化学扑火、爆炸灭火、人工催化降雨灭火、空中灭火五种方法。

1. 建筑物按高度分为哪几类？
2. 高层建筑的火灾特点是什么？地下建筑的火灾特点是什么？
3. 高层建筑与地下建筑的扑救措施有哪些相同和差别？
4. 石化火灾分为哪几类？各自的特点是什么？
5. 不同类石化火灾的扑救方法有哪些？
6. 森林火灾的分类？有何特性？
7. 森林火灾的特点有哪些？
8. 森林火灾的扑救措施有哪些？适用条件？

一、填空

1. 建筑物按其层数或高度，可分为______、______、______、______和______等。
2. 超高层建筑通常是指建筑高度超过______的高层建筑。

3. 半地下室是指地平面低于室外地平面的高度超过该房间净高______，且不超过______者。地下室是指房间地平面低于室外地平面的高度超过该房间净高______者。

4. 高层建筑发生火灾时容易造成人员伤亡，主要由于______、______、______和______。

5. 地下建筑火灾特点有：高温高热、烟雾浓、毒气重、______、______、______、______、火灾扑救困难、易造成群死群伤。

6. 由于地下建筑空间封闭，对外开口少，火灾发生后，高温烟气难以排出，地下空间压力随着烟气浓度的升高而加大，当火势发展到一定程度，形成一种附加的自然热风压，即为______。

7. 石化火灾可分为两大类：____________和____________。

8. 石化装置发生火灾时，既有______发生，也有______发生。

9. 石化生产装置火灾的扑救措施有：______、______、______等。

10. 根据石化生产装置、设备、储罐由管道连接的特点提出的工艺灭火措施，主要有______、______、______、______等。

11. 石化储罐冷却降温的方法，主要有____________，____________，____________，或启动储罐固定喷淋装置洒水等方法。

12. 森林火灾是自然界中的一种燃烧现象，其发生和发展除必须具备可燃物、氧气和一定温度三个基本条件外，还受______、______、______等多种因素的综合影响。

13. 森林火灾，按其燃烧物和燃烧部位的不同，通常可分为______、______和______三种。

14. 在各类森林火灾中，______发生率最高，是最常见的森林火灾。

15. 根据其蔓延速度和危害程度，地表火可分为______和______两种。

16. 树冠火的烟为______，温度可达______，烟雾可高达几千米。

17. 按蔓延情况，树冠火可分为______和______两种。

18. 按其蔓延速度，树冠火可分为______和______。

19. 高山峡谷地带的风力作用主要来自于______和______。

20. 山火受谷风控制时在一天中有______、______、______三个发展时期。

21. 扑灭森林火灾采用催化剂的撒布方法有______、______、______。

22. 扑灭森林火灾的根本方法有三个：______，______，______。

23. 扑灭森林火灾有两种方式：____________和____________。

24. 现在用于人工催化降雨的催化剂主要有干冰、碘化银、碘化铅、硫化铜、硫酸铵、固体二氧化氮、甲胺等，其中效果最好的主要是____________________，而以硫化铜最有发展前途。

25. 目前国外使用的灭火材料有：________________。

二、从下面给出的备选答案中选出1个或多个合适的，把序号填入括号内。

1. 一般建筑物室内火灾事故的发展过程可分为如下几个阶段____。

A. 初起阶段　　B. 成长阶段　　C. 旺盛阶段　　D. 轰燃　　E. 衰减阶段

2. 2~9层的居住建筑，以及两层及两层以上、建筑高度不超过24m的其他建筑为____。

A. 超高层建筑　　B. 高层建筑　　C. 工业建筑

3. 据统计，火灾中死亡的人有80%以上属于____。

A. 被火直接烧死　B. 烟气窒息致死　C. 跳楼或惊吓致死

4. 地下建筑火灾易形成火风压，火风压的危害有：____。

A. 火风压会随着火势的发展而加大，反过来又会推动烟气流动，造成火灾危害区域的扩大，导致火势加剧

B. 火风压的出现会使地下建筑原有的通风系统遭到破坏，使风量增加或减少

C. 火风压会使地下建筑火灾易出现轰燃现象

D. 火风压会使灌入地下灭火的高倍泡沫无法向巷道内流淌，影响高倍泡沫远距离窒息灭火的效果

E. 火风压使通风网络中的某些风流突然反向，使那些远离火场的区域也出现烟气，遭受火灾的危害

5. 高层建筑，尤其是全封闭式的高层建筑火灾时，很容易发生回燃和轰燃，其原因是：____。

A. 烟、热不易散发出去

B. 室内氧气会因得不到补充而迅速减少，物品燃烧不充分，会产生大量不完全燃烧的可燃气体

C. 高层建筑发生火灾时，会产生大量烟雾，这些烟雾不仅浓度大，而且流动扩散快

6. 建筑物内发生火灾时如何进行火情判断：____。

A. 迅速进入火场查明被困着火部位，火势蔓延情况及人员伤亡情况，进行人员疏散

B. 通过询问知情人尽量查明火场情况

C. 通过外部观察掌握火场情况

D. 进入消防控制室侦查，观察排烟系统、自动灭火系统、消防泵、防火卷帘等消防联动设备的动作显示情况

7. 火场排烟的有效措施有：____。

A. 利用固定排烟设施及移动消防装备排烟

B. 利用高压水枪排烟

C. 要正确选择排烟的时机和途径

D. 利用排烟口、排烟管道口及出入口，利用空气自然对流排除烟尘

8. 高层建筑火灾特点是主要由____引起的火灾的迅速蔓延、逃生困难、扑救困难。

A. 烟囱效应　　B. 风压　　C. 热压　　D. 防火防烟措施失败

9. 高层建筑的火灾特点____。

A. 火灾蔓延迅速　　B. 产生大量烟雾

C. 易发生回燃和轰燃　　D. 易造成人员伤亡

E. 形成火风压

10. 扑救高层建筑火灾，要重点做好人员疏散与营救，避免和减少人员伤亡，以下正确有效的疏散措施有：____。

A. 利用广播指导疏散，广播声音要严厉紧张，强调火灾严重程度

B. 消防人员引导疏散

C. 利用疏散楼梯、电梯、货梯等向地面疏散

D. 利用登高车辆设备疏散

11. 高层建筑发生火灾时，人员可通过____渠道逃生。

A. 疏散楼梯　　B. 普通电梯　　C. 跳楼　　D. 货梯

12. 石化生产装置火灾特点有：____。

A. 发生爆炸和坍塌的可能性大

B. 燃烧面积大，易造成流淌火灾

C. 火焰高，辐射热强，扑救难度大，消耗力量多

D. 石化装置发生火灾，不仅物资、设备遭到破坏，造成人员伤亡，而且还会造成环境污染，工厂停工停产，社会影响极大

13. 冷却保护是扑救石化生产装置火灾过程中消除着火设备、受火势威胁设备发生爆炸危险的最有效措施，灭火过程中，应正确实施冷却方法，近距离冷却可采用____。

A. 密集的直流水喷射　　B. 泡沫灭火

C. 开花喷雾射流　　D. 机械通风冷却

14. 搅拌灭火是当设备内高闪点物料着火后，从设备底部输入一定量的____等，把设备内的燃料液体上下搅动，使上层高温液体与下层低温液体进行热交换，使其温度降至闪点以下，自行熄灭，或者使火势减弱，便于灭火。

A. 氧气　　B. 等量冷物料　　C. 氮气　　D. 二氧化碳

15. 石化储罐火灾采用冷却防爆措施扑救，以下正确的措施是：____。

A. 对燃烧的储罐，尤其是液面高的储罐，要进行全面冷却，控制火势发展，防止储罐受热变形、破裂

B. 与燃烧罐的距离小于燃烧罐直径 1.5 倍的临近储罐，均要进行冷却

C. 位于燃烧罐上风向的临近储罐所受威胁最大，侧风向次之，下风向所受威胁最小

D. 在首先冷却燃烧罐的同时，要着重冷却下风向的相邻储罐，冷却临近储罐时，要冷却面向燃烧罐的管壁

16. 以下说法正确的是：____。

A. 地表火的烟为浅灰色，温度可达 400℃左右

B. 急进地表火的特点是火强度高，烟雾大，蔓延速度快，温度较高，大火场火头常有对流柱出现

C. 急进地表火往往燃烧不均，残留下未燃烧的地块，常常出现“豹斑”，对林木危害较轻，经一次过火，成壮林死亡率在 24%以内，火烧迹地多为条形、三角形或椭圆形

D. 稳进地表火对森林的破坏性较大，经一次过火，成壮林死亡率达 40%左右，灭火后，火烧迹地多出现环形、椭圆形

17. 森林火灾特点为：____。

A. 三种火灾（地表火、树冠火和地下火）呈综合性发展，有反复性

B. 森林火灾蔓延主要受山谷风所控制

C. 火势蔓延受地形因素影响，具有连续性

D. 山地森林火灾具有立体性质，呈现跳跃式发展

18. 直接灭火方式就是扑火队员用灭火工具直接扑灭森林火灾，这一方式，适用于____。

A. 中、弱度地表火　　B. 中、弱度树冠火

C. 地下火　　D. 高强度地表火

19. 一般____地表火停止发展，树冠火变冲冠火，有些冲冠火在烧掉枝叶后，火焰自动熄灭，火场内多数地段基本上是属于无焰燃烧状态，是扑火的最好时机。

A. 早上4～10时之间　　　　　　　　B. 10时左右

C. 午后15～17时之间　　　　　　　　D. 晚上20～22时之间

20. 在扑救森林火灾中，能够对人体造成严重伤害的几种火灾产物是____。

A. 高温辐射　　B. 水汽　　C. 一氧化碳　　D. 烟尘

21. 地形变化在很大程度上制约着火势的蔓延，植物类型的作用也不甚明显。主要表现在：____。

A. 在山势大转折（主要是坡向大转折）、窄谷和山脊上，多会出现自然终止燃烧的现象

B. 窄谷地段的风速加快，在“峡谷效应”作用下的分流或上分流之处，火势至此通常暂时中止

C. 在山区由山脚蔓延的火不受一些缓坡、小平地、陡坡和峭壁的小地形影响

D. 缓坡和陡坡上的火蔓延快，不易扑救，而山坳、小平地上的蔓延速度减缓，是高山地带扑火的好时机

22. 以下哪些小地形是扑火的危险地带：____。

A. 沟谷地带　　B. 峡谷地带　　C. 支沟地带　　D. 鞍形场地带

23. 扑灭森林火灾有哪几个途径：____。

A. 散热降温　　　　　　　　　　B. 隔离火源

C. 断绝或减少森林燃烧所需要的氧气　D. 增加森林燃烧所需要的氧气

24. 在下述条件下采用间接灭火方式：____。

A. 当火灾产生大量热和烟，人不能接近火边时

B. 形成树冠火和地表火时

C. 为了节约扑火力量，需要缩短火线时

D. 没有可利用天然或人工隔离带时

25. 扑火要抓住有利时机，错过有利时机，不易将火扑灭，还可能酿成大火。以下哪几项是扑火的有利时机____。

A. 初发火　　B. 下山火　　C. 夜间　　D. 上山火

8 泄漏扩散火灾后果预测

内容提要：介绍了石油化工行业典型的泄漏事故模式，以及由液体和气体可燃介质泄漏引发的火灾事故的主要形式和事故后果的预测方法。

基本要求：(1) 掌握石化行业泄漏扩散火灾事故的基本形式及形成原因；(2) 掌握液体泄漏的主要形式，熟悉液池直径、池火火焰高度以及池火热辐射通量的计算方法；(3) 熟悉喷射火火焰尺寸和热辐射通量的计算方法；(4) 掌握气云扩散的典型形式，熟悉云团扩散、闪火尺寸和闪火火焰热辐射通量的计算；(5) 熟悉火球直径、火球持续时间以及火球热辐射通量的计算方法。

储存易燃易爆危险介质的储罐和管道因腐蚀、疲劳或其他外力因素而发生破裂，会导致介质泄漏并大面积扩散，进而诱发大范围中毒、火灾或爆炸等二次事故。不同的设备破裂形式、不同的介质以及不同的环境条件，导致可燃介质泄漏和扩散的情形不同，被点燃后发生的火灾事故形式及其热辐射特征也不相同。

8.1 泄漏扩散火灾事故的基本形式

(1) 泄漏模式

易燃易爆危险化学品在生产、储存和运输过程中可能发生的泄漏事故模式，按照泄漏介质的状态可以分为以下三种。

① 液体泄漏　沸点高于环境温度的常压或高压液体介质从储存容器和管道中泄漏。

② 气体泄漏　加压气体从储罐和管道中泄漏，或液体储罐内蒸发气体的泄漏。

③ 气液两相泄漏　沸点低于环境温度的常压或高压液体介质的泄漏。

(2) 火灾型式

因泄漏而暴露在空气中的可燃介质由于其状态和分布情况不同，遇上点火源，会发展成池火灾、喷射火、闪火、火球四种形式的火灾事故。

① 池火灾　从储罐或管路中泄漏的易燃液体，在地面或水面上形成液池，被点燃后发生的火灾称为池火灾。

② 喷射火　具有一定压力的气相或液相可燃介质从有限裂口喷出后，在泄漏口处遇火源立即燃烧，形成类似于火焰喷射器的火灾称为喷射火。

③ 闪火　气体介质泄漏后在空间中扩散，与空气混合形成可燃云团，云团被点燃后发生的火灾称为闪火。

④ 火球　盛有液化气体的容器发生整体破坏，引起液体介质瞬间释放和汽化，形成由可燃液体蒸气、液滴以及空气组成的蒸气云，此蒸气云被立即点燃，将会产生强大的火球。

8.2 液池火灾事故

8.2.1 液体泄漏量计算

忽略液体介质的黏度和可压缩性，其泄漏量可根据流体的机械能守恒原理来计算。丹尼尔·伯努利1726年提出了表达流体机械能守恒的伯努利方程，即

$$动能+重力势能+压力势能=常数 \tag{8-1}$$

式(8-1)表述了流体流动过程中动能、重力势能和压力势能之间的相互转化关系。根据泄漏的情形不同（管道泄漏或容器泄漏），液体介质的能量转化过程具有不同的特点，分别介绍管道泄漏和容器泄漏两种典型泄漏形式下液体泄漏量的计算展开分别叙述。

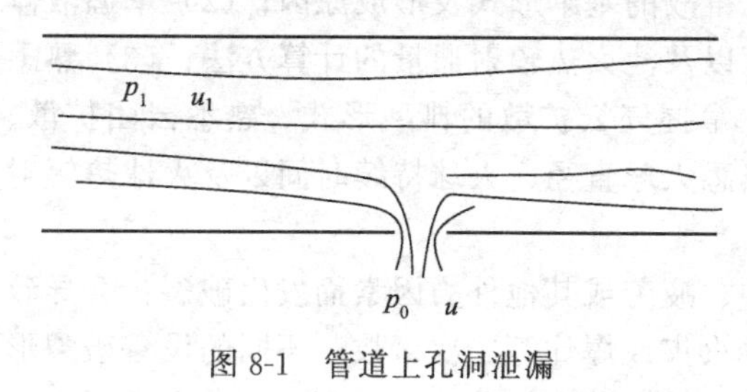

图8-1 管道上孔洞泄漏

(1) 管道上孔洞泄漏

如图8-1所示，假设管道内流体压力为p_1，速度为u_1，泄漏口处环境压力为p_0，泄漏速度为u，泄漏口直径为d，面积为A。

根据流体流动的机械能守恒定律，泄漏液体在管道内和泄漏口处的总能量应相等，则可列出能差形式的伯努利方程

$$\frac{\Delta p}{\rho}+\frac{\Delta \alpha u^2}{2}+\Delta g Z+F=W_S \tag{8-2}$$

式中 p——流体压力，Pa；

ρ——流体密度，kg/m^3；

α——动能校正因子，量纲为一；

u——流体平均速度，m/s；

g——重力加速度，m/s^2；

Z——高度，通常以地面为基准面，m；

F——流动过程中产生的阻力损失，J/kg；

W_S——轴功，J/kg。

动能校正因子α与速度分布有关，对于速度比较均匀的情况，可近似取为1。液体流经管道，发生孔洞泄漏，在该过程中无轴功，且重力势能变化可以忽略，则式(8-2)可简化为

$$\frac{\Delta p}{\rho}+\frac{\Delta u^2}{2}+F=0 \tag{8-3}$$

同时考虑到由截面收缩效应和流动摩擦造成的损失，引入孔流系数C_0，定义其为实际流量与理想流量的比值，并满足如下方程

$$\frac{\Delta p}{\rho}+F=C_0^2\ \frac{\Delta p}{\rho} \tag{8-4}$$

则有

$$C_0^2\ \frac{\Delta p}{\rho}+\frac{\Delta u^2}{2}=0 \tag{8-5}$$

根据式(8-5)可推导出泄漏口处流速的计算公式

$$u=C_0\sqrt{\frac{2(p_1-p_0)}{\rho}+\frac{u_1^2}{2}} \tag{8-6}$$

则泄漏源的质量流率为

$$Q_m=C_0\rho A\sqrt{\frac{2(p_1-p_0)}{\rho}+\frac{u_1^2}{2}} \tag{8-7}$$

对于管道流动阻力不大的情况，孔流系数 C_0 的取值原则如下：

ⅰ. 修圆小孔，$C_0=1.0$；

ⅱ. 薄壁小孔（壁厚≤$d/2$），雷诺数大于 10^5，$C_0=0.61$；

ⅲ. 厚壁小孔（$d/2<$壁厚$\leqslant 4d$）或在孔口处外伸一段短管，$C_0=0.81$。

在很多情况下都无法准确确定孔流系数，为保证安全，通常取 $C_0=1.0$。

对于流动阻力损失较大的情况，阻力损失的计算是估算泄漏速度的关键。液体在管道中流动所受的阻力可分为直管阻力和局部阻力。

直管阻力的计算公式为

$$F_1=\lambda\frac{l}{d}\frac{u^2}{2} \tag{8-8}$$

式中，λ 为摩擦系数，与雷诺数和相对粗糙度有关，可由莫迪图查得；l 为管长，m；d 为管径，m；u 为管道中流体流速，m/s。

局部阻力的计算公式为

$$F_2=\sum\xi\left(\frac{u^2}{2}\right) \tag{8-9}$$

式中，ξ 为局部阻力系数。

则总阻力损失为：

$$F=\lambda\frac{l}{d}\frac{u^2}{2}+\sum\xi\left(\frac{u^2}{2}\right) \tag{8-10}$$

将阻力损失及其他参数代入式(8-3）之中，即可求出泄漏源的泄漏速度。

(2) 容器上孔洞泄漏

对于储罐等大型容器发生泄漏的情况，如图 8-2 所示，储罐内压力为 p_1，储罐截面积为 A_0，液面距离泄漏口高度为 Z_0，泄漏口面积为 A，泄漏口处压力为大气压 p_0。在该过程中，重力势能变化不能忽略，则式(8-2）可简化为

$$\frac{\Delta p}{\rho}+\frac{\Delta\alpha u^2}{2}+\Delta gZ+F=0 \tag{8-11}$$

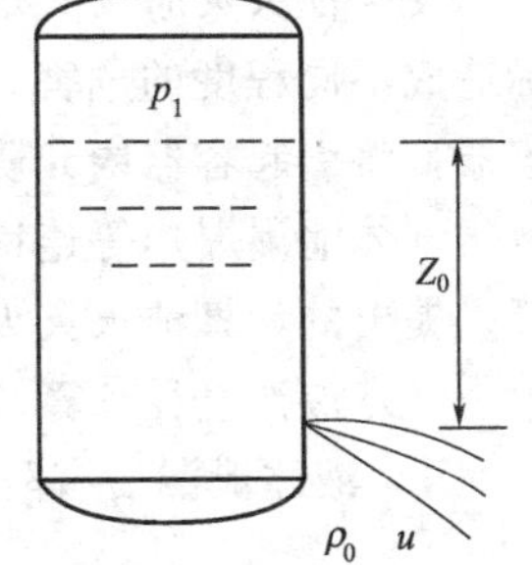

图 8-2 容器上孔洞泄漏

同样引入孔流系数，并代入储罐各项参数，可得泄漏口处流速为

$$u=C_0\sqrt{\frac{2(p_1-p_0)}{\rho}+2gZ} \tag{8-12}$$

泄漏源的质量流率为

$$Q_m=C_0A\rho\sqrt{\frac{2(p_1-p_0)}{\rho}+2gZ} \tag{8-13}$$

式中，Z 为液面距离泄漏源的高度，初始值为 Z_0，随着泄漏时间的增加，Z 不断降低，

泄漏速度与质量流量也随之降低。

取微元时间内液体的泄漏量为

$$dm=\rho A_0 dZ \tag{8-14}$$

则泄漏源的质量流率为

$$Q_m=-\frac{dm}{dt}=-\frac{\rho A_0 dZ}{dt} \tag{8-15}$$

由式(8-13) 和式(8-15) 可得

$$\frac{dZ}{dt}=-\frac{C_0 A}{A_0}\sqrt{\frac{2(p_1-p_0)}{\rho}+2gZ} \tag{8-16}$$

代入边界条件，$t=0$，$Z=Z_0$；$t=t$，$Z=Z$。对上式积分可得

$$\sqrt{\frac{2(p_1-p_0)}{\rho}+2gZ}-\sqrt{\frac{2(p_1-p_0)}{\rho}+2gZ_0}=-\frac{gC_0 A}{A_0}t \tag{8-17}$$

将式(8-17) 代入式(8-13) 可得随时间变化的质量流率计算公式为

$$Q_m=C_0 A\rho\sqrt{\frac{2(p_1-p_0)}{\rho}+2gZ_0}-\frac{\rho g C_0^2 A^2}{A_0}t \tag{8-18}$$

对于不考虑液位影响的小孔泄漏，其质量流率计算公式为

$$Q_m=C_0 A\rho\sqrt{\frac{2(p_1-p_0)}{\rho}} \tag{8-19}$$

8.2.2 池火计算模型

易燃液体如液化石油气（LPG）、汽油、柴油、苯、甲醇、乙酸乙酯等，一旦从储罐及管路中泄漏到地面或流到水面，将向四周流淌、扩展，形成一定厚度的液池。可燃液池遇火源被点燃而发生的火灾事故称为池火灾，它是液体储罐区常见的火灾类型。

发生池火灾时，火焰不仅会直接烧毁池内的目标，而且还会以热辐射的形式对池外的目标造成不同程度的危害。如果其直接或间接地作用在设备和容器上，尤其是储存液化气体的容器，将引起容器内介质升温升压和容器自身金属材料性能退化，以至于引起容器的失效和液化气体泄漏爆炸等连锁破坏效应；严重时还会造成附近人员的烧伤和死亡。R. Merrifield 等人提出的计算池火灾火焰几何尺寸及其热通量的计算方法如下。

(1) 液池直径计算

ⅰ. 液体泄漏后有防火堤阻挡的情况，池直径根据防火堤所围的面积计算

$$D=\sqrt{\frac{4S}{\pi}} \tag{8-20}$$

式中 D——液池当量直径，m；

S——防火堤所围面积，m^2。

ⅱ. 液体泄漏后无防火堤阻挡的情况，根据泄漏量和地面性质计算最大可能池直径

$$D=2\sqrt{\frac{W}{\pi H_{min}\times\rho}} \tag{8-21}$$

式中 W——泄漏的液体量，kg；

H_{min}——最小液层厚度（与地面性质有关，见表 8-1），m；

ρ——液体的密度，kg/m^3。

表 8-1 不同地面上泄漏液体的最小液层厚度

地面性质	最小液层厚度 H_{min}/m
草地	0.0200
粗糙地面	0.0250
平整地面	0.0100
混凝土地面	0.0050
平静的水面	0.0018

(2) 火焰高度计算

Thomas 根据木垛火焰实验数据提出了计算池火火焰高度的经验公式，计算思路是先根据液体的燃烧速率和液池的尺寸确定火焰高度系数，再根据火焰高度系数和液池直径计算火焰高度，采用该公式计算的火焰高度比实际值稍高。

$$L=h\times D=42\left[\frac{m_f}{\rho_0\sqrt{gD}}\right]^{0.61}\times D \tag{8-22}$$

式中 L——火焰高度，m；

h——火焰高度系数，即火焰高度与火焰直径的比值；

ρ_0——空气密度，kg/m^3；

g——重力加速度，m/s^2；

m_f——液体的燃烧速率，kg/(m^2·s)。

Babrauskas 在进行大规模池火实验的基础上，提出了适合于大直径池火的燃烧速率估算公式

$$m_f=m_{f\max}[1-\exp(-k\beta D)] \tag{8-23}$$

式中 $m_{f\max}$——油品的最大质量燃烧速率，kg/(m^2·s)；

k——火焰的吸收衰减系数，m^{-1}；

β——平均光线长度校正系数。

表 8-2 给出了几种常见油品的最大质量燃烧速率和 $k\times\beta$ 值。对于单一组分可燃液体，其燃烧速率可采用 Burgess 和 Hertzberg 提出的方法计算。

当沸点高于环境温度时， $$m_{f\max}=\frac{0.001H_c}{c_p(T_b-T_a)H_{vap}} \tag{8-24}$$

当沸点低于环境温度时， $$m_{f\max}=\frac{0.001H_c}{H_{vap}} \tag{8-25}$$

式中 H_c——液体的燃烧热，J/kg；

H_{vap}——液体在常沸点下的蒸发热，J/kg；

c_p——液体的比定压热容，J/(kg·K)；

T_b——液体的沸点，K；

T_a——环境温度，K。

表 8-2 几种常见油品的最大质量燃烧速率和 $k\times\beta$ 值

油品名称	LNG	LPG	苯	二甲苯	汽油	煤油	甲醇
$m_{f\max}$	0.078	0.099	0.085	0.090	0.055	0.039	0.015
$k\times\beta$	1.1	1.4	2.7	1.4	2.1	3.5	—

(3) 火焰表面热通量计算

假设液池的形状为立圆柱，发生池火灾时圆柱侧面和顶部向四周均匀散热，则火焰表面

的热通量可表示为

$$q_f=\frac{\pi D^2}{4}H_c m_f\times\frac{f}{\frac{\pi D^2}{4}+\pi DL}=\frac{0.25DH_c m_f f}{0.25D+L} \tag{8-26}$$

式中 q_f——火焰表面热通量，kW/m²；

f——热辐射系数，可取为0.15。

(4) 目标接受热通量计算

目标接受热通量的计算公式为

$$q(r)=q_f[1-0.058\ln r]V \tag{8-27}$$

式中 r——目标到液池中心的距离，m；

$q(r)$——距离液池中心 r 处的目标接受到的热通量，kW/m²；

V——视角系数。

距离液池中心 r 处的目标对火焰热辐射的视角系数与目标到火焰中心的距离与火焰半径之比 s，火焰高度与直径之比 h 有关，其计算公式为

$$V=\sqrt{(V_V^2+V_H^2)} \tag{8-28}$$

$$V_H=\frac{A-B}{\pi} \tag{8-29}$$

$$V_V=\frac{1}{\pi s}\tan^{-1}\left[\frac{h}{(s^2-1)^{0.5}}\right]+\frac{h(J-K)}{\pi s} \tag{8-30}$$

式中 s——目标到火焰中心距离与火焰半径之比；

h——火焰高度与火焰直径之比；

A，B，J，K——中间变量。

视角系数的具体计算步骤如下。

ⅰ. 计算目标到火焰中心距离与火焰半径之比

$$s=\frac{r}{D/2} \tag{8-31}$$

ⅱ. 计算中间变量 A

$$A=\frac{b-1}{s(b^2-1)^{0.5}}\tan^{-1}\left[\frac{(b+1)(s-1)}{(b-1)(s+1)}\right]^{0.5} \tag{8-32}$$

其中，$a=\frac{h^2+s^2+1}{2s}$，$b=\frac{1+s^2}{2s}$。

ⅲ. 计算中间变量 B

$$B=\frac{a-1}{s(a^2-1)^{0.5}}\tan^{-1}\left[\frac{(a+1)(s-1)}{(a-1)(s+1)}\right]^{0.5} \tag{8-33}$$

ⅳ. 计算中间变量 J

$$J=\left[\frac{a}{(a^2-1)^{0.5}}\right]\tan^{-1}\left[\frac{(a+1)(s-1)}{(a-1)(s+1)}\right]^{0.5} \tag{8-34}$$

ⅴ. 计算中间变量 K

$$K=\tan^{-1}\left[\frac{s-1}{s+1}\right]^{0.5} \tag{8-35}$$

ⅵ. 计算 V_H，V_V，V。

8.2.3 池火事故后果实例计算

某汽油管道因意外碰撞发生小孔泄漏，泄漏孔径为5.5mm，泄漏持续1h，泄漏源附近地面为草地，周围无防护堤。管道内径为259mm，汽油平均流速为1.5m/s，管道压力为0.5MPa（表压），汽油密度为720kg/m³，燃烧热4.73×10⁴kJ/kg，环境温度为25℃。试分析泄漏汽油形成池火后的危害。

（1）汽油泄漏量计算

根据式(8-7)，假设泄漏孔为圆形，取C_0为1，则泄漏过程中的质量流率和总泄漏量为

$$Q_m=C_0\rho A\sqrt{\frac{2(p_1-p_0)}{\rho}+\frac{u_1^2}{2}}=720\times\frac{\pi}{4}\times0.0055^2\times\sqrt{\frac{2\times500000}{720}+\frac{1.5^2}{2}}=0.6374\ (\text{kg/s})$$

$$W=Q_m\times t=0.6374\times3600=2295\ (\text{kg})$$

（2）池直径计算

查表8-1，液体泄漏到草地上的最小油层厚度为0.02m，根据泄漏量和最小油层厚度可以确定液池的直径为

$$D=2\sqrt{\frac{W}{\pi H_{\min}\times\rho}}=2\sqrt{\frac{2295}{3.14\times0.02\times720}}=14.25\ (\text{m})$$

（3）火焰高度计算

首先根据表8-2所列的汽油最大质量燃烧速率和$k\times\beta$值估算汽油液池的实际燃烧速率

$$m_f=m_{f\max}[1-\exp(-k\beta D)]=0.055\times[1-\exp(-2.1\times14.25)]=0.055\ [\text{kg/(m}^2\cdot\text{s)}]$$

根据式(8-22)计算火焰高温

$$L=h\times D=42\left[\frac{m_f}{\rho_0\sqrt{gD}}\right]^{0.61}\times D=42\times\left[\frac{0.055}{1.29\times\sqrt{9.8\times14.25}}\right]^{0.61}\times14.25=19.36\ (\text{m})$$

（4）火焰表面热通量计算

$$q_f=\frac{0.25DH_cm_ff}{0.25D+L}=\frac{0.25\times14.25\times47300\times0.055\times0.15}{0.25\times14.25+19.36}=60.65\ (\text{kW/m}^2)$$

（5）距离液池中心r处的目标接受热通量计算

距离液池中心r处的目标接受池火热通量的计算步骤如下。

ⅰ.计算目标到火焰中心距离与火焰半径之比s；

ⅱ.根据目标到火焰中心距离与火焰半径之比s和火焰高度与火焰直径之比h确定计算视角系数V所需的参数a、b，以及中间变量A、B、J、K；

ⅲ.计算目标接受热辐射的视角系数V_H、V_V、V；

ⅳ.根据火焰表面热通量q_f、目标到火焰中心距离r和目标接受热辐射的视角系数V计算目标接受的热通量。

距离火焰中心10m、20m、30m、40m、50m的目标接受池火热辐射的中间变量和热通量的计算结果列于表8-3中。

表8-3 目标接受火焰热通量计算结果

目标到火焰中心距离r	10m	20m	30m	40m	50m
$s=\frac{r}{D/2}$	1.404	2.807	4.211	5.614	7.018
$a=\frac{h^2+s^2+1}{2s}$	1.716	1.910	2.443	3.060	3.712

续表

$b=\frac{1+s^2}{2s}$	1.058	1.582	2.224	2.896	3.580
$A=\frac{b-1}{s(b^2-1)^{0.5}}\tan^{-1}\left[\frac{(b+1)(s-1)}{(b-1)(s+1)}\right]^{0.5}$	0.141	0.164	0.132	0.109	0.092
$B=\frac{a-1}{s(a^2-1)^{0.5}}\tan^{-1}\left[\frac{(a+1)(s-1)}{(a-1)(s+1)}\right]^{0.5}$	0.246	0.177	0.135	0.110	0.092
$J=\left[\frac{a}{(a^2-1)^{0.5}}\right]\tan^{-1}\left[\frac{(a+1)(s-1)}{(a-1)(s+1)}\right]^{0.5}$	0.829	1.043	0.966	0.915	0.884
$K=\tan^{-1}\left[\frac{s-1}{s+1}\right]^{0.5}$	0.389	0.603	0.666	0.696	0.714
$V_H=\left(\frac{A-B}{\pi}\right)^2$	0.0011	0.0000	0.0000	0.0000	0.0000
$V_V=\left\{\frac{1}{\pi s}\tan^{-1}\left[\frac{h}{(s^2-1)^{0.5}}\right]+\frac{h(J-K)}{\pi s}\right\}^2$	0.1222	0.0149	0.0030	0.0009	0.0004
$V=\sqrt{(V_V^2+V_H^2)}$	0.35	0.12	0.06	0.03	0.02
$q(r)=q_f[1-0.058\ln r]V(\mathrm{kW/m^2})$	18.45	6.11	2.68	1.46	0.90

8.3 喷射火灾事故

8.3.1 气体或蒸气泄漏量计算

(1) 气体泄漏过程计算

图 8-3 所示为气体或蒸气经小孔泄漏的情形，设备内气体静止，压力为 p_0 (Pa)；温度为 T_0 (K)；设备外环境压力为 p (Pa)；泄漏孔面积为 A (m^2)。

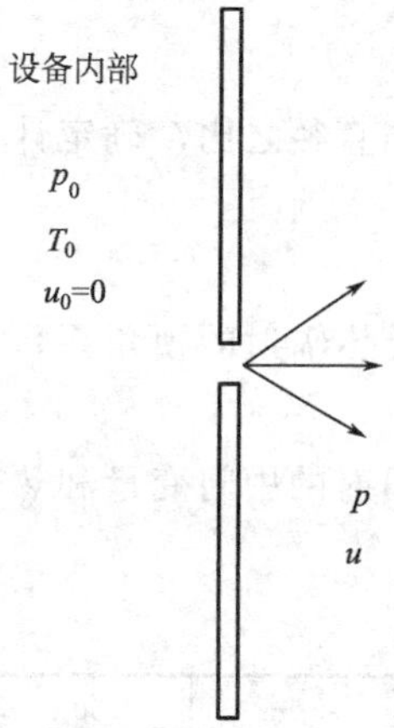

设备内部

p_0

T_0

$u_0=0$

p

u

图 8-3 气体或蒸气经小孔泄漏

气体或蒸气通过设备孔洞泄漏时，其泄漏速率与流动状态有关。工程上，常把气体与蒸气看成理想气体。为了确定泄漏速率需要先确定气体的流动状态，气体流动状态分为亚声速流动和声速流动两种。

亚声速流动满足
$$\frac{p}{p_0}>\left(\frac{2}{\gamma+1}\right)^{\frac{\gamma}{\gamma-1}} \tag{8-36}$$

声速流动满足
$$\frac{p}{p_0}\leqslant\left(\frac{2}{\gamma+1}\right)^{\frac{\gamma}{\gamma-1}} \tag{8-37}$$

式中 p_0——设备内气体压力，Pa；

p——环境压力，通常取为一个大气压，Pa；

γ——气体的绝热指数，即比定压热容 c_p 和比定容热容 c_V 之比。

常见气体的绝热指数列于表 8-4，也可根据表 8-5 所列的原则确定。

表 8-4　几种常见气体的绝热指数

气体	氢气	油燃气	甲烷
γ	1.40	1.33	1.30

表 8-5　不同气体分子组成结构条件下的绝热指数

气体	单原子分子	双原子分子	三原子分子
γ	1.67	1.40	1.32

气体泄漏过程无轴功，忽略位能变化，则其机械能守恒方程可简化为

$$\int \frac{\mathrm{d}p}{\rho}+\frac{\Delta u^2}{2}+F=0 \tag{8-38}$$

将设备内部与外部的参数代入式(8-38)，并引入孔流系数，可得

$$C_0^2\int_{p_0}^{p}\frac{\mathrm{d}P}{\rho}+\frac{u^2}{2}=0 \tag{8-39}$$

气体或蒸气可看成理想气体，则满足理想气体状态方程

$$\frac{p_0}{\rho_0}=\frac{RT_0}{M} \tag{8-40}$$

式中，ρ_0 为设备内气体密度；M 为气体摩尔质量；R 为通用气体常数 8.314J/(mol·K)。

气体经小孔绝热流动，满足绝热方程

$$\frac{p}{\rho^{\gamma}}=\text{constant} \tag{8-41}$$

则有

$$\frac{p}{\rho^{\gamma}}=\frac{p_0}{\rho_0^{\gamma}} \tag{8-42}$$

将式(8-40)、式(8-42) 代入式(8-39) 进行积分，可推导出泄漏速率的计算公式为：

$$u=C_0\sqrt{\frac{2\gamma}{\gamma-1}\frac{RT_0}{M}\left[1-\left(\frac{p}{p_0}\right)^{\frac{\gamma-1}{\gamma}}\right]} \tag{8-43}$$

则泄漏源的质量流量为

$$Q=\rho Au=C_0p_0A\sqrt{\frac{2\gamma}{\gamma-1}\frac{M}{RT_0}\left[\left(\frac{p}{p_0}\right)^{\frac{2}{\gamma}}-\left(\frac{p}{p_0}\right)^{\frac{\gamma+1}{\gamma}}\right]} \tag{8-44}$$

当流动处于临界状态时，气体流动状态为声速流动，泄漏速率与质量流量达到最大，此时压力 p_c 满足方程

$$\frac{p_c}{p_0}=\left(\frac{2}{\gamma+1}\right)^{\frac{\gamma}{\gamma-1}} \tag{8-45}$$

将式(8-45) 代入式(8-43)，可求得最大泄漏速率为

$$u=C_0\sqrt{\frac{2\gamma}{\gamma+1}\frac{RT_0}{M}} \tag{8-46}$$

泄漏源的最大质量流量为

$$Q=\rho Au=C_0p_0A\sqrt{\frac{\gamma M}{RT_0}\left(\frac{2}{\gamma+1}\right)^{\frac{\gamma+1}{\gamma-1}}} \tag{8-47}$$

上述计算气体泄漏的方法，使用的初始储存条件，没有考虑气体泄漏速率随时间的变

化，因此计算结果偏保守。

(2) 易挥发液体泄漏过程计算

易挥发液体发生泄漏之后，不断蒸发为气体。蒸发过程的推动力为蒸发物质的气液界面与周围环境之间的浓度梯度，浓度梯度越大，物质蒸发越快，因而计算易挥发液体的蒸发量的关键是求取浓度梯度。

根据理想气体状态方程，可得摩尔浓度的计算公式为

$$c=\frac{n}{V}=\frac{p}{RT} \tag{8-48}$$

式中 c——摩尔浓度，mol/m³；

p——蒸气压力，Pa；

R——通用气体常数，8.314J/(mol·K)；

T——蒸气温度，K。

假设易挥发液体在温度 T 下的饱和蒸气压为 p_s，在大气中的分压为 p，则浓度差的计算公式为

$$\Delta c=\frac{p_s-p}{RT} \tag{8-49}$$

物质蒸发的摩尔扩散通量为

$$N=k_c\Delta c \tag{8-50}$$

式中 N——摩尔扩散通量，mol/(m²·s)；

k_c——传质系数，m/s。

易挥发物质蒸发的质量流率量

$$Q_m=MNA=k_cMA_v\frac{p_{st}-p}{RT} \tag{8-51}$$

式中 Q_m——质量流量，kg/s；

M——摩尔质量，kg/mol；

A_v——蒸发面积，m²。

8.3.2 喷射火计算模型

(1) 火焰长度计算

喷射介质有浮羽流、浮射流、纯射流三种不同的流态，尽管三种射流的扩散模式不相同，但描述其伤害的模型是一样。喷射火焰的长度与喷射直径、燃烧物的性质、环境温度等因素有关，其计算公式为

$$L=\frac{5.3d}{c_t}\sqrt{\frac{T_f}{\alpha T_n}\left[c_t+(1-c_t)\frac{M_s}{M_a}\right]} \tag{8-52}$$

式中 L——火焰长度，m；

d——喷射直径，m；

α——化学计量浓度下反应物的摩尔数与燃烧产物的摩尔数之比；

T_f——火焰温度，K；

T_n——环境温度，K；

c_t——化学反应计量下燃料的摩尔浓度；

M_s——燃料的摩尔质量，g/mol；

M_a——空气的摩尔质量，g/mol。

(2) 火焰边界计算

距离喷口 X 处火焰边界到中心轴线的距离 Y_s 的计算公式

$$Y_s = X\sqrt{\ln\frac{L}{X}}\sqrt{\frac{2c_i^2c_c^2}{2c_i^2-c_c^2}} \tag{8-53}$$

式中，X 为到喷射口的距离，m；c_i、c_c 为变换系数，$c_i = 0.070 - 0.0103\frac{\rho_s}{\rho_a} - 0.00184\ln^2\left(\frac{\rho_s}{\rho_a}\right)$，$c_c = 1.16c_i$。

(3) 火焰表面热通量计算

将火焰辐射面近似为以最大火焰宽度为直径的圆柱形的侧面积，则喷射火焰表面的热通量可用下式计算

$$q_f = \frac{m_f\Delta H_c f}{A_f} = \frac{m_f\Delta H_c f}{2\pi Y_{s\max}L} \tag{8-54}$$

式中　q_f——火焰表面的辐射热通量，kW/m^2；

ΔH_c——单位质量燃烧热，kJ/kg；

f——热辐射系数，可取为 0.15；

m_f——燃烧速率，对于气体喷射可取为燃料的泄漏速率，kg/s；

A_f——火焰辐射面积，近似为以最大火焰宽度为直径的圆柱形侧面积，m^2；

$Y_{s\max}$——火焰边界到喷射轴线的最大距离，m。

(4) 目标接受热通量计算

在计算目标接受到的热通量时，将喷射火看做点源进行计算

$$q = \frac{2.2\tau_a R_r m_f^{0.67}\Delta H_c}{4\pi r^2} \tag{8-55}$$

式中　q——目标接受到的辐射热通量，kW/m^2；

R_r——燃烧热辐射系数，设备破裂压力小于泄压阀设定压力时取 0.3，反则取 0.4；

r——目标到点源的距离，m；

τ_a——大气传输率。

在保守计算的场合，若天气干燥晴朗，大气传输率 τ_a 可取为 1；对于具有一定含湿量的空气，可根据下式计算

$$\tau_a = \lg(14.1RH^{-0.018}r^{-0.13}) \tag{8-56}$$

式中，RH 为空气的相对湿度（relative humidity）。

8.3.3 喷射火事故后果实例计算

某液化天然气站一台汽化器的出口管路发生泄漏，泄漏气体被静电火花点燃形成喷射火，该汽化器的出口压力为 6.59MPa（表压），出口温度为 298K，泄漏孔径为 15mm，环境温度为 300K，空气相对湿度为 60%。试分析此次甲烷泄漏事故的后果。

(1) 火焰长度计算

化学反应计量下甲烷在空气中的浓度近似取为 9.5%，对应的摩尔浓度 $c_t = 0.095/22.4 =$

0.00424 (mol/L)。对于化学计量浓度下的甲烷燃烧，反应物与燃烧产物的摩尔数之比 α 为 1，甲烷在空气中的火焰温度约为 2300K。根据以上参数，该甲烷管路泄漏后的喷射火火焰长度约为

$$L=\frac{5.3d}{c_t}\sqrt{\frac{T_f}{\alpha T_n}\left[c_t+(1-c_t)\frac{M_s}{M_a}\right]}$$

$$=\frac{5.3\times0.015}{0.00424}\times\sqrt{\frac{2300}{300}\times\left[0.00424+(1-0.00424)\frac{16}{29}\right]}=38.63\ (\text{m})$$

(2) 火焰边界计算

首先根据理想气体状态方程确定喷射气体（甲烷）密度和空气密度之比，并计算变换系数 c_i 和 c_c。

$$\frac{\rho_s}{\rho_a}=\frac{T_aM_s}{T_sM_a}=\frac{300\times16}{298\times29}=0.555$$

$$c_i=0.070-0.0103\frac{\rho_s}{\rho_a}-0.00184\ln^2\left(\frac{\rho_s}{\rho_a}\right)$$

$$=0.070-0.0103\times0.555-0.00184\times\ln^2 0.555=0.0636$$

$$c_c=1.16c_i=1.16\times0.0636=0.0738$$

则距离喷口 X 处火焰边界到中心轴线的距离 Y_s 为

$$Y_s=X\sqrt{\ln\frac{L}{X}}\sqrt{\frac{2c_i^2c_c^2}{2c_i^2-c_c^2}}=0.129X\sqrt{\ln\frac{38.63}{X}}$$

对上式求导得

$$Y_s'=0.129\sqrt{\ln\frac{38.63}{X}}-\frac{0.129}{2}\left(\sqrt{\ln\frac{38.63}{X}}\right)^{-1}$$

令 $Y_s'=0$，可求出最大火焰宽度为

$$Y_{s\max}=0.129\times\frac{38.36}{e^{0.5}}\times\sqrt{\ln e^{0.5}}=2.14\ (\text{m})$$

则喷射火火焰的近似表面积为

$$A_f=2\pi Y_{s\max}L=2\times3.14\times2.14\times38.63=519\ (\text{m}^2)$$

(3) 火焰表面热通量计算

首先根据泄漏情况计算甲烷的泄漏速率，其中 C_0 取 1，γ 取 1.3，

$$m_f=C_0p_0A\sqrt{\frac{\gamma M}{RT_0}\left(\frac{2}{\gamma+1}\right)^{\frac{\gamma+1}{\gamma-1}}}$$

$$=6.59\times10^6\times3.14\times0.015^2\times\sqrt{\frac{1.3\times16}{8.314\times1000\times298}\times\left(\frac{2}{1.3+1}\right)^{\left(\frac{1.3+1}{1.3-1}\right)}}$$

$$=7.89\ (\text{kg/s})$$

甲烷的净热值按 50200kJ/kg 计算，热辐射系数按 0.15 计算，则火焰表面的热通量为：

$$q_f=\frac{m_f\Delta H_cf}{A_f}=\frac{7.89\times50200000\times0.15}{2\times3.14\times519}=18228\ (\text{W/m}^2)$$

(4) 目标接受热通量计算

相对空气湿度为 60%时，火焰热辐射的大气传输率和目标接受到的热通量为

$$\tau_a=\lg(14.1RH^{-0.018}r^{-0.13})=\lg(14.1\times0.6^{-0.018}r^{-0.13})$$

$$q=\frac{2.2\tau_a R_r m_f^{0.67}\Delta H_c}{4\pi r^2}=\frac{2.2\tau_a\times 0.3\times 7.89^{0.67}\times 5.02\times 10^7}{12.56r^2}=\frac{1.05\times 10^7\tau_a}{r^2}$$

距离着火点 10m，20m，30m，40m，50m 处目标接受火焰热通量的计算结果列于表 8-6。

表 8-6　不同位置处目标接受喷射火焰热通量

r/m	10	20	30	40	50
τ_a	1.02	0.98	0.96	0.94	0.93
q/(W/m²)	107437	25832	11214	6201	3915

8.4　云团扩散火灾事故

气体介质泄漏后会不断向周围环境扩散并可能引起火灾、爆炸或中毒等二次事故，一般低沸点的液化气体（如液化石油气，LPG）泄漏后也会马上闪蒸，以气态形式向周围环境扩散。因此，预测泄漏危险气体的扩散区域以决定罐区的选址并确定事故发生后需要紧急疏散的范围大小，对避免恶性二次事故的发生、降低财产损失和保障人员安全有至关重要的作用。

8.4.1　气体扩散的基本形式和主要模型

危险介质泄漏事故具有高突发性、不可控制性和灾难性等特点，其泄漏扩散模式多种多样，根据泄漏的情形，气体扩散主要有连续泄漏扩散和瞬时泄漏扩散两种形式。

① 连续泄漏扩散　泄漏源是连续源，泄放时间大于或等于扩散时间，如管道或容器开有限裂口的情形属于连续泄漏扩散。

② 瞬时泄漏扩散　泄放时间相对于扩散时间较短的泄漏，如储罐整体破坏导致内部介质短时间释放的情形属于瞬时泄漏扩散。

与连续泄漏扩散相比，瞬时泄漏扩散事故的后果往往较为严重。实际的泄漏扩散事故，既有泄压阀失控形成的圆形孔洞泄漏，又有罐体脆裂形成的不规则裂纹泄漏；既有静风条件下的自由扩散，又有一定风速状态下的趋向扩散。同时，若气云的密度比空气重，气体扩散的过程因受到重力作用的影响而向地面下沉并沿地面水平地扩展，从而形成低而平的气云，沿地面运动的重气还会受到地形和障碍物的影响。

针对不同的泄漏和扩散情形，国内外学者经过多年的研究和分析，开发了大量预测气体扩散过程的计算模型，这些模型根据方法不同，可分为计算流体力学（computational fluid dynamics，CFD）模型和概率模型两大类。其中，CFD 模型从微观层面上对气体扩散过程进行场模拟，涉及对质量、动量和能量输运方程的离散求解和大规模的数值运算，这类模型适合于对扩散规律进行基础理论研究；概率模型则从宏观层面上对气体扩散进行仿真，通过对一段时间点上气体扩散情况进行概率统计，从而得到这段时间内的气体扩散及浓度分布情况，这类模型运算量小，相对而言更适合在对实时性要求较高的工程应用中使用。目前，较为常用的概率模型有 Gaussian 模型、Sutton 模型、BM 模型和 FEM3 模型。

ⅰ. Gaussian 模型适用于点源的扩散，从统计方法入手，考察扩散质的浓度分布，适用于仿真危险介质泄漏形成的非重气云扩散行为，或重气云在重力作用消失后的远场扩散行为，提出时间较早，具有简单易算，计算结果与实验值能较好吻合等优点，应用十分广泛。

ⅱ. Sutton 模型利用湍流扩散统计理论来处理湍流扩散问题，适用于描述中性气体的大规模、长时间泄漏扩散，在模拟可燃气体泄漏扩散时，误差相对较大。

ⅲ. BM 模型是由一系列重气体连续泄漏和瞬时泄漏的实验数据绘制成的计算图表组成，属于经验模型，外延性稍差。

ⅳ. FEM3 模型适用于处理连续源泄漏及有限时间的泄漏，但其计算量很大，模拟较为困难，且只适用于重气扩散。

总体而言，Gaussian 模型参数相对较少，运算量小，可模拟连续泄漏和瞬时泄漏两种泄漏方式，且计算结果与实验值能较好吻合，可以满足快速预测的需求，适于在实时性要求较高的应急救援辅助决策中应用。由于提出的时间较早，实验数据多，因而得到了较为广泛的应用，如美国环境保护协会（EPA）所采用的许多标准都是以 Gaussian 模型为基础而制定的。

8.4.2 瞬时泄漏点源的扩散计算

（1）无风瞬时泄漏点源的高斯烟团模型

高斯模型的基础为扩散方程，根据菲克定律和质量守恒，可以建立气体的三维扩散基本方程为

$$\frac{\partial c}{\partial t}=K_x\frac{\partial^2 c}{\partial x^2}+K_y\frac{\partial^2 c}{\partial y^2}+K_z\frac{\partial^2 c}{\partial z^2}-u_x\frac{\partial c}{\partial x}-u_y\frac{\partial c}{\partial y}-u_z\frac{\partial c}{\partial z} \tag{8-57}$$

式中 c——气体的质量浓度，kg/m^3；

t——扩散时间，s；

K_x，K_y，K_z——x、y、z 方向的湍流扩散参数；

u_x，u_y，u_z——x、y、z 方向的平均风速，m/s。

无风时，$u_x=u_y=u_z=0$，瞬时泄漏源形成的云团仅在泄漏源处膨胀扩散，从而式(8-57) 可简化为

$$\frac{\partial c}{\partial t}=K_x\frac{\partial^2 c}{\partial x^2}+K_y\frac{\partial^2 c}{\partial y^2}+K_z\frac{\partial^2 c}{\partial z^2} \tag{8-58}$$

代入初始条件和边界条件：$t=0$ 时，原点处（$x=y=z=0$），$c\to\infty$，其他地方 $c=0$；$t\to\infty$时，$c\to 0$，可得无风时瞬时泄漏源的浓度计算公式为

$$c(x,y,z,t)=\frac{m}{8(\pi^3 t^3 K_x K_y K_z)^{\frac{1}{2}}}\exp\left[-\frac{1}{4t}\left(\frac{x^2}{K_x}+\frac{y^2}{K_y}+\frac{z^2}{K_z}\right)\right] \tag{8-59}$$

式中，c 为 t 时刻，（x，y，z）处泄漏物质的质量浓度，kg/m^3；m 为泄漏量，kg。

（2）有风瞬时泄漏点源的高斯烟团模型

假设风速沿 x 方向（$u_y=u_z=0$），且云团中心运动速度与风速相同，则式(8-57) 可简化为

$$\frac{\partial c}{\partial t}+u_x\frac{\partial c}{\partial x}=K_x\frac{\partial^2 c}{\partial x^2}+K_y\frac{\partial^2 c}{\partial y^2}+K_z\frac{\partial^2 c}{\partial z^2} \tag{8-60}$$

泄漏 t 时间之后，云团中心的坐标为（ut，0，0），则对式(8-59) 进行坐标变化可得到有风瞬时泄漏源的浓度计算公式

$$c(x,y,z,t)=\frac{m}{8(\pi^3 t^3 K_x K_y K_z)^{\frac{1}{2}}}\exp\left[-\frac{1}{4t}\left(\frac{(x-ut)^2}{K_x}+\frac{y^2}{K_y}+\frac{z^2}{K_z}\right)\right] \tag{8-61}$$

为便于应用，定义大气扩散系数σ_x、σ_y、σ_z为

$$\begin{cases}\sigma_x^2=2K_x t=2K_x \dfrac{x}{u}\\ \sigma_y^2=2K_y t=2K_y \dfrac{x}{u}\\ \sigma_z^2=2K_z t=2K_z \dfrac{x}{u}\end{cases} \tag{8-62}$$

则有

$$c(x,y,z,t)=\frac{m}{(2\pi)^{\frac{3}{2}}\sigma_x\sigma_y\sigma_z}\exp\left[-\frac{(x-ut)^2}{2\sigma_x^2}-\frac{y^2}{2\sigma_y^2}-\frac{z^2}{2\sigma_z^2}\right] \tag{8-63}$$

大气扩散系数σ_x、σ_y、σ_z与大气稳定度及下风向距离有关。大气稳定度可根据风速、光照和云量情况分为A、B、C、D、E、F六个级别：A——极度不稳定，B——中度不稳定，C——轻微不稳定，D——中性，E——弱稳定，F——稳定。分级标准见表8-7。

表8-7 大气稳定度分级

表面风速/(m/s)	白天光照强度			夜晚云量	
	强	适中	弱	薄云或大于4/8的低云	云量小于3/8
<2	A	A～B	B	F	F
2～3	A～B	B	C	E	F
3～4	B	B～C	C	D	E
4～6	C	C～D	D	D	D
>6	C	D	D	D	D

注：1. 夜晚指日落前1小时到日出后1小时的时间段；

2. 盛夏晴天的中午为强光照，严冬晴天的中午为弱光照；

3. 对于阴天的白天和夜晚，以及夜晚前后各1小时的情况，无论风速多大，大气稳定度都应按中度稳定（D）定级。

假设$\sigma_x=\sigma_y$，不同大气稳定度条件下的扩散系数的计算公式总结于表8-8中。

表8-8 烟团扩散情况的扩散系数方程

大气稳定度等级	σ_x或σ_y/m	σ_z/m
A	$0.18x^{0.92}$	$0.60x^{0.75}$
B	$0.14x^{0.92}$	$0.53x^{0.73}$
C	$0.10x^{0.92}$	$0.34x^{0.71}$
D	$0.06x^{0.92}$	$0.15x^{0.70}$
E	$0.04x^{0.92}$	$0.10x^{0.65}$
F	$0.02x^{0.92}$	$0.05x^{0.61}$

对于泄漏源高于地面的情况，可将地面看作一面镜子，对泄漏物质起到反射作用，则整个浓度场可看成泄漏源与泄漏源相对于地面的镜像虚源形成的浓度场的叠加。因而，地面上任一点的浓度值为泄漏源在该点产生的浓度值与镜像虚源在该点产生的浓度值之和：

$$c(x,y,z,t)=\frac{m}{(2\pi)^{\frac{3}{2}}\sigma_x\sigma_y\sigma_z}\exp\left\{-\frac{1}{2}\left[\frac{(x-ut)^2}{\sigma_x^2}+\frac{y^2}{\sigma_y^2}\right]\right\}\times \left\{\exp\left[-\frac{1}{2}\left(\frac{z-H}{\sigma_z}\right)^2\right]+\exp\left[-\frac{1}{2}\left(\frac{z+H}{\sigma_z}\right)^2\right]\right\} \tag{8-64}$$

式中，H为泄漏源距离地面的高度，m。

8.4.3 连续泄漏点源的扩散计算

(1) 无风连续泄漏点源的高斯烟羽模型

对于连续泄漏源的扩散问题，扩散场中任意一点的浓度仅与位置有关，与时间无关。在无风的情况下，三维扩散方程 (8-57) 可简化为

$$K_x \frac{\partial^2 c}{\partial x^2}+K_y \frac{\partial^2 c}{\partial y^2}+K_z \frac{\partial^2 c}{\partial z^2}=0 \tag{8-65}$$

代入初始条件和边界条件：原点处 $(x=y=z=0)$，$c\to\infty$；x，y，$z\to\infty$时，$c\to 0$，则无风时连续点源扩散的浓度计算公式为

$$c(x,y,z)=\frac{Q}{4\pi(K_xK_yK_z)^{\frac{1}{3}}(x^2+y^2+z^2)^{\frac{1}{2}}} \tag{8-66}$$

(2) 有风连续泄漏点源的高斯烟羽模型

有风时，风力产生的平流输送作用要远大于 x 方向的分子扩散，扩散方程可简化为

$$K_y \frac{\partial^2 c}{\partial y^2}+K_z \frac{\partial^2 c}{\partial z^2}=u\frac{\partial c}{\partial x} \tag{8-67}$$

代入同样的初始条件和边界条件，可求得有风时连续泄漏源的浓度分布计算公式为

$$c(x,y,z)=\frac{Q}{4\pi x(K_yK_z)^{\frac{1}{2}}}\exp\left[-\frac{u}{4x}\left(\frac{y^2}{K_y}+\frac{z^2}{K_z}\right)\right] \tag{8-68}$$

即

$$c(x,y,z)=\frac{Q}{2\pi u\sigma_y\sigma_z}\exp\left[-\frac{1}{2}\left(\frac{y^2}{\sigma_y^2}+\frac{z^2}{\sigma_z^2}\right)\right] \tag{8-69}$$

考虑地面对气云浓度扩散的影响，参照瞬时泄漏源模型，可得到高斯烟羽模型为

$$c(x,y,z)=\frac{Q}{2\pi u\sigma_y\sigma_z}\exp\left(-\frac{y^2}{2\sigma_y^2}\right)\left\{\exp\left[-\frac{(z-H)^2}{2\sigma_z^2}\right]+\exp\left[-\frac{(z+H)^2}{2\sigma_z^2}\right]\right\} \tag{8-70}$$

式中 Q——泄漏源强度，即单位时间泄漏量，单位为 kg/s；

u——平均风速，m/s；

H——泄漏源高度，m；

σ_y，σ_z——y，z 方向的大气扩散系数。

对于连续点源扩散的情况，不同大气条件下的扩散系数计算公式总结于表 8-9 中。

表 8-9 烟羽扩散情况的扩散系数方程

大气稳定度等级	σ_y/m	σ_z/m
乡村		
A	$0.22x(1+0.0001x)^{-0.5}$	$0.20x$
B	$0.16x(1+0.0001x)^{-0.5}$	$0.12x$
C	$0.11x(1+0.0001x)^{-0.5}$	$0.08x(1+0.0002x)^{-0.5}$
D	$0.08x(1+0.0001x)^{-0.5}$	$0.06x(1+0.0015x)^{-0.5}$
E	$0.06x(1+0.0001x)^{-0.5}$	$0.03x(1+0.0003x)^{-1}$
F	$0.04x(1+0.0001x)^{-0.5}$	$0.016x(1+0.0001x)^{-1}$
城市		
A～B	$0.32x(1+0.0004x)^{-0.5}$	$0.24x(1+0.001x)^{-0.5}$
C	$0.22x(1+0.0004x)^{-0.5}$	$0.20x$
D	$0.16x(1+0.0004x)^{-0.5}$	$0.14x(1+0.0003x)^{-0.5}$
E～F	$0.11x(1+0.0004x)^{-0.5}$	$0.08x(1+0.00015x)^{-0.5}$

8.4.4 闪火计算模型

闪火是可燃性气体泄漏后与空气混合形成的可燃云团被点燃而发生的火灾事故。与其他火灾事故相比，由于可燃气体泄漏云团的扩散，闪火事故的直接火焰接触危害面积较大，而云团的大小取决于泄漏和扩散条件。此外，闪火也会以热辐射的形式危害周围的设施和人员，辐射的危害程度取决于云团的大小、火焰的辐射能、热辐射的大气传输率等因素。

在进行闪火计算时，假定云团从外边缘被点燃，火焰以恒定速度传播，并且在闪火的传播过程中，云团是静止和均匀的。模型中假定的火焰面传播过程如图 8-4 所示。

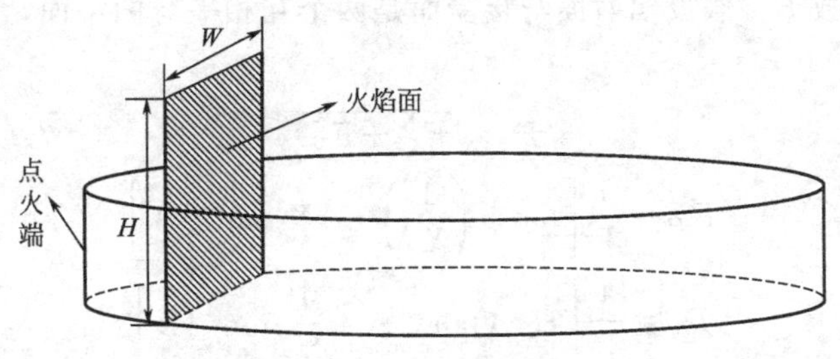

图 8-4 闪火火焰传播过程

(1) 火焰高度计算

闪火的高度与云团的厚度、火焰传播速度、可燃介质的浓度等因素有关，火焰可视高度可用近似的半经验公式计算：

$$H=20d\left[\frac{s^2}{gd}\left(\frac{\rho_0}{\rho_a}\right)^2\frac{\omega r^2}{(1-\omega)^3}\right]^{1/3} \tag{8-71}$$

$$\omega=\begin{cases}\dfrac{\phi-\phi_{st}}{\alpha(1-\phi_{st})}, & 当\ \phi>\phi_{st}\\ 0, & 当\ \phi\leqslant\phi_{st}\end{cases} \tag{8-72}$$

式中 H——火焰可视高度，m；

d——云团厚度，m；

s——燃烧速率（火焰传播速度），正比于环境风速，即 $s=2.3U$，m/s；

ρ_a——空气密度，kg/m³；

ρ_0——燃气混合物的密度，kg/m³；

r——理想配比下空气与燃料的质比；

α——恒定压力下理想配比时燃烧的膨胀比（碳氢化合物一般取 $\alpha=8$）；

ϕ——燃料所占混合物的体积比；

ϕ_{st}——理想配比时燃料占的体积比。

该式说明当燃料所占体积低于理想配比时，不易发生闪火。

(2) 火焰宽度计算

火焰宽度随时间变化关系为

$$W=2\sqrt{R^2-(R-st)^2} \tag{8-73}$$

式中 W——火焰宽度，m；

R——云团半径，m；

s——燃烧速率，m/s；

t——火焰传播时间，s。

(3) 目标接受热通量计算

如果知道云团的组成和火焰的几何形状，就可以计算闪火产生的热辐射影响。平面物体单位面积上接受的辐射能由下式计算

$$q=EF\tau_a \tag{8-74}$$

式中 E——火焰表面辐射能，对于液化天然气和液化丙烷可取为 173kW/m^2；

F——几何视角系数；

τ_a——大气传输率。

① 几何视角系数 F 假设辐射面与接受面是两个互相平行的平面，几何视角系数 F 可按如下方法计算。

视角系数
$$F=\sqrt{F_H^2+F_V^2} \tag{8-75}$$

水平视角系数
$$F_H=\frac{1}{2\pi}\left[\tan^{-1}\left(\frac{1}{X_r}\right)-AX_r\tan^{-1}A\right] \tag{8-76}$$

垂直视角系数
$$F_V=\frac{1}{2\pi}\left[H_rA\tan^{-1}A+\frac{B}{H_r}\tan^{-1}B\right] \tag{8-77}$$

其中，中间参数 A、B、H_r、X_r、b 的定义为

$$A=\frac{1}{\sqrt{H_r^2+X_r^2}} \tag{8-78}$$

$$B=\frac{H_r}{\sqrt{1+X_r^2}} \tag{8-79}$$

$$H_r=\frac{H}{b} \tag{8-80}$$

$$X_r=\frac{\Delta X}{b} \tag{8-81}$$

$$b=\frac{1}{2}W \tag{8-82}$$

式中 H——火焰的高度，m；

W——火焰的宽度，m；

ΔX——目标到火焰的距离，m。

② 大气传输率 τ_a 大气传输率 τ_a 仍根据前述原则，在保守计算的场合，若天气干燥晴朗，可取为 1；对于具有一定含湿量的空气，按下式计算

$$\tau_a=\lg(14.1RH^{-0.018}\Delta X^{-0.13}) \tag{8-83}$$

式中，RH 为空气的相对湿度（relative humidity）。

8.4.5 闪火事故后果计算实例

一化工厂在一个云量稀少的夜晚（<3/8）瞬时泄漏了 10^4kg 乙烯，泄漏发生时风速约为 1m/s，空气相对湿度为 50%，泄漏源高度很低，泄漏发生 50min 后云团边缘遇火源被点燃形成闪火火灾，试计算远离点火侧距离云团中心 50m 处竖直接受面上所受的热辐射通量随火焰传播过程的变化。

(1) 云团扩散情况计算

泄漏 50min 以后，云团中心沿着下风向的移动距离为

$$x=1\times50\times60=3000\ (\text{m})$$

发生乙烯泄漏时的大气情况为风速较低（1m/s）、云量较少（<3/8）的夜晚，根据表 8-7所列的分级原则，大气稳定度为 F 级。对应地，按表 8-8 所列的公式计算得到的云团扩散系数为

$$\sigma_x=\sigma_y=0.02x^{0.92}=0.02\times3000^{0.92}=31.62\ (\text{m})$$

$$\sigma_z=0.05x^{0.61}=0.05\times3000^{0.61}=6.61\ (\text{m})$$

则乙烯泄漏扩散 50min 之后的浓度分布情况为

$$c(x,y,z,3000)=\frac{m}{(2\pi)^{\frac{3}{2}}\sigma_x\sigma_y\sigma_z}\exp\left[-\frac{(x-ut)^2}{2\sigma_x^2}-\frac{y^2}{2\sigma_y^2}-\frac{z^2}{2\sigma_z^2}\right]$$

$$=\frac{10000}{(2\times3.14)^{\frac{3}{2}}\times31.62^2\times6.61}\exp\left[-\frac{(x-3000)^2}{2\times31.62^2}-\frac{y^2}{2\times31.62^2}-\frac{z^2}{2\times6.61^2}\right]$$

云团中心的浓度为

$$c(3000,0,0,3000)=\frac{10000}{(2\times3.14)^{\frac{3}{2}}\times31.62^2\times6.61}=9.62\times10^{-2}\ (\text{kg/m}^3)$$

乙烯在空气中的着火极限约为 2.7%～36%（体积分数），化学计量浓度为 6.54%（体积分数），换算为质量分数分别为 2.61%～35.2%和 6.33%。根据闪火计算模型，乙烯在空气中的浓度低于化学计量比时没有闪火火焰，因此以化学计量比为基准分别计算云团在水平方向上的最大直径（即地面处云团直径）和云团的最大高度，乙烯的质量浓度约为 0.0817kg/m^3。

① 求云团最大直径　令 $c(x,\ y,\ 0,\ 3000)=0.0817$，则有

$$c(x,y,0,3000)=9.62\times10^{-2}\exp\left[-\frac{(x-3000)^2}{2000}-\frac{y^2}{2000}\right]=0.0817$$

即：

$$(x-3000)^2+y^2=326$$

说明在泄漏扩散 50min 后，满足可燃条件的乙烯云团在地面上近似覆盖了以（3000，0，0）为中心，半径为 18m 的圆形区域。

② 云团最大高度　令 $c(3000,0,z,3000)=9.62\times10^{-2}\exp\left[-\frac{z^2}{87}\right]=0.0817$，

则　　$z=3.77\text{m}$

即泄漏扩散 50min 后，满足可燃条件的乙烯云团的最大高度为 3.77m。

此例中，乙烯泄漏扩散 50min 后，云团位置和形状的计算结果如图 8-5 所示。

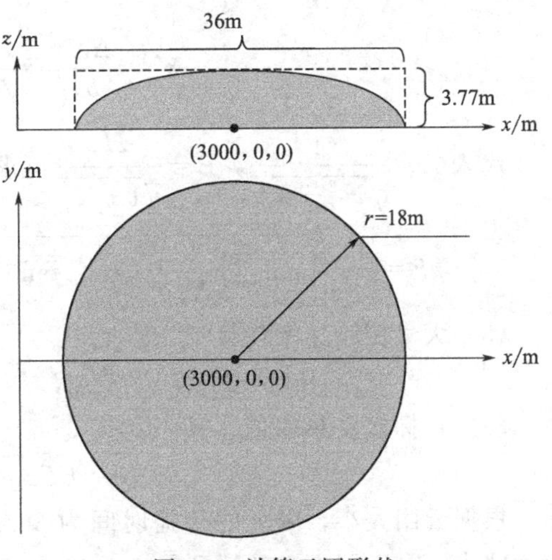

图 8-5　计算云团形状

(2) 火焰高度计算

根据乙烯扩散的浓度场计算结果，为保守计算起见，假设云团的形状为以地面最大直径为底面，以中心轴线处最大高度为厚度的扁平圆柱形，如图 8-6 所示。云团内可燃气体的浓度近似为云团中心的浓度（即 $\phi=0.0746$）。

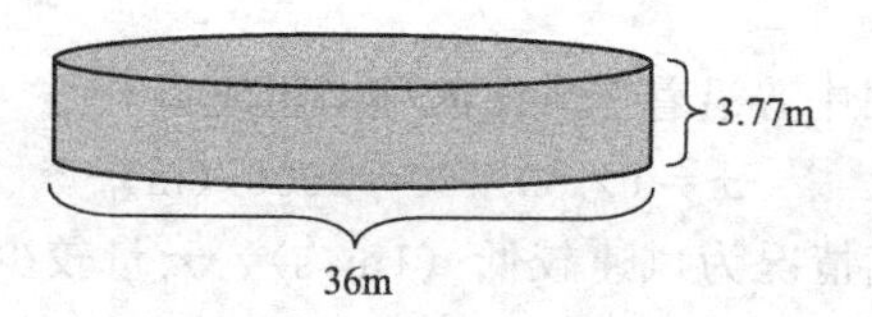

图 8-6　近似云团形状

根据以上假设，将影响火焰高度的各参数计算如下。

$$s=2.3U=2.3\times1=2.3\ (\mathrm{m/s})$$

$$\left(\frac{\rho_0}{\rho_a}\right)^2=\left[\frac{(1-\phi)M_a+\phi M_f}{M_a}\right]^2=\left(\frac{0.9254\times29+0.0746\times28}{29}\right)^2=0.995$$

按化学计量比混合时，乙烯所占的体积分数 $\phi_{st}=0.0654$，则

$$r=\frac{(1-\phi_{st})M_a}{\phi_{st}M_f}=\frac{0.9346\times29}{0.0645\times28}=14.8$$

$\phi>\phi_{st}$，取 $\alpha=8$，则

$$\omega=\frac{\phi-\phi_{st}}{\alpha(1-\phi_{st})}=\frac{0.0746-0.0645}{8\times(1-0.0645)}=0.00123$$

将以上参数代入火焰高度的计算公式

$$H=20d\left[\frac{s^2}{gd}\left(\frac{\rho_0}{\rho_a}\right)^2\frac{\omega r^2}{(1-\omega)^3}\right]^{1/3}$$

$$=20\times3.77\times\left[\frac{2.3^2}{9.8\times3.77}\times0.995\times\frac{0.00123\times14.8^2}{(1-0.00123)^3}\right]^{1/3}=25.5\ (\mathrm{m})$$

(3) 火焰宽度计算

$$W=2\sqrt{R^2-(R-st)^2}=2\times\sqrt{18^2-(18-2.3t)^2}$$

(4) 目标视角系数计算

$$b=\frac{1}{2}W=\sqrt{18^2-(18-2.3t)^2}$$

$$H_r=\frac{H}{b}=\frac{25.5}{\sqrt{18^2-(18-2.3t)^2}}$$

$$X_r=\frac{\Delta X}{b}=\frac{(50+18-2.3t)}{\sqrt{18^2-(18-2.3t)^2}}$$

代入 $A=\frac{1}{\sqrt{H_r^2+X_r^2}}$，$B=\frac{H_r}{\sqrt{1+X_r^2}}$可求得视角系数

$$F=\frac{1}{2\pi}\sqrt{\left[\tan^{-1}\left(\frac{1}{X_r}\right)-AX_r\tan^{-1}A\right]^2+\left[H_rA\tan^{-1}A+\frac{B}{H_r}\tan^{-1}B\right]^2}$$

(5) 大气传输速率计算

$$\tau_a=\lg(14.1RH^{-0.018}\Delta X^{-0.13})=\lg(14.1\times0.5^{-0.018}\Delta X^{-0.13})$$

(6) 目标接受热通量计算

$$q=EF\tau_a=173\times F\times\tau_a$$

根据云团大小，闪火的传播时间为 36/2.3=15.65s，在传播过程中，火焰的宽度先增大后减小，在云团中心处达到最大（36m）。不同时刻目标接受热通量的计算结果见表 8-10。

表 8-10 不同时刻目标接受闪火热通量

t/s	W/m	ΔX/m	H_r	X_r	A	B	F	τ_a	q/(kW/m^2)
2.00	24.04	63.40	2.12	5.28	0.18	0.40	0.022	0.92	3.49
4.00	31.40	58.80	1.62	3.74	0.24	0.42	0.032	0.93	5.15
6.00	35.01	54.20	1.46	3.10	0.29	0.45	0.041	0.93	6.56
8.00	35.99	49.60	1.42	2.76	0.32	0.48	0.048	0.93	7.84
10.00	34.58	45.00	1.47	2.60	0.33	0.53	0.055	0.94	8.92
12.00	30.45	40.40	1.67	2.65	0.32	0.59	0.058	0.95	9.55
14.00	22.12	35.80	2.31	3.24	0.25	0.82	0.053	0.95	8.78
15.65	0.85	32.01	60.10	75.44	0.01	0.80	0.003	0.96	0.43

8.5 火球事故

8.5.1 液体闪蒸模型

对于高压液化气体，发生泄漏后，其压力突然降低，部分液体快速蒸发为气体，发生闪蒸。由于闪蒸过程时间很短，所以可看作绝热过程，则液体闪蒸所需要的热量全部来自本身，因而蒸发之后其焓值降低。假设液体蒸发量为 Q（kg）；液体蒸发潜热为 γ（kJ/kg）；液体泄漏量为 m（kg）；液体储存温度下的焓值为 H_1（kJ/kg）；常压下液体沸点时的焓值为 H_2（kJ/kg）。根据能量守恒方程可得

$$Q\gamma = m(H_1 - H_2)$$

则蒸发量的计算公式为

$$Q = \frac{m(H_1 - H_2)}{\gamma} \tag{8-84}$$

8.5.2 火球计算模型

装有过热可燃液体的储罐因整体破裂导致内部液体瞬间汽化、迅速膨胀，形成由可燃气体、可燃液雾以及空气组成的球形蒸气云，该蒸气云立即被点燃，会形成直径迅速增大到最大的火球。此类事故往往被称为沸腾液体扩展蒸汽爆炸（boiling liquid expanding vapor explosions，BLEVE），这里所说的爆炸着重指可燃液体瞬间泄放的物理爆炸过程。与之相对应的火球灾害称为 BLEVE 火球，火球产生的热辐射是 BLEVE 的主要危害之一。

计算火球辐射后果的静态模型一般有立体火焰和点源两种模型，下面主要介绍计算火球热辐射的立体火焰模型。

(1) 火球直径与持续时间计算

在建立火球模型时，根据最大危险性原则假设容器内全部介质都消耗在火球中。火球最大可能直径 D 和持续时间 t 与火球中的可燃物质质量有关：

$$D = aW^b \tag{8-85}$$

$$t = cW^d \tag{8-86}$$

典型计算模型中系数 a、b、c、d 的取值列于表 8-11。

表 8-11 典型火球直径与持续时间计算系数

模型名称	a	b	c	d
Lihou&Maund	3.51	0.333	0.32	0.33
CCPS	6.48	0.325	0.825	0.26
Williamson&Mann	5.88	0.333	1.09	0.617
Roberts	5.80	1/3	0.45	1/3
Moorhouse, Pirtchard	5.33	0.327	1.09	0.327
Hasegawa &Sato	5.28	0.277	1.10	0.097
Fay &Lewis	6.28	0.33	2.53	0.17
ILO	5.80	1/3	0.45	1/3
H. R. Greenberg &J. J. Cramer	5.33	0.327	1.089	0.327

(2) 目标接受辐射能计算

ⅰ. 根据实验测定结果，多数碳氢化合物 BLEVE 火球的表面辐射能可取为 350kW/m^2。假设火球表面热辐射能量是均匀扩散的，火球表面热辐射能量也可根据下式计算

$$E=\frac{H_a W F_s}{\pi D^2 t} \tag{8-87}$$

式中，F_s 为火球表面的热辐射因子，与储罐破裂瞬间储存物料的饱和蒸气压力 p（Pa）有关，对于因外部火灾引起的 BLEVE 事故，p 值可取储罐安全阀启动压力的 1.21 倍：

$$F_s=0.00325p^{0.32} \tag{8-88}$$

H_a 为火球的有效燃烧热，可由下式求得

$$H_a=H_c-H_v-c_p\Delta T \tag{8-89}$$

式中 H_c——燃烧热，J/kg；

H_v——常沸点下的蒸发热，J/kg；

c_p——物质的比定压热容，J/(kg·K)；

ΔT——火球表面火焰温度与环境温度之差，一般取 1700K。

ⅱ. 几何视角系数反映了火球与目标物之间的位置关系对辐射接受强度的影响，通常情况下，假设火球刚好与地面接触，且目标物位于火球边缘之外（指目标物与火球中心的水平距离大于火球半径），可根据下式计算目标接受火球热辐射的视角系数：

$$F=\frac{(D/2)^2\cos\theta}{L^2} \tag{8-90}$$

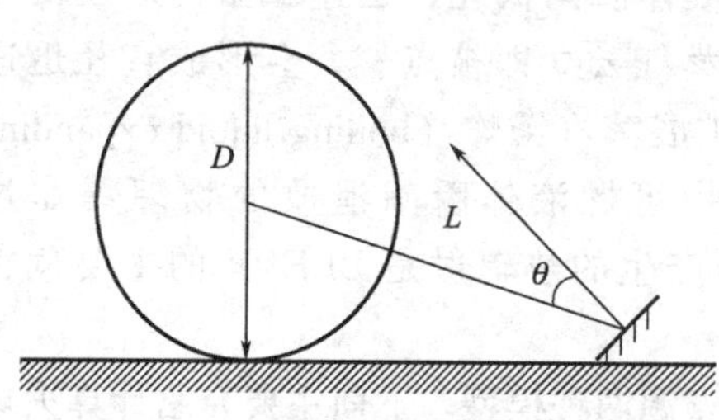

图 8-7 火球与目标物相对方位示意图

式中，L 为火球中心到目标物表面的距离；θ 为方位角，即火球中心与接受面中心连线和接受面法线之间的夹角，如图 8-7 所示。

特别的，可以根据式(8-90) 推导出垂直于地面和平行于地面两种目标面接受火球热辐射时的几何视角系数计算公式。

ⅲ. 与前述章节相同，在保守计算的场合，若天气干燥晴朗，大气传输率 τ_a 可取为 1；对于含湿空气，计算时需考虑火球半径的影响：

$$\tau_a=\lg\left[14.1RH^{-0.018}\left(L-\frac{D}{2}\right)^{-0.13}\right] \tag{8-91}$$

综上，平面物体单位面积上接受的辐射能为

$$q=EF\tau_a \tag{8-92}$$

8.5.3 火球事故后果计算实例

某液化丙烷储罐因受热升压和储罐老化发生整体破坏，导致罐内可燃介质瞬间泄放并着火燃烧，形成巨大的火球，储罐容积为80m^3，发生事故前罐内介质充满率为60%，储罐破坏压力约为1.8MPa，当天空气相对湿度为35%。试分析此次火球事故的危害。

(1) 计算火球直径和持续时间

以美国化学工程师协会化工过程安全中心（Center for Chemical Process Safety，CCPS）的火球计算模型为例，计算火球直径和持续时间，由表8-11查到相关的系数为$a=6.48$，$b=0.325$，$c=0.825$，$d=0.26$。

根据美国国家标准与技术研究院（National Institute of Standards and Technology，NIST）公布的物性数据，1.8MPa压力下，饱和液态丙烷的密度为444.4kg/m^3，假设储罐内丙烷的温度均匀，并且全部参与了火球的燃烧，则火球直径和持续时间的计算结果如下。

火球直径 $D=6.48W^{0.325}=6.48\times(80\times0.6\times444.4)^{0.325}=165.4$ (m)

持续时间 $t=cW^{d}=0.825\times(80\times0.6\times444.4)^{0.26}=11$ (s)

(2) 计算目标接受辐射能

ⅰ. 火球的表面辐射能按照碳氢化合物的实验经验值取350kW/m^2。

ⅱ. 几何视角系数

根据图8-8，距离火球中心X处的垂直目标物接受辐射的几何视角系数为

$$F=\frac{(D/2)^2}{X^2+(D/2)^2}\frac{X}{\sqrt{X^2+(D/2)^2}}=\frac{X(D/2)^2}{[X^2+(D/2)^2]^{3/2}}=\frac{82.7^2X}{(X^2+82.7^2)^{3/2}}$$

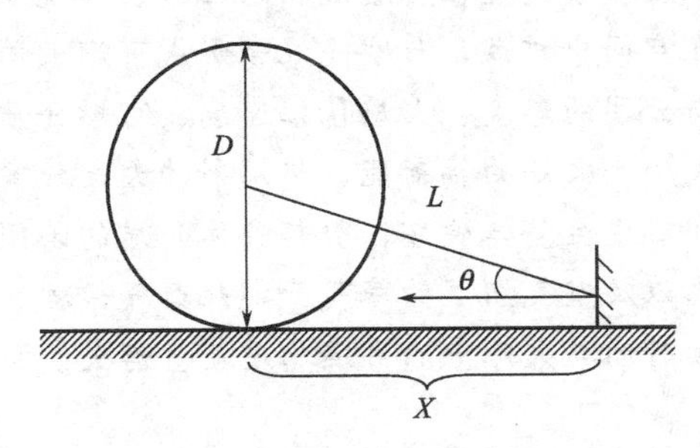

图8-8 距离火球中心X处垂直接受物相对方位示意图

ⅲ. 大气传输率

$$\tau_a=\lg\left[14.1RH^{-0.018}\left(L-\frac{D}{2}\right)^{-0.13}\right]$$
$$=\lg\left[14.1\times0.35^{-0.018}\left(\sqrt{X^2+\frac{D^2}{4}}-\frac{D}{2}\right)^{-0.13}\right]$$
$$=\lg\left[14.1\times0.35^{-0.018}\ (\sqrt{X^2+82.7^2}-82.7)^{-0.13}\right]$$

ⅳ. 目标接受辐射能

$$q=EF\tau_a=350\times\frac{82.7^2X}{(X^2+82.7^2)^{3/2}}\times\lg[14.1\times0.35^{-0.018}(\sqrt{X^2+82.7^2}-82.7)^{-0.13}]$$

距离火球中心100m，200m，300m，400m，500m的目标单位表面积接受的辐射能列于表8-12。

表 8-12 目标接受辐射能计算结果

目标与火球中心的水平距离/m	100	200	300	400	500
视角系数	0.3130	0.1349	0.0681	0.0401	0.0263
大气传输率	0.94	0.88	0.85	0.83	0.82
目标接受辐射能/(kW/m^2)	103	42	20	12	7.5

小结

(1) 易燃易爆危险化学品在生产、储存和运输过程中可能发生的泄漏事故模式，按照泄漏介质的状态可以分为三种：液体泄漏、气体泄漏和气液两相泄漏。液体泄漏是指沸点高于环境温度的常压或高压液体介质从储存容器和管道中泄漏；气体泄漏是指加压气体储罐和管道的泄漏，或液体储罐内蒸发气体的泄漏；气液两相泄漏是指沸点低于环境温度的常压或高压液体介质的泄漏。因泄漏而暴露在空气中的可燃介质由于其状态和分布情况不同，遇上点火源，会发展成池火、喷射火、闪火和火球等四种形式的火灾事故。

(2) 从储罐或管路中泄漏的易燃液体，若在地面或水面上形成液池，被点燃后发生的火灾称为池火灾，池火灾是液体储罐区常见的火灾类型。有防火堤的情况，液池的直径与防火堤所围的面积有关；无防火堤的情况，液池的直径取决于地面的性质。

(3) 具有一定压力的气相或液相可燃介质从有限裂口喷出后，若遇火源在泄漏口处立即燃烧，形成类似于火焰喷射器的火灾称为喷射火。喷射介质有浮羽流、浮射流、纯射流三种不同的流态，喷射火焰的长度与喷射直径、燃烧物的性质、环境温度等因素有关。

(4) 气体介质泄漏后在空间中扩散，与空气混合形成可燃云团，云团被点燃后发生的火灾称为闪火。闪火的高度与云团的厚度、火焰传播速度、可燃介质的浓度等因素有关。其辐射危害程度取决于云团的大小、火焰的辐射能、热辐射的大气传输率等因素。

(5) 盛有液化气体的容器发生整体破坏，引起液体介质的瞬间释放和汽化，在容器上方形成由可燃液体蒸气、液滴以及空气组成的蒸气云，此蒸气云被立即点燃，将会产生强大的火球。火球最大直径和持续时间与火球中的可燃物质质量有关。

思考题

1. 石化行业常见的几种泄漏扩散火灾事故分别是怎么形成的？
2. 哪种火灾形式的热辐射通量与介质的泄漏速率有关？
3. 哪种火灾形式的热辐射通量与介质的泄漏量有关？
4. 哪种火灾形式的热辐射通量与介质的扩散情况有关？
5. 哪种火灾事故属于扩散燃烧？哪种火灾事故属于预混燃烧？
6. 对于池火灾，液池的直径与哪些因素有关？
7. 管道上孔洞液体泄漏与容器上孔洞液体泄漏的主要区别什么？
8. 喷射火的火焰长度受哪些因素影响？
9. 容器上孔洞气体泄漏时与容器上孔洞液体泄漏的差别是什么？

10. 闪火与火球这两种火灾事故有哪些区别与联系？

11. 易燃气体的连续泄漏扩散容易引起哪些火灾事故？

一、填空

1. 易燃易爆危险化学品在生产、储存和运输过程中可能发生的泄漏事故模式，按照泄漏介质的状态可以分为三种：________、________和________。

2. 因泄漏而暴露在空气中的可燃介质由于其状态和分布情况不同，遇上点火源，会发展成______、______、______和______等四种形式的火灾事故。

3. ________是指沸点高于环境温度的常压或高压液体介质从储存容器和管道中泄漏。

4. ________是指加压气体储罐和管道的泄漏，或液体储罐内蒸发气体的泄漏。

5. ________是指沸点低于环境温度的常压或高压液体介质的泄漏。

6. 从储罐或管路中泄漏的易燃液体，若在地面或水面上形成________，被点燃后发生的火灾称为池火灾。

7. ____________的气相或液相可燃介质从有限裂口喷出后，若遇火源在泄漏口处立即燃烧，形成类似于火焰喷射器的火灾称为喷射火。

8. 气体介质泄漏后在空间中________，与空气混合形成________，________被点燃后发生的火灾称为闪火。

9. 盛有液化气体的容器发生整体破坏，引起液体介质的瞬间释放和汽化，在容器上方形成由__________、______以及______组成的蒸气云，此蒸气云被立即点燃，将会产生强大的火球。

10. 液体泄漏后有防火堤阻挡的情况，池直径根据______________计算；液体泄漏后无防火堤阻挡的情况，池直径根据________和________计算。

11. 根据流体的机械能守恒原理，在计算液体和气体介质的连续泄漏量时，采用了________方程，该方程表述了流体流动过程中________、________和________之间的相互转化关系。

12. 发生池火灾时，火焰不仅会直接烧毁池内的目标，而且还会以________的形式对池外的目标造成不同程度的危害。

13. 喷射介质有________、________、________三种不同的流态。

14. 喷射火焰的长度与________、________和________等因素有关。

15. 闪火的辐射危害程度取决于__________、__________、__________等因素。

16. 在进行池火灾表面热通量的计算时，假设液池的形状为________，________和________向四周________散热。

17. 气体或蒸气通过设备孔洞泄漏时，其泄漏速率与________有关。

18. 在进行喷射火表面热通量的计算时，将火焰辐射面近似为以______________为直径的圆柱形的侧面积。

19. 在保守计算的场合，若天气干燥晴朗，大气传输率 τ_a 可取为________。

20. 根据泄漏的情形，气体扩散主要有__________和__________两种形式。

21. 泄漏源是连续源，泄放时间__________扩散时间，如管道或容器开有限裂口的情形属于连续泄漏扩散。

22. 泄放时间相对于扩散时间______的泄漏，如储罐整体破坏导致内部介质短时间释放的情形属于瞬时泄漏扩散。

23. 大气稳定度可根据风速、光照和云量情况分为_______、_______、_______、_______、_______和_______六个等级。

24. 对于泄漏源高于地面的情况，可将地面看作_______，对泄漏物质起到_______作用，则整个浓度场可看成泄漏源与泄漏源相对于地面的_______形成的浓度场的叠加。

25. 在进行闪火计算时，假定云团从_______被点燃，火焰以_______传播，并且在闪火的传播过程中，云团是_______和_______的。

26. 闪火的高度与__________、__________、__________等因素有关。

27. 火球最大直径和持续时间与火球中的__________有关。

28. 在建立火球模型时，根据最大危险性原则假设____________消耗在火球中。

29. 预测气体扩散过程的计算模型，根据方法不同，可分为____________和__________两大类。

30. 有风瞬时泄漏点源的高斯烟团模型假设云团中心运动速度__________。

二、计算

1. 某化工厂的煤油储罐区设有4台$50m^3$的煤油储罐，该煤油作为原料用于某种气雾剂的配制。其中一台油罐因意外发生泄漏，泄漏的煤油在防火堤内形成油池并引发了池火灾。防护堤所围面积约为$360m^2$，煤油的密度为$800kg/m^3$，燃烧热为$4.5\times10^4kJ/kg$，环境温度为30℃。试分析此次池火灾事故的辐射危害。

2. 某天然气管道出现了一个20mm的泄漏口，管道内的压力为10MPa（表压），温度为25℃，泄漏后的天然气被引燃形成了喷射火。环境温度为23℃，湿度为40%，该天然气中含有97%的甲烷和少量的乙烷、丙烷以及氮气，已知甲烷在空气中燃烧的火焰温度为2300K，燃烧热为50200kJ/kg。试分析此次喷射火灾事故的辐射危害。

3. 某化工厂在一个少云的夜晚（>4/8）瞬时泄漏了9600kg乙烷，泄漏发生时风速约为1.2m/s，空气相对湿度为60%，泄漏源可看做地面泄漏源，泄漏发生42min后云团边缘遇火源被点燃形成闪火火灾，试分析此次闪火事故对距离云团中心45m处（远离点火侧）的垂直目标面的辐射危害。

4. 某液化天然气（LNG）罐车因发生交通事故导致车载储罐发生整体破坏，罐内LNG瞬间泄放并着火燃烧，形成巨大的火球。储罐容积为$50m^3$，发生事故前罐内介质充满率为85%，罐内LNG的储存温度为−162℃，储存压力为0.3MPa，密度约为$450kg/m^3$，当天空气相对湿度为50%。试分析此次火球事故对其周围200m区域内水平目标物的辐射危害。

参考文献

[1] D. Drysdale. An Introduction to Fire Dynamics [M]. 2nd ed. New York: John Wiley & Sons. Ltd, 1999.

[2] 范维澄，孙金华，陆守香．火灾风险评估方法学 [M]．北京：科学出版社，2006.

[3] 程远平，李增华．消防工程学 [M]．徐州：中国矿业大学出版社，2005.

[4] 霍然，杨振宏，柳静献．火灾爆炸预防工程学 [M]．北京：机械工业出版社，2012.

[5] 中华人民共和国国家标准．GB 50045—1995. 高层民用建筑设计防火规范(2005 年版). 北京：中国计划出版社，2005.

[6] 日本火災学会．火災と消火の理論と応用 [M]．東京：東京法令出版株式会社，2009.

[7] 卢国建．高层建筑及大型地下空间火灾防控技术 [M]．北京：国防工业出版社，2014.

[8] 李建华．火灾扑救 [M]．北京：化学工业出版社，2012.

[9] P. J. Dinenno. SFPE Handbook of Fire Protection Engineering [M]. Boston: National Fire Protection Association and Society of Fire Protection Engineers, 2008.

[10] 李正，周振．油气田消防 [M]．北京：中国石化出版社，2000.

[11] 冀和平，崔慧峰．防火防爆技术 [M]．北京：化学工业出版社，2004.

[12] 林其钊，舒立福．林火概论 [M]．合肥：中国科学技术大学出版社，2003.

[13] 郑焕能．综合森林防火体系 [M]．哈尔滨：东北林业大学出版社，1992.

[14] J. P. Stephen, L. A. Patricia, D. L. Richard. Introduction to Wildland Fire [M]. New York: John Wiley & Sons. Ltd, 1996.

[15] 范维澄，王清安，姜冯辉，周建军．火灾学简明教程 [M]．合肥：中国科学技术大学出版社，1995.

[16] 安全工学協会．火災 [M]．東京：海文堂出版株式会社，1983.

[17] 霍然，袁宏永．性能化建筑防火分析与设计 [M]．合肥：安徽科学技术出版社，2003.

[18] 杜文锋．消防燃烧学 [M]．北京：中国人民公安大学出版社，1997.

[19] J. G. Quintiere. Fundamentals Of Fire Phenomena [M]. New York: John Wiley & Sons. Ltd, 2006.

[20] 中华人民共和国国家标准．GB 50016—2006. 建筑设计防火规范．北京：中国计划出版社，2006.

[21] 中华人民共和国国家标准．GB 50045—95. 高层民用建筑设计防火规范(2005 年版). 北京：中国计划出版社，2005.

[22] 中华人民共和国国家标准．GB 50067—97. 汽车库、修车库、停车场设计防火规范．北京：中国计划出版社，1997.

[23] 中华人民共和国国家标准．GB 50098—2009. 人民防空工程设计防火规范．北京：中国计划出版社，2009.

[24] 中华人民共和国国家标准．GB 50222—95. 建筑内部装修设计防火规范(2001 年版). 北京：中国计划出版社，2001.

[25] 中华人民共和国国家标准．GB 8624—2012. 建筑材料及制品燃烧性能分级．北京：中国标准出版社，2013.

[26] 中华人民共和国国家标准．GB 50084—2001. 自动喷水灭火系统设计规范(2005 年版). 北京：中国计划出版社，2005.

[27] 中华人民共和国国家标准．GB 50074—2002. 石油库设计规范．北京：中国计划出版社，2003.

[28] 中华人民共和国国家标准．GB 50072—2010. 冷库设计规范．北京：中国计划出版社，2010.
[29] 王学谦．建筑防火设计手册(第二版)［M］. 北京：中国建筑工业出版社，2008.
[30] 蒋永琨．高层建筑消防设计手册［M］. 上海：同济大学出版社，1995.
[31] 田中哮義．建築火災安全工学入門［M］. 日本建築センター出版部，1996.
[32] 日本火災学会．火災と建築［M］. 東京：共立出版株式会社，2002.
[33] 李炎锋，李俊梅．建筑火灾安全技术［M］. 北京：中国建筑工业出版社，2009.
[34] 胡波．火灾_爆炸及中毒事故后果数值模拟［D］.［学位论文］赣州：江西理工大学，2008. 3.
[35] 朱月敏．煤矿安全事故统计分析［D］.［学位论文］. 阜新：辽宁工程技术大学，2011. 12.
[36] 李海江．2000-2008 年全国重特大火灾统计分析［J］. 火灾科学，2010,(1)：64-69.
[37] 李生才，笑蕾．2013 年 11-12 月国内生产安全事故统计分析［J］. 安全与环境学报，2014. 14(1)：314-316.
[38] 张松寿，童正明，周文铸．工程燃烧学［M］. 北京：中国计量出版社，2008. 1.
[39] 王辉，王丹．公路隧道火灾事故统计分析［J］. 河北交通科技，2009，6(2)：44-46.
[40] 刘亚强．碰撞理论的活化能和有效因子［J］. 洛阳师专学报，2008，18(2)：73-74.
[41] 关文玲，蒋军成．我国化工企业火灾爆炸事故统计分析及事故表征物探讨［J］. 中国安全科学学报，2008，18(3)：103-107.
[42] 蒋军成．化工安全［M］. 北京：机械工业出版社，2008. 8.
[43] 徐志胜．安全系统工程［M］. 北京：机械工业出版社，2007. 9.
[44] 毕明树，杨国刚．气体和粉尘爆炸防治工程学［M］. 北京：化学工业出版社，2012. 9.
[45] 魏伴云．火灾与爆炸灾害安全工程学［M］. 武汉：中国地质大学出版社，2004. 8.
[46] 霍然，胡源，李元洲．建筑火灾安全导论［M］. 合肥：中国科学技术大学出版社，2009. 9.
[47] 赵雪娥，孟亦飞，刘秀玉，燃烧与爆炸理论［M］. 北京：化学工业出版社，2010. 12.
[48] 韩昭沧．燃料及燃烧［M］. 北京：冶金工业出版社，2007. 1.
[49] 徐晓楠，郭子东，杨迎．消防燃烧学习题精解［M］. 北京：化学工业出版社，2011. 8.
[50] 毕明树，周一卉，孙洪玉．化工安全工程［M］. 北京：化学工业出版社，2014. 4.
[51] 中华人民共和国国家标准．GB 6944—2012. 危险货物分类和品名编号．北京：中国标准出版社，2012.
[52] 中华人民共和国国家标准．GB 12268—2012. 危险货物品名表．北京：中国标准出版社，2012.
[53] 中华人民共和国国家标准．GB 13690—2009. 化学品分类和危险性公示通则．北京：中国标准出版社，2009.
[54] 中华人民共和国国家标准．GB 190—2009. 危险货物包装标志．北京：中国标准出版社，2009.
[55] 中华人民共和国国家标准．GB 50160—2008. 石油化工企业设计防火规范．北京：中国计划出版社，2009.
[56] 中华人民共和国国家标准．GB 50140—2005. 建筑灭火器配置设计规范．北京：中国计划出版社，2005.
[57] 中华人民共和国国家标准．GB 4968—2008. 火灾分类．北京：中国标准出版社，2009.
[58] 中华人民共和国国家标准．GB 15603—1995. 常用化学危险品储存通则．北京：化学工业出版社，1995.
[59] 中华人民共和国国家标准．GB 15599—2009. 石油与石油设施雷电安全规范．北京：中国标准出版社，2009.
[60] 中华人民共和国国家标准．GB 50058—2014. 爆炸和火灾危险环境电力装置设计规范．北京：中国计划出版社，2014.
[61] CHUNG K. LAW. Combustion physics［M］. Cambridge：Cambridge University Press，2006.
[62] 刘茂．事故风险分析理论与方法［M］. 北京：北京大学出版社，2011.
[63] 刘秀玉．化工安全［M］. 北京：国防工业出版社，2013.

[64] 蔡凤英，谈宗山，孟赫，蔡仁良．化工安全工程［M］．北京：科学出版社，2009.

[65] 朱建华,褚家成．池火特性参数计算及其热辐射危害评价［J］．中国安全科学学报，2003,13:25-28.

[66] 胡超，朱国庆，吴维华，沈一洲．池火危害模型化计算分析研究［J］．消防科学与技术，2011,30(7)：570-573.

[67] 徐志胜，吴振营，何 佳．池火灾模型在安全评价中应用的研究［J］．灾害学，2007，12(4)：25-28.

[68] 张网．以“点源”模型计算可燃气体喷射火的伤害范围［C］．2011 中国消防协会科学技术年会论文集，济南，2011：197-200.

[69] 朱建华，陈钧舫．喷射火焰特性参数及其热辐射强度计算［J］．水运科学研究所学报，2000，1:33-38.

[70] 刘茂，余素林，李学良等．闪火灾害的后果分析［J］．安全与环境学报，2001，1(4)：28-31.

[71] 王三明，蒋军成．沸腾液体扩展蒸气爆炸机理及相关计算理论模型研究［J］．工业安全与环保，2001,27(7)：30-34.

[72] 姜巍巍，李奇，李俊杰等．BLEVE 火球热辐射及其影响评价模型介绍［J］．工业安全与环保，2007,33(5)：23-26.

[73] 龙长江，齐欢，张翼鹏．气体储罐泄漏扩散模型研究［J］．数学的实践与认识，2006,36(6):110-114.

[74] 任建国，鲁顺清．气体扩散数学模型在安全评价方面的应用［J］．中国安全科学学报，2006，16(31)：12-17.

[75] 李又绿，姚安林，李永杰．天然气管道泄漏扩散模型研究［J］．天然气工业，2004,24(8)：102-106.

[76] 丁信伟，王淑兰，徐国庆．可燃及毒性气体扩散研究［J］．化学工程，2000,28(1)：33-36.

[77] 何宁．有毒气体扩散模型在事故救援中的应用［J］．自然灾害学报，2009，1(5)：197-200.

[78] 刘茂，杜雅萍，许长增等．煤油贮罐区火灾危险性评价［J］．中国安全科学学报，1998,8(1):43-46.